住房城乡建设部土建类学科专业“十三五”规划教材

高等学校风景园林专业特色教材

国家公园与保护地规划与管理

PLANNING AND MANAGEMENT OF NATIONAL PARKS AND PROTECTED AREAS

韩锋 徐青 编著

中国建筑工业出版社

图书在版编目（CIP）数据

国家公园与保护地规划与管理 = PLANNING AND MANAGEMENT OF NATIONAL PARKS AND PROTECTED AREAS / 韩锋，徐青编著．— 北京：中国建筑工业出版社，2022.6

住房城乡建设部土建类学科专业“十三五”规划教材 高等学校风景园林专业特色教材

ISBN 978-7-112-27054-5

Ⅰ．①国… Ⅱ．①韩… ②徐… Ⅲ．①国家公园—规划—高等学校—教材②自然保护区—规划—高等学校—教材③国家公园—管理—高等学校—教材④自然保护区—管理—高等学校—教材 Ⅳ．① S759.9 ② S759.992

中国版本图书馆CIP数据核字（2021）第270243号

为了更好地支持相应课程的教学，我们向采用本书作为教材的教师提供课件，有需要者可与出版社联系。
建工书院：http://edu.cabplink.com
邮箱：jckj@cabp.com.cn 电话：（010）58337285

责任编辑：杨 琪 杨 虹
责任校对：王 烨

住房城乡建设部土建类学科专业“十三五”规划教材
高等学校风景园林专业特色教材
国家公园与保护地规划与管理
PLANNING AND MANAGEMENT OF NATIONAL PARKS AND PROTECTED AREAS
韩锋 徐青 编著
*
中国建筑工业出版社出版、发行（北京海淀三里河路9号）
各地新华书店、建筑书店经销
北京方舟正佳图文设计有限公司制版
北京中科印刷有限公司印刷
*
开本：880毫米×1230毫米 1/16 印张：$18\frac{1}{4}$ 字数：433千字
2025年3月第一版 2025年3月第一次印刷
定价：**69.00**元（赠教师课件）
ISBN 978-7-112-27054-5
（38862）

前　言

十八大以来，党中央高度重视把社会主义生态文明建设作为统筹“五位一体”总体布局和“四个全面”战略布局的重要内容，全面推进以生态文明为核心的“美丽中国”建设，其核心是要解决人地关系的危机和冲突，转变环境伦理观念，在经济、政治、文化、社会建设中体现尊重自然、保护自然，促进自然和社会和谐发展的生态文明理念，完成从农业文明、工业文明走向生态文明的人地关系重建。建立以国家公园为主体的自然保护地体系正是在生态文明哲学变革背景下提出的重大国策。

本书虽为“十三五”教材，但对国际及中国国家公园和保护地规划与管理的认识却历经了30余年的研究、教学与实践探索，期间对国家公园和保护地哲学、理论方法及实践途径的认识不断加深。其中有3点最深刻的体会，也是本书撰写的基本认知，在此与读者分享。

第一，生态文明的哲学基础是环境伦理。人与自然的关系取决于人对自然的价值认知，即自然观，而自然观具有文化属性。对于“自然的文化性”的认知贯穿国际自然遗产保护的重大变革，东西方文化基于不同的哲学，对自然的价值具有完全不同的认知，因而在国际上并不具备一套全球普适的自然保护地体系及其规划管理框架。对自然的保护和可持续发展利用必须基于文化、基于历史、基于国情。换言之，中国国家公园与保护地的体系建设、规划与管理必须根据立足中国文化、中国国情，坚持中国道路，创建中国特色。

第二，国家公园和自然保护地体系建设和规划与管理模式是与时俱进，动态发展的。150年前诞生的美国国家公园对全球范围内的现代自然保护地体系产生了深远的影响，引发了广泛的社会变革。从国际保护地发展的4个历程，即北美荒野式保护（20世纪60年代至70年代）、文化与荒野的抗争（20世纪80年代）、荒野的衰落和自然价值走向文化多元（20世纪90年代初至2010年）、自然文化之旅——自然与文化携手同行（2010年至今），可以看出生态、社会、经济协同的可持续发展是自然保护地体系内在变革动力。中国自然保护地体系建设，要吸取西方走过的自然与文化分离的弯路和教训，对于他国的自然保护概念及体系，要具有历史辨识力，不可照搬照抄。

第三，国家公园与自然保护地的规划与管理核心在于资源保护与社会可持续发展的协同。相关国际框架、保护方法、经验教训均有重要借鉴启示作用。我国农耕文明历史悠久，自然保护地人口多，乡村景观、乡村社区占比大。认识乡村社区对于自然资源的智慧利用、可持续发展的生态智慧以及乡村景观的文化遗产价值，是国家公园与自然保护地生态保护与社区发展协同的重要基础，也是中华文明和优秀中国文化的保护基础。保护地可持续旅游以自然和文化价值的保护、传播、解说、展示和体验为核心来组织和提供高品质旅游产品，实现遗产保护与社会发展的共荣。

基于以上认知，本书的编写重点不在于国家公园和保护地管理与规划的具体步骤和程序，而是更侧重国家公园和保护地的发展历史、价值观演变、分类体系、规划与管理目标、焦点矛盾及解决框架，以及具有国际代表性的国家保护地体系、管理系统、结构特点及经验教训。希望以此明晰自然保护价值观转变与国际前沿演变之间的关系，以及各国保护地体系及其规划与管理的多元性，进而在保护地生态文明建设过程中增强中国环境哲学和环境伦理的主体性自觉，弘扬中华民族自然保护的文化特色，促进自然保护与社会的可持续发展。

笔者长期致力于中国风景名胜区、国际保护地、世界遗产的研究、教学与实践，于 1995 年在同济大学开设《国家公园概论》，之后开设《风景区规划原理》《资源发展与保护》《环境伦理》《遗产保护与发展》等本、硕、博课程。2001 ～ 2008 年期间，基于文化景观展开对国际保护地的全面研究，编写了《风景游憩地规划与管理》自编教材（2001），指导完成硕士论文《澳大利亚保护地体系研究》（简圣贤，2007）、《美国保护地体系研究》（梁诗捷，2008）、《英国保护区体系研究及经验借鉴》（田丰，2008）、《南非保护区管理体系研究》（徐青，2008）。2006 年加入国际遗址理事会——国际风景园林师联合会文化景观科学委员会（ICOMOS-IFLA ISCCL），2013 年加入国际自然保护联盟——世界保护地委员会（IUCN-WCPA），得以进一步了解国际保护地体系和国际前沿发展动态。本书的编撰得益于以上多年积累和资料修订，感谢期间所有学生的努力工作和出色成果。

徐青为本书完成了 10 万字数的修订编撰和统稿工作。15 年过去了，她已从一名青涩的学生成长为优秀的博士生导师和保护地工作者。作为本书编者，我们希望本教材能对国家公园和保护地规划与管理相关专业的本科生、研究生以及同行、管理者有所裨益和启示，不足之处还望不吝指正。

韩锋

目 录

上篇 基础概论篇

下篇 实践应用篇

上篇　基础概论篇

第1章

国家公园与保护地概论

保护地是人类面对生态环境破坏保护自然的一大创举和成就，是人类进步文明的象征。

1.1 保护地起源

保护地与人类文明进程相交织。据记载，人类划定某些自然区域保持其内在价值的行为由来已久。历史上，人类保护自然区域的动机包括宗教信仰、保护资源及物种管理等。如"公元前2～3世纪，印度孔雀王朝（Mauryan Dynasty）的国王依据皇家法令设立保护森林、大象、鱼类及野生动物的特定区域；在欧洲，为权贵、富有阶层建立狩猎保护地的历史达一千多年；设立保护地也是太平洋岛居民和某些非洲部落的传统。建立保护地是人类感知到自然面临的威胁而产生的一种文化反应。伴随社会变迁，人类对保护地及其保护价值的认识和理解始终在不断变化[1]。"近代以来，几乎所有国家都意识到将天然的或近天然的区域划作保护地是明智之举。

现代意义的保护地起源于19世纪，当时，资本主义社会发展对地球自然环境造成巨大冲击和影响。欧洲人在美洲、澳大利亚、亚洲及非洲的殖民扩张和商业贸易活动，使许多野生动植物濒临灭绝，地球生态系统变得十分脆弱，引起世界各国科学家们的关注，保护自然的国际呼声愈来愈强烈。德国博物学家汉伯特（Alexander von Humboldt）最早提出应建立天然纪念地以保护自然界的独特景观，国家公园与保护地随之产生。1872年，美国依法建立了世界上第一个现代意义的保护地——黄石国家公园（Yellowstone Nation Park），澳大利亚、加拿大、南非和新西兰等国家紧随其后，由此开启了建立保护地保护自然、挽救地球濒危生物多样性的国际行动，即现代保护地运动。全球各区域建立保护地的目的不同，如，北美地区通过保护地保护优美和被视为崇高的风景，南美地区重视控制对自然的侵蚀和保护饮用水，非洲地区重点建设游憩公园，欧洲地区则更多是为保护景观。尽管全球保护地数量和种类在20世纪里显著增加，但全球自然栖息地和物种仍持续衰退。保护主义者逐渐认识到有必要通过国际层面解决各国的国家公园问题。1910年，瑞士医生保罗·萨拉辛（Paul Sarasin）提议成立"国际或世界自然保护委员会（Committee to Establish an International or World Commission for the Protection of Nature）"，相关的国际行动还包括在1905年、1909年、1913年、1923年和1928年举办的野生动植物大会等。但因为这一时期国际政局动荡，这些早期行动未能促成建立国际自然保护有效机构[2]。

第二次世界大战后，联合国成立，在新组建的联合国教育、科学及文化组织（United Nations Educational，Scientific and Cultural Organization，简称UNESCO）支持下，"国际自然保护联盟（International Union for the Protection of Nature，简称IUPN，即今International Union for the Conservation of Nature，

1 IUCN. 50 Years of Working for Protected Areas：A brief history of IUCN World Commission on Protected Areas[M]. Gland Switzerland：IUCN，2010：2.

2 IUCN. 50 Years of Working for Protected Areas：A brief history of IUCN World Commission on Protected Areas[M]. Gland Switzerland：IUCN，2010：3.

简称 IUCN）”[1] 成立。1948 年 10 月 5 日，UNESCO 会议在枫丹白露举行，18 个国家政府、7 个国际组织和 107 个地方性保育组织签署组建 IUCN 的正式文件，IUCN 遂成为第一个全球自然保护组织及国际专家、机构交流合作的网络，支持和加强自然保护运动。1958 年 IUCN 大会期间，临时“国家公园委员会（Committee on National Parks）”在希腊雅典和德尔斐成立。该委员会由代表非洲的 5 名成员，代表亚洲的 3 名成员以及代表北美、拉丁美洲和欧洲的各 1 名成员组成，委员会旨在加强世界各国在与国家公园及其相类的保护区（National Parks and Equivalent Reserves）事项上的国际合作。这项工作得到包括 UNESCO 和联合国粮食及农业组织（Food and Agriculture Organization of the United Nations，简称 FAO）的支持[2]。

1960 年，IUCN 将“临时国家公园委员会”提升为常设委员会，并更名为“国际国家公园委员会（International Commission on National Parks）”，将其作为 IUCN 的技术咨询机构。国际社会要求 IUCN 负责起草世界国家公园清单，发挥其世界自然保护知识共享网络的职能。同期，IUCN 筹措资金，从比利时迁至瑞士，设立新办事处。国家公园委员会自其诞生起就与 IUCN 发展历史、工作及人员等密切相关，各项运作紧密配合、支持 IUCN 的保护地行动及更广泛的事务。1975 年，国家公园委员会更名为“国家公园与保护地委员会（Commission on National Parks and Protected Areas）”；1996 年，经蒙特利尔 IUCN 大会批准，再次更名为“世界保护地委员会（World Commission on Protected Areas，简称 WCPA）”。在过去 50 年中，国家公园委员会的名称历经变更，职权范围越来越广。每十年举行一次的“世界公园大会（World Parks Congress）”就是该委员会最著名的“产品”之一，是世界各国代表、专家及决策者就国家公园与保护地问题进行专题研讨的重大盛会；大会审度当时的全球形势，为保护地指明发展方向；讨论新概念，回顾保护地思想、政策和行动范式的转变，对促进全球国家公园与保护地发展起到了积极推动作用。

关于“保护地的构成”“保护地的目标”以及“如何管理保护地”等观念现已发生了根本性变化，1962 年世界公园大会被视为国际保护地体系发展的源头。

1.2 国家公园与保护地发展历史

1962 年，在当时的国际国家公园委员会（简称 ICNP）以及 UNESCO 和 FAO 代表的协助下，第一届世界公园大会（First World Conference on National Parks，Seattle 1962）在美国西雅图召开。这是第一次专门针对保护地的国际会议，大会基于弗兰克 · 布罗克曼（C. Frank Brockman）的论文，

1 IUPN 是现世界自然保护联盟（International Union for the Conservation of Nature，简称 IUCN）的前身，1965 年更名为 IUCN（International Union for the Conservation of Nature and Natural Resources），1990 年再次更名为 The World Conservation Union，但仍沿用了之前的缩写 IUCN。IUCN 是目前世界上最大、最重要的保护网络，其任务是影响、鼓励、帮助全球保护自然的完整性、多样性，保证所有资源利用的公平性和可持续性。

2 IUCN. 50 Years of Working for Protected Areas：A brief history of IUCN World Commission on Protected Areas[M]. Gland Switzerland：IUCN，2010：4.

讨论了保护地“命名法”，首次关注保护地分类，为第一个国际保护地网络（ICNP）的未来发展奠定了基础。

1972 年第二届世界公园大会（Second World Conference on National Parks，Yellowstone 1972）召开时正值第一个现代国家公园——美国黄石公园成立 100 周年，会议地点就在黄石公园及附近的大提顿国家公园[1]。这次会议启动了建立保护地分类体系工作，着重解决当时普遍存在的“国家公园”和“自然保护”等术语界定混乱以及因其导致的难以收集、分析准确的保护地信息等问题。这次大会强调管理的有效性十分重要，总结了全球在国家公园政策和管理方法方面的经验，标志着国家公园管理方式的发展逐渐专业化，被视为一个里程碑。

1978 年，IUCN 发布关于保护地分类、目标和保护准则的报告。这份报告作为第一个国际保护地分类体系（包括 10 个保护地类别），迅速被世界各国采纳。自此，IUCN 通过世界保护地委员会（WCPA，原“国家公园与保护地委员会 CNPPA”）指导世界各国建立以基本管理目标为分类依据的保护地体系。

1982 年在印度尼西亚巴厘岛召开的第三届世界国家公园大会（Third World Congress on National Parks，Bali 1982）是一个关键转折，保护地“是可持续发展重要组成部分”的新观念取代了“搁置物（Set Aside）”的旧思想。阿德里安·菲利普斯（Adrian Phillips）回忆说：“巴厘岛会议就是在保护地和发展议程之间建立联系的时刻”。巴厘岛会议后，保护专业人士认识到保护地不仅具有内在保护价值，而且还可以有益于当地社区，并开始将人类发展、原住民群体及地方社区、与其他专业合作等保护地管理工作置于更优先地位。这次会议由 CNPPA 牵头组织，与联合国环境规划署（United Nations Environment Programme，简称 UNEP）、美国国家公园管理局、加拿大公园和印度尼西亚政府合作，会址选在发展中国家，号召有志的专业人士积极参与等都与往届会议形成鲜明对比。正如肯顿·米勒（Kenton Miller）指出：“这次大会是一个由国家公园相关人士组成的专业群体聚会；评估我们目前的保护地发展阶段，探讨实现目标的选择和机会，并提出如何从中形成策略。我们没有会议论文，取而代之的是每个领域的与会者都有机会介绍他们的保护地体系——什么是好的或不好的，以及需要做什么，从而增强了责任感。”《巴厘行动计划》（Bali Action Plan）和《大会建议》（Recommendations of the Congress）为国际保护地交流开辟了新途径。正是在巴厘岛会议上，CNPPA 有意引入“保护地（Protected Areas）”这个术语，以表达委员会更全面的保护地宗旨。

1992 年，第四届世界公园大会（Fourth World Congress on National Parks and Protected Areas，Caracas 1992）在委内瑞拉加拉加斯举行，保护已成为当时的国际主流。在这次世界公园大会召开几个月后，成千上万人参加了里约热内卢联合国环境与发展会议（UNCED，也称为“地球峰会”），通过了实现 21 世纪可持续发展全球计划——《21 世纪议程》（Agenda 21），并签署《生物多样性

1 IUCN. 50 Years of Working for Protected Areas：A brief history of IUCN World Commission on Protected Areas[M]. Gland Switzerland：IUCN，2010：5.

公约》（Convention on Biological Diversity）。其他重要保护战略计划也在这一时期纷纷出台，如，IUCN、UNEP 和世界野生动物基金会（World Wildlife Fund，简称 WWF）更新、拓展了 1980 年世界保护战略的成果，在 1991 年发表“关爱地球：可持续发展战略（Caring for the Earth：A Strategy for Sustainable Living）”；布伦特兰委员会发布“我们共同的未来（Our Common Future）”报告等。在此背景下，第四届世界公园大会设定主题——“公园为了生存（Parks for Life）”，涵盖气候变化、区域化、殖民主义、政治、可持续发展，乡村社区、冲突的管理、非传统利益相关群体和劳动力保护的妇女解放问题等内容；通过《行动计划》呼吁：采取措施将保护地纳入更大的规划框架、加大支持和培训提升管理、加强保护地融资、开发和管理合作等。大会强调区域行动的重要性，CNPPA 随后举行多次区域会议和国际活动，并启动一系列获得及传播当前保护知识的指南。

在第四届世界公园大会上，IUCN 总结以往的工作经验和教训，修订保护地的概念和分类；保留了 1978 年的 10 个保护地类别中的 5 个类别，增加 1 个类别，形成包含 6 个类别的新保护地分类体系（表 1–1），并在两年后的 IUCN 国际大会上（1994 年）以导则形式正式出版，沿用至今。

1978 年与 1994 年 IUCN 保护地分类体系对照[1] **表 1-1**

1978 年分类体系		1994 年分类体系（按管理目标分）
A 组类别：需要 CNPPA 特别负责	I 科学保护地	Ia 严格保护地
		Ib 荒野地
	II 国家公园	II 国家公园
	III 国家纪念地 / 国家地标	III 自然纪念地
	IV 自然保护地	IV 物种栖息地保护地
	V 景观保护地	V 陆地 / 海洋景观保护地
B 组类别：其他对 IUCN 也很重要的类别，但不属于 CNPPA 的负责范围	VI 资源保护地	VI 资源管理保护地
	VII 人类遗址保护地	
	VIII 多用途管理地	
C 组类别：国际公园的保护地类别	IX 生物圈保护地	—
	X 世界自然遗产	

在新分类体系出台后的一段时期里，许多国家都将本国保护地体系与之对照或衔接，极大促进了人们对各国保护地的了解和国际交流合作。在第五届世界公园大会前，据《2003 联合国保护地名单（2003UN List of PA）》（2003 United Nations List of Protected Areas）[2] 统计，1994 保护地分类体系颁布后的 10 年里，全球保护地数量增加了 1 倍多，面积扩大了 50%，充分显示出 IUCN 保护地

1 PHILLIPS A. The history of the international system of protected area management categories[J]. Parks, 2004,14（3）：4–14. 表格由笔者整理。

2 CHAPE S, BLYTH S, FISH L, et al. 2003 United Nations list of protected areas[J]. Environmental Science, 2003.

分类体系对于世界保护地工作的重要性和必要性。

2002 年，因可持续发展全球峰会（World Summit on Sustainable Development）在约翰内斯堡举行，第五届世界公园大会推迟至 2003 年。来自 160 个国家和地区的近三千名与会者参加了南非德班第五届世界公园大会（Fifth World Parks Congress，Durban 2003）。这次大会回顾了 1994 年保护地分类体系的执行情况，对该体系进行了补充说明；在重申“保护地”基本概念和 6 大保护地基本类别的同时，提出生态修复、可持续发展、疾病与保护地、社区、平等、管理、资金可持续、能力发展和管理有效性等 11 个主要议题，尤为关注社区原住民及当地居民直接参与管理；通过了《德班宣言》（Durban Declaration），明确保护地在未来 10 年中的 10 个目标领域：消除贫困、全球变化、政府管理、社会文化、海洋、生态、机构设置、资金、研究、私人机构参与等[1]。《德班行动计划》（Durban Action Plan）指出 WCPA 及其合作伙伴未来面临的重大挑战，为 2004 年的《生物多样性公约》缔约大会（Conference of the Parties of the Convention on Biological Diversity，简称 CBD）通过一项保护地工作决议奠定了至关重要的基础，并敦促将具有生物多样性“突出普遍价值”的保护地列入《世界遗产名录》。德班会议拓展了保护地视野，将保护地作为与人类发展和减贫相关的政治进程的一部分；特别强调一种更包容的保护地管理观念，即在保护地规划管理中，包括社区原住民在内的许多合作伙伴都被认为拥有权益，甚至有时是核心权益。由此，德班会议形成了保护地思维范式的根本转变。

2014 年，在悉尼召开以“公园、人、星球——振奋人心的解决办法”为主题的第六届世界公园大会（Sixth World Congress on National Parks and Protected Areas，Sydney 2014），“人与自然”议题进一步得到深化。这次大会强调通过文化保护实现人与自然融合及协同发展；认识到原住民及当地社区的传统及知识对土地、水、自然资源和文化的集体权利和责任；倡议尊重原住民的传统智慧与文化，寻求有效、公平的自然资源利用与管理方式，平衡人类社会与自然界之间的关系。

在保护地诞生至今的百余年里，自然保护思想和方法从简单到复杂，大量保护实践活动对自然界和人类社会均产生前所未有的巨大影响，保护事业逐渐成为现代社会的基本任务之一。IUCN 是目前世界最大的自然保护机构，其下设有 6 个专业委员会，除了世界保护地委员会（WCPA），其他专业委员会包括：负责物种保育工作的物种存续委员会（Species Survival Commission，SSC）；负责推动设立陆地及海洋保护地的委员会；负责发展相关法律与机制的环境法律委员会（Commission on Environmental Law，CEL）；负责宣传和教育可持续资源利用的教育及宣导委员会（Commission on Education and Communication，CEC）；负责向经济、社会问题提供专业生物保护知识与政策建议的环境经济社会政策委员会（Commission on Environmental，Economic and Social Policy，CEESP）；负责提供专业生态系统指导的生态系统管理委员会（Commission on Ecosystem

1 IUCN（WCPA）. 5th World Parks Congress Emerging Issues[Z]. Durban，South Africa：Vth World Parks Congress，2003.

Management，CEM）。世界保护地体系主要由 IUCN 领导下的 WCPA 和联合国环境计划署—世界保护区监测中心（UNEP and the UNEP–World Conservation Monitoring Centre）负责及协作管理。所谓协作管理，并不是真正的权力管理，国际组织机构以提供政策和智力支持的方式间接管理全球保护地，保护地管理实权则落在各国政府相关机构。在过去 50 年中，WCPA 已经在全球每个地区建立了保护地志愿者人才网络，为保护地提供信息和科学指导[1]；作为现今全球最重要的保护组织之一，WCPA 与 IUCN 执行共同战略和工作计划，其工作目标是建立一个具有代表性的全球海洋/陆地保护地网络，有效管理自然资源，并致力于帮助那些珍视、依赖保护地的当地人及全球人民应对各种挑战。此外，UNESCO 的《世界遗产公约》《人与生物圈计划》《国际重要湿地公约》《拉姆萨尔湿地公约》等也为全球保护地管理提供支持。

经过国际协作组织的努力，保护地已成为国际公认的保护物种和生态系统的主要工具，世界保护地体系发展趋于成熟，纳入 IUCN 保护地体系的保护地数量从 1962 年的一千个左右发展到 2020 年的 258 608 个。这些保护地大部分在陆地上，保护着共计 20 275 454km^2 的相当于 15.2% 地球陆地面积的土地。海洋保护地虽然数量较少，但覆盖了 27 389 788km^2 的占世界海洋面积 7.6% 的海域[2]。

建立保护地已经成为世界各国保护自然生态系统、珍贵野生动植物物种以及保护各国景观特质的主要方法和手段；同时，一个国家的保护地状况也成为衡量其自然保护发展水平的重要标志。

1.3 IUCN 保护地定义与分类体系

1.3.1 IUCN 保护地定义

2008 年，IUCN 修订《保护地管理类别应用指南》（以下简称《指南》），更新 1992 年第四届世界公园大会工作组颁布的“保护地”定义，并沿用至今：

“保护地是一个明确界定的地理空间，通过法律或其他有效手段获得承认、专用和管理，以实现长期的与生态系统服务和文化价值相关的自然保护”。

“A clearly defined geographical space, recognised, dedicated and managed, through legal or other effective means, to achieve the long-term conservation of nature with associated ecosystem services and cultural values”[3].

---

1 WCPA，IUCN. 50 Years of Working for Protected Areas–A brief history of IUCN World Commission on Protected Areas[M]. Gland，Switzerland：IUCN，2010.

2 UNEP–WCMC，IUCN，NGS. Protected Planet Live Report 2020[R/OL]. UNEP–WCMC，IUCN and NGS：Cambridge UK；Gland，Switzerland；and Washington，D.C.，USA，2020[2020–12–21]. https://live report.protected planet.net/chapter–2.

3 DUDLEY N. Guidelines for applying protected area management categories[M]. Gland，Switzerland：IUCN，2008：8.

1.3.2 IUCN 保护地分类体系

所有保护地都必须符合保护地的定义和满足其一般要求。但是在实践中，保护地管理有各种具体目标，如科学研究、荒野保护、保护物种和遗传多样性、维持环境服务、保护自然与文化特征、旅游和游憩、教育、自然生态系统资源可持续利用、维护文化和传统属性等。因为考虑到这些管理目标存在不同组合和优先等情况，IUCN 在 1994 年颁布了基于不同管理目标的保护地分类体系（表 1–2）。2002 ~ 2004 年，IUCN 展开保护地类别研究，重申保护地的定义，并确认 1994 年保护地管理类别及其以管理目标为基础的分类方法仍然是保护地体系的重要基础，该分类体系体现了人类对自然环境不同程度的干预（图 1–1）[1]。

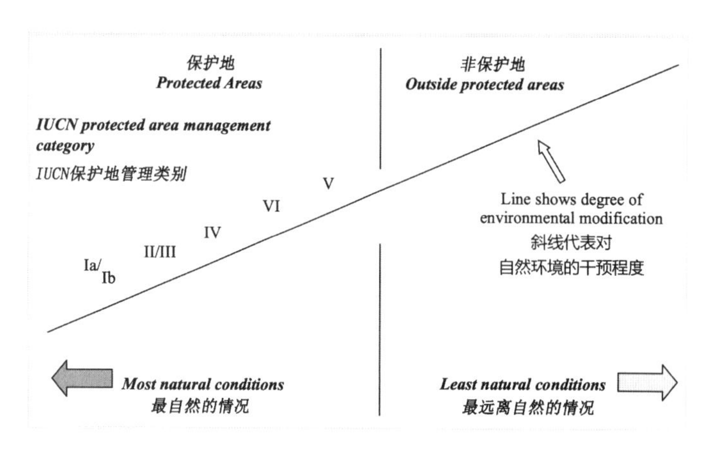

图 1–1 IUCN 保护地管理类别与其对自然环境干预程度关系图
来源：译自 PHILLIPS A, WORLD C U. Management guidelines for IUCN category V protected areas: Protected landscapes/seascapes[J]. best practice protected area guidelines, 2005. 图 3.

IUCN 保护地类别概况表[2] 表 1-2

类别编号与名称		定义	管理目标	选择标准	组织责任
I	Ia 严格的自然保护地	具有突出的或代表性的生态系统、地质或生理特征和（或）物种的陆地 / 海洋区域，主要可用于科学研究和（或）环境监测	主要为科学而保护 • 以尽可能不受干扰的状态保护栖息地、生态系统和物种 • 维护动态和演进状态的遗产资源 • 维护已形成的生态过程 • 保护景观结构特征或岩石的暴露 • 确保为科学研究、环境监测及教育的典型自然环境，包括排除所有避免接近的基线区域 • 通过精心规划和研究以及其他容许的行动最大限度地减少干扰 • 限制公众接近	• 该区域应足够大，以确保其生态系统的完整性和保护管理目标的实施 • 该区域应基本上不会受到人类的直接干预，并能够保持这种状态 • 该区域的生物多样性能够得到保护，且不需要实质性积极管理或栖息地管理	国家或其他政府机构拥有所有权和控制权，通过具有专业资格的机构，或具有研究、保护职能的私人基金会、大学或机构，或与上述任何政府或私人机构的合作者开展行动。在指定之前应确保已有与长期保护相关的适宜保障和措施。存在国家主权争议的国际协议区域例外（如南极洲）

1 PHILLIPS A，WORLD C U. Management guidelines for IUCN category V protected areas：Protected landscapes/seascapes[J]. best practice protected area guidelines，2005.

2 IUCN Commission on National Parks，Protected Areas，World Conservation Monitoring Centre. Guidelines for protected area management categories：interpretation and application of the protected area management categories in Europe[M]. EUROPARC federation，2000:19–32. 表格由笔者整理。

续表

类别编号与名称		定义	管理目标	选择标准	组织责任
I	Ib 荒野地	大面积未改变或仅轻微改变的陆地/海洋区域，保留着其自然特性和影响力，没有永久的或重要的栖息地，应加以保护和管理以保持其自然条件	主要为了保护荒野 • 确保后代在很长一段时间内有机会体验和享受不受人类干扰的区域 • 长期维护环境的基本自然属性和质量 • 该类别为公众提供一定程度的接近机会，将最大限度地满足游客的身心健康，并为现在与后代维护保护地的荒野特质 • 使原社区居民能够低密度生活，并与可利用资源保持平衡，以维持他们的生活方式	• 该地区应具有较高的自然品质，主要由自然力支配，基本上没有人为干预，如果按建议进行管理，则很可能会继续展现这些属性 • 该区域应包含重要的生态、地质、地理特征，或其他具有科学、教育、风景或历史价值的特征 • 通过提供简单、安静、无污染的和非侵入的出行方式（即非机动性），该区域可提供给人们一旦到达，能体验独处、享受的机会 • 该区域应有足够大的空间实施保护和使用	同 Ia
II	国家公园	划定的陆地/海洋自然区域，（a）为今世后代保护一个或多个生态系统的生态完整性。（b）为满足划定区域的目的，杜绝开发或占领。（c）为精神、科学、教育、娱乐和游憩机会提供基础，并与环境和文化相适宜	主要为了生态系统保护和游憩 • 以精神、科学、教育、游憩或旅游层面为目的，保护具有国家和国际重要性的自然和风景区域 • 在尽可能自然状态下永久保留典型自然地理区域、生物群落、遗传资源和物种，提供生态稳定性和多样性 • 管理游客在保持该地区处于自然或接近自然状态的程度上，利用保护地以满足激励、教育、文化和游憩目的；基于接触和体验未受破坏的自然环境，作为游客管理和游憩计划部分的环境保护和自然教育是主要管理任务，强调“促进环境教育和对自然的了解” • 消除并防止阻碍保护目标的开发或占用 • 该要求也适用于在指定之前以任何方式开发土地并在指定后自然演替的区域 • 保持对划定保护地的生态、地貌、神圣的或美学特征的尊重 • 在不影响其他管理目标的前提下，考虑原住民的需求，包括生存资源利用	• 该区域应包含体现主要自然区域、特征或风景的样本，其动植物种类、栖息地和地貌遗址具有特殊的精神、科学、教育、游憩和旅游重要性 • 该区域应足够大，能覆盖一个或更多完整的生态系统，使其不会因当前人类的占用或开发发生实质性改变	所有权和管理权通常应属于拥有其管辖权的国家最高主管部门。但它们也可以归属另一级政府、原住民理事会、基金会或其他已经长期保护该区域的合法机构

续表

类别编号与名称		定义	管理目标	选择标准	组织责任
III	自然纪念地	包含一个或多个因固有的稀有性、代表性、美学性、文化性而具有突出或独特价值的特定自然 / 文化特征区域	主要为了保护特定自然特征 • 为了永久保护其独特自然特征及属性 • 在与上述目标一致的范围内，为研究、教育、解说和公众欣赏提供机会 • 消除并防止阻碍保护目标的开发或占用 • 向与其他管理目标一致的任何常住人口提供利益	• 该区域应包含一个或多个具有重要性的特征（合宜的自然特征包括壮观的瀑布、洞穴、火山口、化石床、沙丘和海洋特征，以及独特的或具有代表性的动植物；相关联的文化特征可能包括居住的洞穴、悬崖、考古遗址，或对原住民具有重要遗产意义的自然遗址） • 该区域应足够大，以保护这些特征与其直接相关的周围环境的完整性	所有权和管理权应属于国家政府，或其他政府机构、原住民理事会、非营利信托基金会及公司的适当保障和控制，或在划定之前已长期保护着该区域的固有特征的其他私人机构
IV	物种栖息保护地	为实现管理目的而受到积极干预的陆地 / 海洋区域，以确保维持栖息地 / 满足特定物种的要求	主要为了通过管理干预的保护 • 确保并维持保护重要物种、种群、生物群落或环境物理特征必需的栖息地条件，为了最优管理需要的特定人为干预 • 促进科学研究和环境监测，作为与可持续资源管理相关的主要活动 • 开发有限区域进行公众教育、关注的栖息地特征和野生生物管理工作 • 消除并防止阻碍保护目标的开发或占用。 • 向与其他管理目标一致的任何常住人口提供利益	• 该地区应在保护自然和物种生存方面发挥重要作用（酌情纳入繁殖区、湿地、珊瑚礁、河口、草原、森林或产卵区，包括海洋饲养床） • 该区域的栖息地保护应该对国家或当地重要植物区系、居民或迁徙动物区系至关重要 • 这些栖息地和物种的保护应取决于管理当局的积极干预，如有必要可以通过栖息地控制（如 Ia 类） • 该区域面积的大小应取决于要保护物种的栖息地要求，可以是从相对较小到非常广泛的范围	所有权和管理权应属于国家政府，或有其他政府机构、原住民理事会、非营利信托基金会、公司、私人机构或个人的合宜保障和控制

续表

类别编号与名称		定义	管理目标	选择标准	组织责任
V	陆地/海洋景观保护地	拥有适宜的海岸与海洋，在人与自然的长期相互作用下产生了具有重要的美学、生态或文化价值，且生物多样性高的独特区域。维护这种传统互动的完整性对于该区域的保护、维护和发展至关重要	主要为了陆地/海洋景观保护和游憩 • 通过保护陆地/海洋景观以及传统土地利用的延续、建造实践和社会文化表现，以维持自然与文化的和谐互动 • 支持与自然和谐的生活方式和经济活动，以及有关社区的社会、文化结构保护 • 维护景观和栖息地、相关物种和生态系统的多样性 • 消除并防止与规模和特征不适宜的土地利用和活动 • 通过发展在类型和规模上与该区域基本特质相适宜的游憩和旅游，为公众享受提供机会 • 鼓励开展科学和教育活动，以有助于居民的长期福祉，以及培育公众对此类区域环境保护的支持 • 通过提供天然产品（如林业和渔业产品）和服务（如清洁的水或来自可持续旅游业的收入）为当地社区带来收益及贡献福祉	• 该区域应具有风景优美的陆地/海岸带和海岛，拥有各种相关栖息地和动植物，以及能够展现作为人类聚居、地方习俗、生计和信仰证明的，独特或传统的土地利用模式和社会组织 • 该区域应能够在其正常生活方式和经济活动范畴内，通过游憩和旅游为公众提供享受机会	该区域可能归公共机构所有，但更可能归包括各种私人和公共所有权混合主体管理。这些所有权应受规划或其他形式的一定程度的控制，并在适当情况下得到公共资金和其他鼓励措施的支持，以确保长期维护陆地/海洋景观的质量以及相关的当地习俗和信仰。这类保护地还需要法律依据和独立管理机构，配备确保实施管理目标所需的管理主体、人力和财力
VI	资源管理保护地	该区域主要包括未经改造的自然系统，为确保长期保护和维护生物多样性，同时为满足社区需求提供可持续的自然资源和服务管理	主要为了自然生态系统的可持续利用 • 长期保护和维持该区域生物多样性和其他自然价值 • 促进可持续生产目标的适宜管理实践 • 保护自然资源基底远离有可能对该区域生物多样性造成不利影响的土地利用 • 为区域和国家发展做出贡献	• 该区域至少有三分之二处于自然条件状态下，尽管可能包含有限的生态系统改造区；不适合纳入大型商业种植区 • 该区域应足够大，以吸纳不损害其总体长期自然价值的可持续资源利用	管理应由具有明确保护职责的公共机构承担，并与当地社区合作；或者在当地习俗的支持和政府或非政府机构建议下进行管理。所有权可归于国家或其他政府机构、社区、个体或它们的联合体

IUCN 保护地定义和管理类别“中立”于保护地所有者或管理主体。但是，保护地治理非常重要，IUCN 和《生物多样性公约》都承认一系列治理类型具有合法性。IUCN 依据谁拥有保护地的决策权、管理权和责任，划分出 4 种广泛应用的保护地治理类型：政府治理、共同治理、私人治理、原住民及当地社区治理。这样就构成包括管理类别和治理类型的 IUCN 保护地分类系统“矩阵”（图 1–2）[1]。

1 DUDLEY N. Guidelines for applying protected area management categories[M]. Gland, Switzerland: IUCN, 2008:26–27.

Governance types 治理类型 / 保护地类别 Protected area categories	A.政府治理			B.共同治理			C.私人治理			D.原住民及当地社区治理	
	联邦或国家部委或主管机构	次国家级政府部门或主管机构	政府授权管理（如：非政府组织NGO）	跨境管理	协同管理（多种形式的多元影响）	联合管理（多元管理委员会）	由个人所有者宣布或经营	由非盈利组织宣布或经营（如：NGO，大学）	由盈利性组织宣布或经营（如：公司法人、合作社）	原住民的保护地和领土——由原住民建立和运营	社区保护地——由当地社区宣布和运营
Ia.严格的自然保护地											
Ib.荒野地											
II. 国家公园											
III.自然纪念地											
IV.物种栖息保护地											
V. 陆地/海洋景观保护地											
VI.资源管理保护地											

图 1–2 IUCN 保护地分类系统“矩阵”示意图
来源：译自 DUDLEY N. Guidelines for applying protected area management categories[M]. Gland, Switzerland: IUCN, 2008:27. 表 3.

1.3.3 “国家公园”与“保护地”的区别

虽然“国家公园”是现代意义的“保护地”的源头，但保护地经过 70 余年发展，已成为当今国际自然保护语境中最重要的、覆盖最全保护对象的体系，国家公园则是属于该体系的类别之一，与保护地是部分与整体的结构层级关系。IUCN 系统基于世界各国国家公园建设的经验与教训，对国家公园的概念界定已成为国际共识，可以作为确定国家公园内涵的重要依据[1]。自 20 世纪 80 年代起，国际上就不再有并置两者的“国家公园与保护地”说法，而代之以世界各国公认的国际自然保护体系标准名称——“保护地”。“国家公园”在 IUCN 分类体系形成之前早已存在，特别适用于 IUCN 分类体系中的第 II 类较大面积的自然保护地。然而，许多国家的“国家公园”并不完全符合 IUCN 类别 II 的标准，实际上，一些国家的国家公园依据 IUCN 体系的其他保护地类别，有的甚至根本就

1 朱春全．世界自然保护联盟（IUCN）自然保护地管理分类标准与国家公园体制建设 [J]．陕西发展和改革，2016（03）：7–11．

不属于自然保护地（表 1-3）[1]。因此，国家公园在不同国家，甚至在同一国家内都有不同含义，涉及的保护地自然特征、保护对象和管理目标差异极大。例如，英国的国家公园包含人类聚居和广泛的资源利用区域，更适合归入 IUCN 第 V 类。在南非，约 84% 的国家公园内有大量常住人口，其中的一些国家公园可能更适合归为其他类别[2]。IUCN《指南》还强调，政府已经或准备将某个区域划为“国家公园”并不意味着必须根据第 II 类保护地的指导方针对其进行管理，而是应该确定和使用最合适的管理体系，类别名称由政府和其他利益相关者决定[3]。

各国“国家公园”保护地所属不同类别示例表　　表 1-3

IUCN 类别	保护地名称	位置	面积（ha）	建立时间
I	Dipperu National Park	澳大利亚	11 100	1969
II	Guanacaste National Park	捷克共和国	32 512	1991
III	Yozgat Camligi National Park	土耳其	264	1988
IV	Pallas Ounastunturi National Park	芬兰	49 600	1938
V	Snowdonia National Park	威尔士，英国	214 200	1954
VI	Expedition National Park	澳大利亚	2 930	1994

来源：IUCN《保护管理类别应用指南》，2008，第 11 页。

“国家公园”的发源地美国的国家公园体系在 150 年里持续发展和多元化，经历了从 19 世纪中叶在优美的风景中建设公园到 20 世纪早期考古遗址、战场及其他历史场所，20 世纪 60 和 70 年代逐渐关注生态和荒野价值，以及 20 世纪 80 年代晚期认识到文化景观，直至今天基于大规模合作发展公园等一系列关键转变过程。美国国家公园体系纳入文化景观凸显出其在发展过程中不断拓展对国家公园多重价值的认知，以及对不断变化的社会价值及需求的回应[4]。

IUCN 强调所有保护地类别同等重要，不存在等级差异，鼓励各国根据本国自然与文化遗产保护目标建设保护地体系。

1 DUDLEY N. Guidelines for applying protected area management categories[M]. Gland, Switzerland: IUCN, 2008:11.

2 IUCN Commission on National Parks, Protected Areas, World Conservation Monitoring Centre. Guidelines for protected area management categories: interpretation and application of the protected area management categories in Europe[M]. EUROPARC federation, 2000:13.

3 同 1.

4 GOETCHEUS C, MITCHELL N J, BARRETT B. Evolving Values and How They Have Shaped the United States National Park System[J]. Built Heritage, 2018,2: 27-38.

1.3.4 IUCN 保护地分类体系特征与适应性

IUCN 保护地体系有 6 个重要特征：

（1）分类基于保护地主要管理目标，由国家法律或类似有效手段（如习俗约定、非政府组织宣告等）确定。

（2）将保护地归入某个类别并非评价其管理的有效性。

（3）该分类体系旨在向全球所有国家推广应用，以便收集和管理可以进行比较的数据，从而增进国家之间的交流；确定类别的最终职责由国际组织承担（IUCN 根据 WCPA 和 UNEP-WCMC 的建议），因此，IUCN 并不鼓励各国采用不同的分类标准；但是考虑到地区之间的差异性，IUCN 建议国家和区域层面的保护地诠释应具有灵活性。

（4）各国引入该分类体系很大程度上有助于规范对特定保护地内容的描述；但在各国保护地体系中的具体类别名称及含义可能不同，更强调一种基于管理目标的而非类别名称的国际分类体系。除第 II 类保护地外，所有保护地名称都或多或少地与该类保护地的主要管理目标有关。

（5）该体系中的所有类别都很重要，类别 I 到类别 VI 没有任何等级上的区别，都是保护和可持续发展所需要的；但是，分类暗示和代表了人类对自然环境不同程度的干预。第 I 类至第 III 类主要保护没有人类直接干预的、人类对环境的改造受到限制的自然区域，而在第 IV 类、第 V 类和第 VI 类保护地，将会发现更大程度的人类干预和改造[1]。

虽然 IUCN 保护地体系中的各类别并不意味着无论是质量和重要性方面还是其他方面（例如干预程度或自然程度）的等级差异，但也并非所有类别在任何情况下都是平等的。保护地定义的一项相关原则指出：“所有类别都有助于保护，但应根据具体情况选择目标；并非所有类别在每种情况下都同样适用”。这意味着，一个具有良好平衡性的保护地体系应考虑运用所有类别，尽管并非每个区域或国家都有此必要或可行。在绝大多数情况下，至少有一部分保护地应属于更严格的保护类别，即类别 I–IV。保护地类别选择往往是复杂的挑战，应以生物多样性保护的需要和紧迫性、提供生态系统服务的机会、人类社区的需要、期望和信仰，土地所有权模式、治理力度和人口水平等为指导。保护地的相关决策通常是土地使用竞争和协商的结果，受到一定程度的制衡。更重要的是在相关决策过程中，保护目标应得到足够重视[2]。

UNEP-WCMC 鼓励各国采用 IUCN 分类体系，但不指定或审查各国对这些类别的应用。截至 2019 年 5 月，WDPA 数据库中全球 66% 的保护地有对应的 IUCN 分类，有许多保护地没有归置 IUCN

---

1 IUCN Commission on National Parks, Protected Areas, and World Conservation Monitoring Centre. Guidelines for protected area management categories: interpretation and application of the protected area management categories in Europe[M]. EUROPARC federation, 2000:12-13.

2 DUDLEY N. Guidelines for applying protected area management categories[M]. Gland, Switzerland: IUCN, 2008:24.

类别，但并不意味着该保护地未得到充分管理或以任何方式降低其重要性。虽然是否使用IUCN管理类别体系是自愿的，但它作为一个标准被广泛接受和为许多国家使用[1]。总体上，许多国家都建立了本国保护地体系。各国的需求和优先考虑的事物不同，法律、制度和财力支持不在同一级别，建立和管理保护地的条件也大有不同，IUCN保护地体系类别划分准则具有的灵活性有助其适用于不同地区和国家的具体情况和条件。例如，欧洲有长期人类居住史和多重所有权管理的景观，总体上不像其他一些地区那样适合建立第II类保护地，但却更有利于建立第IV类和第V类保护地。今天，在世界各国保护地都面临诸如人口、气候迅速变化等压力的严峻现实背景下，关于如何命名或定义国家公园以及其他类型保护地的争论仍在继续。

1.3.5 第V类保护地的重要意义

在IUCN所有保护地类别中，第V类可谓独树一帜，具有特别的适应性和重要意义。与将重点放在保护自然方面的观点不同，第V类保护地重在维护人与自然的关系上，核心思想是保护具有环境与文化价值的、人与环境直接相互作用的区域。一般来说，第V类保护地在陆地／海洋景观尺度的保护中发挥着重要作用，特别是作为管理模式、保护地设立和其他保护机制的一部分。第V类保护地对于保护生物多样性的独特贡献在于：

（1）与文化管理系统一起进化的物种或栖息地只有维持这些管理系统才能生存。

（2）为拥挤的大面积景观区域（例如，顶级捕食者）实现保护目标提供了一个框架，这些区域通常包含多种土地所有权模式、治理模式和利用模式。

（3）传统管理系统通常与农业生物多样性或水生生物多样性的重要组成部分相关，只有通过维护这些系统才能保护这些生物多样性[2]。

IUCN认识到受保护地区还应该包括那些有人群居住的地区，在这些地区，人与自然形成了某种平衡，这些地区和居民本身就具有极其重要的意义，他们可以教会我们什么是可持续生存。因此，第V类保护地管理的中心任务不在于对自然本身进行保护，而是指导人类在发展进程中保护好和管理好这些区域及其自然资源，使其能够可持续发展，其自然与文化的价值也因此得到保护和发扬光大。因为处理人与自然之间的关系是社会面临的一个最艰难的挑战，IUCN专门为第V类保护地制定了管理指南；并指出，由于强调人与自然长期的相互作用，第V类保护地尤其适合发展中地区的人居景观保护：

1 UNEP-WCMC. User Manual for the World Database on Protected Areas and world database on other effective area-based conservation measures：1.6[M/OL]. UNEP-WCMC：Cambridge，UK，2019：10-11[2020-12-21]. http://wcmc.io/WDPA_Manual.

2 DUDLEY N. Guidelines for applying protected area management categories[M]. Gland，Switzerland：IUCN，2008:21.

（1）把人的需要和生活方式与自然保护、可持续自然资源利用以及生物多样性联系在一起。

（2）通常包括私人拥有的、集体拥有的等土地所有权。

（3）允许各种各样的管理权限，包括依靠传统法律和宗教管理自然资源。

（4）有保护文化遗产的特定目标。

（5）通过提供环保商品和服务为当地民众带来实惠、提供福利。

（6）证明那些曾因缺乏当地民众支持而导致严格保护地管理失败的地区能够被管理好[1]。

IUCN 第 V 类保护地模式可以帮助解决发展中国家面临的挑战、减轻贫穷、为人民创造更好的生活前景、帮助保护和发扬当地的文化与自然、战胜外来的压力、强化社区功能以抵制全球化的负面影响，担当这些地区保护自然的责任。

中国风景名胜区就是体现 IUCN 第 V 类保护地核心思想和目标的典范。中国风景名胜区是由国务院设立和命名的自然与文化交织、保护与利用兼得的国家保护地，具备文化与自然综合保护管理职能。与单纯的自然保护地相比，它具有深厚的文化内涵；与文化类保护地相比，它具有优越的自然景观环境本底。中国 244 个国家级风景名胜区中的绝大部分具有丰富的自然与文化资源和世界级的价值及影响；中国 55 项世界遗产中有 35 项与风景名胜区有关，占中国世界遗产总数的 63.6%。各级风景名胜区的保护和建设，在保护自然文化遗产、改善城乡人居环境、维护国家生态安全、弘扬中华民族文化、激发大众爱国热情、丰富群众文化生活、促进当地经济社会发展等方面发挥了难以替代的重要作用[2]。风景名胜区保护地体现了中国人的自然哲学观和文化性，与为了保护自然免受干扰，通常将人排除在保护地之外的观念迥异，代表了许多北美和欧洲之外其他地区的自然保护模式，是具有国家文化代表性及区域代表性的保护地。在如中国这样的地区，自然中的人类聚居历史久远，具有发展第 V 类保护地的极大潜力。

1.4　国家公园与保护地的多重功能

传统上，设立国家公园与保护地是实现自然保护目标最广泛和最有效的工具之一。但国家公园与保护地从来不是独立于人类社会的纯粹自然环境，而是始终处于与人类社会相互影响和动态变化之中；在两者长期互动的过程中，逐渐具备了与自然和人类社会的多重功能，体现在自然保护、社会与经济发展和精神文化三个方面。

1. 自然保护

国家公园与保护地对生物多样性保护至关重要，它们是几乎所有国家自然保护的，以及如《生

1　菲利普斯（Phillips，A.）. 保护区管理规划指南 [M]. 陈红梅，喻惠群，译 . 北京：中国环境科学出版社，2005：17.

2　贾建中 . 风景名胜区功能定位与国家保护地体系 [J]. 中国园林，2020，36（11），刊首语 .

物多样性公约》等国际保护战略的基石。国家公园与保护地保护了物种及其栖息地，是物种和基因多样性的避难所；国家公园与保护地维护自然生态过程的正常运作，包括那些在管理最严格的陆地景观和海洋景观中无法生存的生态过程。今天，全球国家公园与保护地系统是我们阻止许多濒危或稀有物种灭绝的希望，以及依据《生物多样性公约》指导方针、实现国家公园与保护地以外区域的生物多样性保护和可持续利用措施的补充。尽管有例外，大多数国家公园与保护地存在于自然或接近自然的生态系统中，或者正恢复到这种状态；其中一些包含了地球历史和地球过程的主要特征，而另一些则记录了人类活动与自然在文化景观中的微妙相互作用，更大的或处于更自然状态的保护地也为净化和未来生态适应及恢复提供了空间。在今天全球气候迅速变化的背景下，国家公园与保护地变得越来越重要，代表着当代人对未来世代的独特承诺。大多数人都认同有道德义务防止物种和基因多样性因我们现在的行为而丧失，绝大多数宗教信仰的教义也支持自然保护。保护地被看作环境和社会衰退世界中的一座希望的灯塔。

2. 支撑人类生存与社会经济发展

国家公园与保护地与人类利益直接相关。国家公园与保护地为人类提供如保持水土、保护分水岭或海岸线、供给清洁饮用水等环境服务；提供可持续利用的自然物，是人类社会生存与发展的物质基础；通过支持旅游、游憩利用等方式为人类提供游憩、休闲场所，给社会带来经济收益。无论是居住其内或毗邻国家公园与保护地的人们，还是远离国家公园与保护地的其他人，都能从国家公园与保护地自然生态系统提供的人类生存环境服务（如供水）、自然资源利用潜力和游憩机会中获益。许多国家公园与保护地对于脆弱的人类社会来说是必不可少的，虽然许多国家公园与保护地由政府设立，但越来越多其他保护地由当地社区、原住民、环境慈善机构、个人、公司建立，它们保护着包括原住民在内的弱势群体和自然遗址之类的有价值的场所。现实中，人们广泛认同世界上的许多国家公园与保护地除了保护生物多样性，还发挥着重要的社会、经济功能。

3. 人类精神文化场所

人类对孕育自身的自然世界有着与生俱来的兴趣，并且随着人类大脑的进化和人类社会知识的积累与日俱增。国家公园与保护地提供了人类不断深入了解和认知自然世界的科学研究及教育基地，具有人类生活启智、传统文化保护和延续等重要精神文化功能。国家公园与保护地内的居民拥有自己的传统文化和对关键物种资源利用的知识和管理经验，是国家公园与保护地的重要组成部分及特征。从更广泛的文化角度来看，保护标志性的陆地景观、海洋景观、国家公园与保护地的传统社区遗产同样重要。

国家公园与保护地是我们理解人类与自然世界互动的基准。国家公园与保护地为人类提供了与自然互动的机会，这种机会对于人类知识、精神与文化的发展至关重要；而这种互动方式在其他地方越来越困难，如今国家公园与保护地给予人类一个珍贵的、稀缺的空间。

《生物多样性公约》《世界遗产公约》《拉姆萨尔湿地公约》《联合国海洋法公约》《联合国

教科文组织人与生物圈计划》等国际公约和方案都强调了国家公园与保护地的重要功能。这些协议和方案共同确立了建立和管理国家公园与保护地以保护生物多样性和可持续利用自然和文化资源的总体功能。在各国政府和国际机构支持下，国家公园与保护地是保护世界濒危物种的核心，是生态系统服务和生物资源的重要提供者，是减缓全球气候变化战略的关键组成部分，在某些情况下，还是保护受威胁的人类社区或具有重大文化和精神价值的场所的工具。总之，国家公园与保护地是自然保护、科学研究、环境服务维护、教育、旅游和游憩、保护特定自然和文化特征以及可持续利用生物资源的场所，以及具有人类文化和精神重要性的功能区域。

第2章

国家公园与保护地管理

国家公园与保护地的“规划”与“管理”是紧密联系的一个整体，规划是确保国家公园与保护地管理迈向正确道路、将管理目标转化为有效管理和发展方案的必要步骤，保护管理者或规划制定者都需要完整了解这些步骤。国家公园与保护地规划与管理涉及生物学、生态学、自然及文化、开发利用类型、组织机构安排、各类经济服务及效益等诸多方面。其中，最关键的因素是制定国家公园与保护地管理目标。

2.1 国家公园与保护地管理目标

在国家公园与保护地一百余年的发展中，伴随自然保护观念的变化和保护实践经验的积累，国家公园与保护地管理目标从最初的自然保护，逐步发展为涵盖生态、全球变化、政府管理、社会文化、机构设置、资金、研究、私人机构参与、人与自然可持续发展等的综合性目标领域，形成以 IUCN 保护地体系为代表的管理目标基本共识。

保护地定义（2008）概括了最根本的管理目标——实现长期与生态系统服务和文化价值相关的自然保护；《指南》[1] 对该定义的解释阐述了一系列管理目标指向：“考量管理成效”“长期管理策略”“在自然环境中原地保护生态系统、自然和半自然栖息地、物种种群；或者对于驯化或栽培物种，在已经发展出其独特性的环境中进行保护”“提供食品和水；管理洪水、干旱、土地退化，使土壤形成和养分循环，以及提供娱乐、精神、宗教和其他非物质的文化服务”。“保护依赖关键物种的原住民传统实践或受到威胁的文化价值”等 [2]。IUCN 保护地类别划分为每类保护地制定了更具针对性的管理目标（表 1–2）以区分管理方法。总之，下列管理目标应适用于包括国家公园在内的所有保护地类别：

（1）保护生物多样性的组成、结构、功能和演进潜力。

（2）促进区域保护战略（核心保护区、缓冲区、走廊、迁徙物种的垫脚石等）。

（3）保护景观或栖息地、相关物种和生态系统的多样性。

（4）有足够规模以确保指定目标的完整性和长期保护，或能够增加规模实现该目标。

（5）永久保持其被设立为保护地的价值。

（6）在管理规划及支持适应性管理监测、评价方案等指导下运作。

（7）拥有清晰、公平的管理体系。

此外，所有国家公园与保护地还应酌情考虑以下管理目标：

---

1 IUCN. 保护地管理应用类别指南 . 1994.

2 DUDLEY N. Guidelines for Applying Protected Area Management Categories[J]. management categories international union for conservation of nature & natural resourles, 2008.

(1) 保护重要的景观特征、地貌和地质。

(2) 提供生态系统监管服务，包括减缓气候变化对保护地的影响。

(3) 保护具有重要文化、精神和科学意义的国家的和国际的自然风景区。

(4) 向当地社区及居民提供符合其他管理目标的福利。

(5) 提供与其他管理目标一致的游憩福利。

(6) 促进与保护地价值相关和一致的低影响的科学研究活动和生态监测。

(7) 采用适应性管理策略，提高管理效率和管理质量。

(8) 帮助提供教育机会（包括管理方法）。

(9) 帮助公众支持保护。

因此，国家公园与保护地的管理不仅是为了资源保护，还为了实现社会与经济发展、游憩利用和文化等目标；除了自然因素，管理目标还应考虑如下一些因素：社会偏好和价值取向（不仅为了当代人，也为了后代人考虑）、组织结构和障碍、哲学观念、知识的不同表现形式，以及人们对“什么是重要的”不同观念等。考虑如此之多的目标因素使制定国家公园与保护地规划成为一项极具挑战性的工作，但它对于自然与文化资源的管理又是至关重要的[1]。

2.2 IUCN保护地规划体系

IUCN保护地规划体系由世界各国的国家保护地体系规划（National System Planning For Protected Areas）和保护地管理规划构成。

国家保护地体系规划在国家层面整体考量和协调该体系各部分之间以及它与其他规划之间的关系，为在地级别的管理规划提供一个广泛的框架和指导方案。管理规划（Management Planning）一直是全球公认的和广泛接受的保护地规划与管理工具之一[2]。从20世纪中叶起，管理规划在某些发达国家开始运用，并在20世纪90年代后越来越受重视，被视为保护计划最终被广为接受和得到支持的重要途径。国家保护地体系规划与管理规划的关系如图2-1所示。

1 菲利普斯．保护区管理规划指南[M]．陈红梅，喻惠群，译．北京：中国环境科学出版社，2005：3-4.

2 KOPYLOVA S L，DANILINA N R．Protected Area Staff Training：Guidelines for Planning and Management[J]．Gland，Switzerland：IUCN，2011：19.

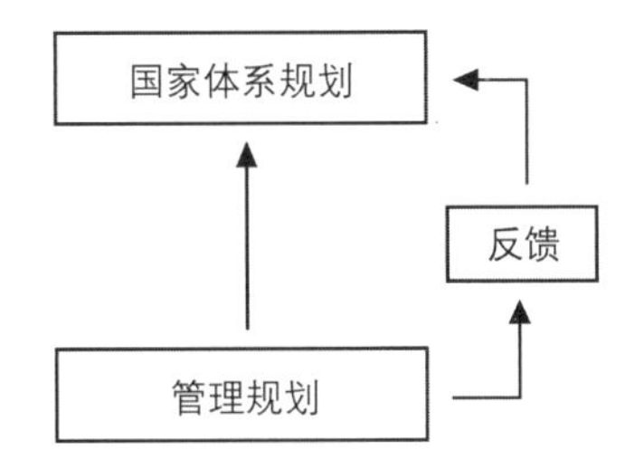

图 2-1 国家体系规划与管理规划关系示意图[1]
来源：DAVEY A G. National System Planning for Protected Areas[J]. Best Practice Protected Area Guidelines Series No. 1. Gland, Switzerland and Cambridge, UK: IUCN, 1998: 71, 笔者翻译绘制

2.2.1 国家保护地体系规划（National System Planning）[2]

“国家保护地体系规划”是指建立一个包括该国所有栖息地和景观类型的、连贯的、有代表性的保护地系统的国家计划，是一种运用系统思维的宏观层面的规划组织方法。国家保护地体系规划回应了 IUCN 第 17.38 和 19.46 号决议以及《生物多样性公约》第 8（a）条对各国建立保护地制度的要求。IUCN 认为，国家或相关实体确定保护地边界时往往考虑了主权、治理和所有权等因素，因此不能孤立对待保护地的规划与管理，必须与其他区域的使用和管理相协调，并从可持续发展角度长期、有效地管理保护地；此外，各国遵照《生物多样性公约》在国家层面协调具有生物多样性保护重要作用的保护地规划。

WCPA 于 1998 年推出国家保护地体系规划指南，该指南不是在非实施层面为各国制定保护地体系规划提供规则或“烹饪书”式的方法，而是以政策为导向，且以各国事先知道什么是保护地以及为什么需要保护地为前提。WCPA 指出，国家保护地体系规划的首要目的是提高在地生物多样性保护的长期有效性，使全球保护地网络囊括世界上每种生态系统的代表性样本，并将一个国家的保护地体系特点最大化。因为保护地还具有保护生物多样性以外的许多功能，所以，保护地体系规划必须与国家保护战略、生态可持续发展战略以及其他国家层面的规划相结合。保护地体系规划的核心思想非常简单，即有效规划和管理保护地需要一种既涉及体系内部各机构，也涉及其他土地利用和管理活动的协调方法。国家保护地体系规划的成果形式通常是一个或多个文件中的一个陈述和一系列理念，应包括地图和相关背景信息，阐述现状特点，并清晰描绘通向未来的务实路径。总之，国家保护地体系规划应当为协调保护地与有关国家土地利用及社会发展其他方面的机制、机构和程序提供以下指导：

（1）在国家层面关注保护地级别问题，确定①不同单位、类别保护地之间的关系；②保护地

1 DAVEY A G. National System Planning for Protected Areas[J]. Gland，Switzerland：IUCN，1998：71.

2 同 1.

与其他相关土地类别之间的关系；③协调中央与其他级别保护地之间、不同区域与个体保护地之间的方式。

（2）采取战略性观点。

（3）确定保护地相关的关键角色以及角色之间的关系。

（4）确定保护地范围内各区域之间的差距（包括连通性可能和需求）和管理方面的不足。

（5）说明现有和拟建保护地的状况以及它们面临的管理挑战。

（6）识别当前和潜在的影响，包括周围土地对保护地的影响和保护地对周围土地的影响。

（7）可能还需明确保护地的授权、保护地合法性在该国为优先关注事项。

（8）阐明发展、资金支出和管理该体系以及协调其组成部分的责任和过程。

为确保国家保护地体系的总体意义和有效性远远超过其各部分的总和，国家保护地体系规划至少应使该体系具有5个关键特征：

（1）代表性、全面性、平衡性。

（2）充分性。

（3）连贯性和互补性。

（4）一致性。

（5）成本效益、效率和公平。

这些特征也作为标准评估保护地对国家保护地体系潜在的或实际贡献。标准不可避免有主观性并取决于各国的具体情况，但标准之间应密切相关，不能孤立考虑。在规划中运用这些标准和选择体系组成部分时，还应考虑纳入该体系的保护地是否不可替代或有灵活调整的可能性。

国家保护地体系规划基本内容包括：

（1）明确说明该国保护地的目标、理由、类别、定义和未来方向。

（2）评估构成体系的各保护地的保护状况和管理能力。

（3）审查体系中的保护地样本与该国生物多样性和其他自然遗产及相关文化遗产的保护状况。

（4）选择和设计国家保护地体系之外的保护地保护程序，以使整个系统具有更好的特性。

（5）识别在国家、区域和地方各层级开展的保护行动如何相互作用而实现国家和区域的保护地目标。

（6）明确保护地与国家规划的其他方面（例如国家生物多样性等战略，土地利用、经济和社会规划）相结合及协调的基础。

（7）评估保护地现有体制框架（关系、联系和责任），并确定能力建设的优先事项。

（8）进一步发展国家保护地体系的优先事项。

（9）确定最适合每个现有的和拟设保护地的管理类别程序，以充分利用现有保护地类别，并促进确定不同类别相互支持的方式。

（10）确定保护地的投资需求和优先事项。

（11）确定保护地管理对培训和人力资源发展的需求。

（12）确定管理政策、现场管理规划编制和实施指南。

IUCN 对国家保护地体系规划有 3 点建议：

（1）将国家保护地体系规划置于国际背景中考量，特别是对于那些毗邻邻国陆地和海洋的保护区域。

（2）生物区域规划。不囿于严格的保护地边界，在保护地周围建立缓冲区和支持区，在它们之间建立土地利用生态友好走廊以及生态恢复区。生物区域规划有助于加强保护地并将其纳入国家保护战略；因此，国家保护地体系规划应在生物区域规划所提供的更广泛背景下满足保护地的需要。

（3）运用 IUCN 保护地管理类别指南。普遍认为 IUCN 保护地管理类别指南（1994）具有更灵活的类别划分和适用于更大范围的特点，尤其是第 V 类（受保护的陆地景观 / 海洋景观）和第 VI 类（管理的资源保护区）。国家保护地体系规划应明确指出本国规划与 IUCN 所有六大类别之间的联系。

国家保护地体系规划的顺利实施应要求保护地社区参与和咨询、明确的筹资和投资战略、有效的保护地机构、保护地管理培训、合作伙伴等。此外，国家保护地体系规划应落实必要的监测和评估，以确保规划与实际紧密结合。

国家保护地体系规划提高了保护取得实质性进展的可能性，也促进了一种真正将保护与人类其他行为联系起来的综合方法。体系规划本身不会消除生物多样性保护、社区发展或保护地管理方面的发展障碍，但应能促进消除障碍，并有助于明确优先事项；规划不能在一夜之间建立一个有效的国家保护地体系，也不能立刻改变可能损害保护或管理绩效的因素，但它是一个潜在的强大工具，也是实现这些目标的关键步骤。虽然没有一种普遍适用的模式，但全球许多国家已经制定了本国的保护地体系规划。

2.2.2 保护地管理规划（Management Planning）[1,2]

保护地管理规划有多种定义，从根本上说，它是制定“管理计划”[3] 所遵循的一系列的步骤方法，可理解为管理计划的制定过程；是一个为管理者和其他感兴趣的相关方就国家公园与保护地的现在和未来管理活动提供指导的“工具”。作为管理活动工具，管理规划明确并赋予国家公园与保护地管理者在管辖区域内的管理权力。

---

1 THOMAS L，MIDDLETON J．Guidelines for Management Planning of Protected Areas[J]．Switzerland and Cambridge，UK：IUCN，2003：79．

2 THOMAS L，MIDDLETON J，PHILLIPS A．保护区管理规划指南 [M]．陈红梅，喻惠群，译．北京：中国环境科学出版社，2005：2．

3 “管理计划”是管理规划的最终结果，是将某一时间段内实施于保护地内的管理手段、管理目标及决策框架进行明确规定的文件。管理计划是其他所有计划参照的首要文件，并且，在其他计划实施过程中，如果产生疑问或条款内容冲突，必须遵照管理计划实行。管理计划的制定过程、管理目标及实施标准通常通过立法确认，或者由保护地管理者特别设定。管理计划的规范性或强或弱，取决于使用计划的目的及法律要求。

2.2.2.1 管理规划的特征及优点

管理规划在全世界推广后取得的成效不同，其有效性取决于许多因素。成功的管理规划应具有的主要特征包括：

（1）它是一个连续、动态的过程，而非单独的、静态的事件。即规划不会随着管理计划的出台而结束，它必须包括计划实施及之后的活动，并且必须能够应对现实情况和目标的不断变化。

（2）它与保护地的未来紧密相关：明确保护地面临的问题和未来可选择的保护措施，并且考察问题形成的原因以及现状可能导致的后果。

（3）它提供了一种考察保护地面临的种种不利、机遇或其他问题的机制；同时也解决问题，并在相关各方之间开展讨论。

（4）系统性。大多数的计划实施都遵循预先拟定的工作程序，管理规划使最终的管理计划基于保护地相关知识和背景分析，帮助人们理解管理计划决策的理论基础。

（5）它也是价值观判断过程。管理规划可以被看作“明确保护地是什么，它应该成为什么，在不断变化的内在和外在背景中，为达到预期目标应该做什么的过程”（Lipscombe 1987）。价值判断影响保护地管理目标的设定。因此，管理规划的重心不仅在于分析自然资源客观状况，而且在于人及其观念。

（6）具有“全局”观念。公开的、包容性的管理规划过程考虑大量由管理计划步骤产生的问题以及区域边界外因素引起的问题、观点和意见等，但该过程的全局性取决于过程如何执行、哪些人员参与以及如何做出最终决策。

除有关法律的要求外，制定管理规划的最重要的原因是为保护地工作提供便利，并为需要依靠它开展管理工作的人员提供有利条件。得到相关工作人员和当地居民支持的管理规划具有以下优点[1]：

（1）改善保护地管理。管理规划从4个方面促成保护地的有效管理：①确保在充分了解保护地的前提下制定保护地管理措施；②为管理者提供一个日常工作和长期管理的指导；③为接管工作的管理人员提供有效而简明的文件，以确保保护地管理工作的连贯性；④帮助鉴别和定义管理工作的“成效”。

（2）改善财政资源和人力资源的利用。管理规划确保有效的资金控制和运作，也可以是征用资金的一种手段。

（3）改善责任机制。管理规划可以提供更好的机制，明确保护地管理者、管理组织或机构的管理责任。

（4）增强沟通。管理规划在保护地管理者与对保护地经营管理及其未来感兴趣的人们之间架

---

1 THOMASL，MIDDLETON J，PHILLIPS A. 保护区管理规划指南[M]. 陈红梅，喻惠群，译. 北京：中国环境科学出版社，2005：13−15.

起一座桥梁，其连接作用体现在：确定管理者需要去沟通的主要人员，明确需沟通的信息内容；提供与公众交流、向公众解释策略和方案内容的方式；提高和扩大保护地的影响范围，使更多的人关心保护地管理工作。

2.2.2.2　管理规划的原则

管理规划应遵循以下原则：

（1）必须符合相关国际条约，如世界遗产或湿地保护公约；也包括区域性协定，如欧盟制定的世界鸟类及其栖息地保护准则等。

（2）执行国家保护地系统规划的相关建议。

（3）贯彻执行国家保护地及环境保护工作条例，例如，英国国内所有的保护地管理计划都必须贯彻英国物种及栖息地行动计划。

（3）制定的管理目标要能体现管理组织的整体策略。

（4）管理规划的制定者有必要在起草管理计划之前明确必须要为管理计划提供的内容。

2.2.2.3　管理规划的内容

管理规划应当是一个逻辑思维过程，从而使管理计划在内容上保持连贯统一。管理计划并不存在一个固定的标准模式，但往往包含一些共同的基本要素[1]，对应着以下管理规划内容。

1. 明确执行概要

执行概要概述管理计划的主要问题和相关决定。这部分内容对于许多没有时间阅读或领会细节内容的最终决策者格外重要。

2. 明确管理计划目的与范围

解释建立保护地的目的，包括法律依据以及负责制定计划的机构，还可能包括如保护地的位置、面积、主要资源及价值等保护地概况介绍。

3. 整理及描述保护地信息

搜集、整理和描述保护地以下相关信息：

（1）保护地状况。保护地的自然、文化、历史和社会经济等资源（特征），资源开发利用和管理的总体框架。

（2）保护地价值评估与问题分析。陈述建立保护地的重要意义，明确保护地的价值；梳理影响保护地的种种限制条件和发展机遇，保护地保护与管理工作中遇到的主要问题，包括保护地重要特征受到的各种内部的、外部的影响以及其他任何管理问题。

1　THOMAS L，MIDDLETON J，PHILLIPS A．保护区管理规划指南[M]．陈红梅，喻惠群，译．北京：中国环境科学出版社，2005：55−57．

（3）设想和目标。对保护地总体、长期的设想；可包括管理活动指导政策，提出管理活动的种种目标，详述管理计划时间表内的管理活动的目标。这部分往往还包括设定管理目标的理论基础以及规划过程中的决策依据，提出管理目标“可接受的变化限度”（Limits of Acceptable Change，简称 LACs）。

4. 分区规划

如果保护地需要设置不同管理区域，则有必要制定分区规划，明确对各个区域的划分、分类、管理以及区域内许可或禁止的行为。分区规划可以包含在管理计划之内，或者另外进行。一般在制定分区规划后再制定管理计划；但如果原来已有分区规划，则应在管理计划中加以说明和概述。

5. 制定管理措施

包括为实现管理目标而必须采取的具体措施：

（1）必须进行的管理活动或措施。

（2）明确每种管理行为在何时、由何人实施的时间表或工作计划表（可列作单独文件）。

（3）如果已明确需优先采取的措施以及实施计划所需的人力及所需资金，可将其进一步细化，分为若干“项目”，每个项目就是一个行动计划，可为行动计划的实施过程提供说明。

6. 监测和回顾

明确及简要概述管理计划实施的监测在何时、以何种方式进行复审，还应包括保护地各项管理活动应达到的指标数据。

2.2.2.4 管理规划的步骤与方法[1]

管理规划是一个连续的以下列 3 个方面为主要构成部分的“循环”过程（图 2–2）：管理计划的筹备、计划的实施、计划监测与审查。

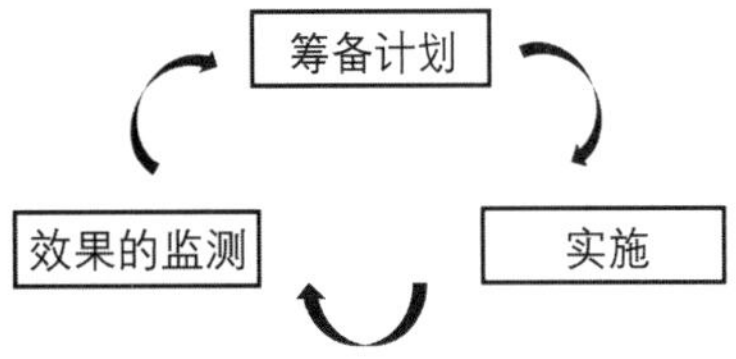

筹备计划
实施
效果的监测

图 2–2 管理规划过程示意图
来源：THOMAS L, MIDDLETON J, PHILLIPS A. 保护区管理规划指南 [M]. 陈红梅，喻惠群，译 . 北京：中国环境科学出版社，2005：28.

在上述循环中，制定计划的实际管理规划过程可分为 13 个步骤（图 2–3）：

步骤一：前期准备工作

这是整个规划过程中最重要的阶段之一。这一阶段决定将采取何种方式制定程序、以何种方式执行程序、时间要求以及参与人员等，通常包括以下具体步骤：

（1）明确保护地设立的目的和管理目标，并确保相关人员理解。目标在相关立法中（或与保护地相关的正式协议中）应有明确规定，但鉴于这些目标自始至终影响管理活动的实施，

1 THOMASL，MIDDLETON J，PHILLIPS A．保护区管理规划指南[M]．陈红梅，喻惠群，译．北京：中国环境科学出版社，2005:28–70.

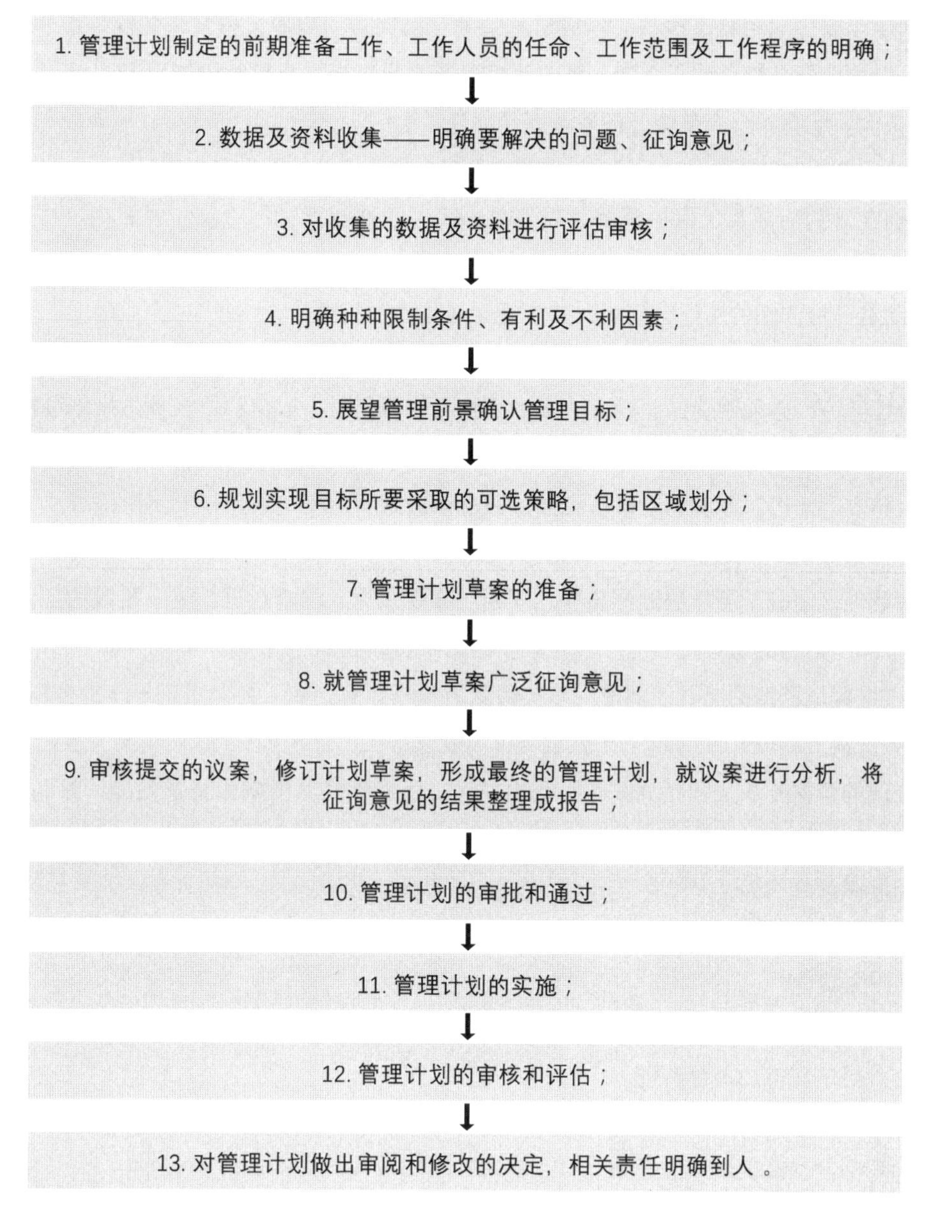

图 2–3　IUCN 管理规划步骤图

来源：THOMASh L, MIDDLETON J, PHILLIPS A. 保护区管理规划指南 [M]. 陈红梅，喻惠群，译．北京：中国环境科学出版社，2005：29.

仍有必要对其重新审阅，确定真正的意义。设立保护地的目的将体现在 IUCN 保护地管理分类体系的类别划分上。

（2）明确规划过程中要遵循的步骤、顺序和所采用的方法。如根据机构本身的需要和相关政策，就行动方法和途径制定适合本机构的“手册”或行动指南。

（3）确定计划面向的公众对象。管理计划的制定主要是面向保护地管理者，以指导其管理工作，其他重要的使用者还包括社区成员、行政机构官员、感兴趣的商界人士及相邻保护地的管理者。某些情况下，保护地原来的土地所有者、地方政府以及商界人士可能是关键使用者。

（4）将保护地看作一个整体，采取“系统方法”。

（5）使用多学科交叉方法，召集各领域专家和感兴趣的相关人士共同思考保护地未来的管理问题。

（6）确定规划组成员。保护地管理规划是一个“工作组活动”，在工作组内，应明确每个成员的相关职责，向上级管理者负责。

（7）制定一份详细的工作时间表，并在规划过程中严格遵守。

（8）确认有利于规划组之外的相关人员参与规划过程的途径。这些人员包括其他机构员工、专家、当地社区等。必须明确这些相关人员和机构可以在何时、以何种方式参与规划过程。

（9）在高级管理层确定并形成审批、通过管理计划的程序。如需要外部机构的审核（如投资机构、顾问委员会和政府部门），应确定审核程序，并就最后定稿的提交、审议制定时间表。

步骤二：数据收集，背景研究和最初的实地考察

保护地管理必须基于可靠的数据资料。规划过程要求深入调查数据，这一阶段的工作包括：

（1）收集可利用的背景资料（尤其是珍贵的历史资料）。

（2）根据实地勘查列出目录清单，核实数据资料（如有必要，再做更进一步的资料收集）。

（3）将资料汇编成文件（如“保护地现状”报告）。

收集整理的资料不仅应包括保护地的现有状况，还应包括其影响因素及趋势；除保护地自然状况相关资料，还应包括与其社会、文化以及经济意义相关的资料。必须收集的资料大致有如下类型：

①生态资源及其状况。

②文化资源及其状况。

③审美相关信息。

④设施状况（道路、建筑物、休闲设施、能源及水利供应等）。

⑤社会、经济环境的关键特征。

⑥保护地及其区域内设施对现有和预计用途的支撑能力。

⑦游客特征及其对保护地的影响。

⑧对以上每个因素未来状况的预测。

⑨土地利用及保护地周边土地规划，以及任何保护地内财产及租赁情况。

除收集与保护区域相关的资料以外，还有必要明确和理解与管理规划相关的各级政府的法律、相关国际条约及条款。以外，规划者还应认识到，对保护地产生影响的许多其他组织机构因素也应被列入考虑范围。这些因素包括与居住在保护地内或附近的社区居民、自然资源管理机构、资源开发企业（矿产、林业等）以及旅游开发机构的合作及协议。规划者还应设想到未来可能遇到的问题，如需要达到某个特定保护地商业管理收入目标，或某种特定的野生动植物保护成效等。

步骤三：价值评估

该步骤明确并理解保护地的重要性，描述保护地的“价值”、解释建立保护地的原因以及它对

于社会的价值。价值评估分为以下两个程序：

（1）明确保护地的主要特征或特殊价值。即为维护保护地原有的重要性所必须保持和保护的特征或价值（有可能并不局限于保护地界限之内）。

（2）明确保护地的重要意义。在认可保护地价值的基础上，解释保护地对于社会或某一特殊群体的重要性，重点在于阐述保护地的独特之处。并且，还需将保护地置于地区、国家乃至国际大背景中。为保护地提供大致的工作目标，也为管理规划提供重要的框架。

步骤四：明确障碍、机遇与不利因素

明确管理面临的限制因素和保护地价值面临的主要不利因素。为有效领导规划工作组，在评估和确认各类影响因素时建议采用多种技术。例如：坦桑尼亚国家公园（Tanzania National Parks，TANAPA）管理规划机构用“战略规划过程”（Strategic Planning Process，SPP）为国家公园制定管理计划，以交互式工作组的方式保证大量专业人士和公众能够参与、投入和支持保护；用“指定群体过程（Nominal Group Process）”的方式就所考虑的问题的判断和侧重点、特殊资源的价值以及管理目标达成共识（Young，1992）。

步骤五：发展管理愿景和管理目标

管理规划过程应描绘出保护地未来最理想的状态、阶段及面貌，通过制定保护地具体目标、长期目标或前景展望等方式描绘理想愿景，应该做到：

（1）明确在未来长时间内，按照计划设定的目标，保护地会发展成什么状态。帮助人们理解期望中的保护地状态、为什么设立这样的愿景，以及实现愿景需要采取哪些措施。

（2）陈述长时间内不会发生重大变化的长期规划，确保保护地可持续发展所需的连续性。

（3）考虑到保护地环境、游憩、文化以及社会、经济等方面。

管理目标源于对管理前景的展望，是对管理意图、管理活动期望成效的较为具体的论述。因此，它涉及的是“结果”而非“手段”。所有管理目标应尽可能地按照重要程度排序，以指导下一步的决策。在制定最初的管理目标时，可采取“规划整体管理目标”“制定针对具体问题的管理对策”“筹备初始的管理活动选项”三个步骤。

步骤六：明确和评估包括分区管理在内的可选管理途径

制定管理目标后需拟定实现目标的途径，必须明确管理行为的范围并选择适宜的行为。分区管理是实现多个管理目标的有效途径之一。

保护地管理规划必须明确不同的“管理区域”[1]。“分区规划规定了保护地自然资源管理在文化资源、开发利用、抵达保护地的途径、设施及公园修建 / 养护 / 操作等方面允许和不允许的行为；可以确立国家公园可接受的使用和发展的限度。（Young 和 Young 1993）”，以及明确在不同区域、何种管理和使用策略最有利于实现管理目标。对不同管理区域的管理活动的描述大体上应该是一致

1 “管理区域”指有着相似的管理重点、相似的开发利用许可程度，根据所开发的不同功能而划分的地理区域。

的，但因管理目标不同而在种类和侧重点上有区别。需要注意的是，虽然分区是一种广泛使用和有用的工具，但并不总是必须，分区应该简化而不是使管理复杂化。

步骤七：整理管理计划草案

整合上述所有计划要素就形成了管理计划草案。

有多种陈述管理计划的方式，体现在内容、条款顺序以及详细程度等的差异上。虽然没有一个固定的标准模式，也不存在绝对“正确”或“错误”的表述方式，但管理计划的内容和框架应始终能够反映保护地、管理者和资源利用的管理目标及要求。

步骤八：公开咨询、展示管理计划草案

公开展示管理计划草案，向公众等相关人士广泛征询意见是整个管理规划过程中极其重要的一步。不同管理机构、不同国家向公众征询意见的方式各具特色，但总体上可分为以下两种：

（1）预先设定公开咨询过程。

（2）由管理机构自主决定咨询过程。

管理机构必须遵守预先设定的正式咨询过程，一般说来，最基本的要求包括：公示已完成的管理计划草案信息、广泛征询意见，并告知相关各方通过什么途径可以得到草案副本、意见须提交何处以及最后期限，联系人和电话号码等。此外，还应包括公开座谈、媒体宣传、在公共场所展示和网上公示等。

步骤九：修订草案和最终管理计划成形

这一步骤须考虑公众和相关各方提出的意见。较好的做法是整理和充分考虑收到的所有书面提案和座谈会口头提案。即使那些未被采纳的建议，规划组也应当对其内容进行总结归纳，收录在管理计划附录中，或整理成单独文件。在决定采纳哪些提案时，规划组高级管理层必须参与决策过程。征询过程总结报告附在最终管理计划里，在报告中可以详细说明讨论建议和提案的过程，以及一些建议未被采纳的原因，从而帮助公众和相关人员理解最终成形的管理计划，了解决策过程。

最终形成的管理计划可以以精装本出版、公开文件等多种形式发布，或者制作成免费发放的简明手册，还可以公布在管理机构网页上，以便读者下载。另外，将管理计划做成活页分发给管理机构的员工，便于他们快速找到工作中经常使用的内容，也是有益的做法。

步骤十：审批管理计划

将制订好的管理计划提交给相关权威部门申请审批，通常都有一个正规程序，以立法或文件的形式确立管理计划的权威性。管理规划过程为管理计划确立了法定权威，也为管理者的管理活动提供了坚实的基础。

步骤十一：实施管理计划

管理计划通过审批、操作计划也已准备就绪后，实地工作人员就可以将其付诸实施了。管理计划中制定的必须实施的各项管理措施，必须具备现实性和必要性，而不应该只是愿望清单或包含与管理目标没有关系的内容。

步骤十二：监测与复查

在实施的同时，对管理计划施行监测和复查可以提供反馈。这一步骤旨在确定管理计划是否正得以有效实施、管理目标是否正逐步实现，通过观察了解管理的影响，并据此对管理行为做出相应调整。一旦管理计划实施出现问题，监测和复查可以重新配置资源和人力物力，从而改进实施。

IUCN 评估管理成效的理论框架针对保护地管理监测和评估的问题，为如何设计和实施监测与评估过程提供了详细的指导（Hockings et al.，2000）。监测评估的重点放在以下两个方面：

（1）管理体系和过程是否合宜：通过评估所需的管理投入和使用过程衡量。

（2）保护地管理目标的实现：通过评估管理的产出和成效来衡量。

步骤十三：决定是否复查和修订管理计划

最后一步是决定是否对管理计划进行复查和修订，以确保监测系统的反馈能用来指导新的管理计划。大多数情况下，法律规定管理规划的时效为 5 年、7 年或 10 年。有时，已通过审批的管理计划没有明确的废止日期，尽管从法律角度来说，这些管理计划基础文件仍持续有效，但计划中的具体部分不可能永远不变。所以 IUCN 建议管理机构至少每隔十年应对管理计划进行调整，重新修订一次。

为便于在旧计划废止之前及时做出新计划，应尽早决定是否修订管理计划。对于必须广泛征询意见的复杂管理计划，须在新计划产生的前两年着手复查工作；复杂程度较小的管理计划，其复查工作也至少在新计划生效之前提前 12 个月进行。如果缺乏有价值的监测信息，可以进行专门的评估研究，或对监测系统还未能查明的问题开展更深入的研究和调查。这一步骤所需要的时间应在决定管理计划修订时予以考虑。

2.3　国家公园规划体系

国家公园规划是以国家公园物质空间要素与非物质要素为主要规划对象，通过政策性因素和社会价值判断，在一定程度限定的空间范围内实现国家公园价值的技术手段和管理工具[1]。其作用聚焦于四个方面：一是科学决策，充分利用编制规划的讨论、分析、征询、评价、论证等过程，提出对未来或事物的整体性、长期性解决方案；二是可达愿景，融合多种因素、从不同视角对未来发展进行预期与可行性研判，提出未来发展的可达性目标；三是发展导向，选择实现目标的路径、策略或措施，谋划和引导人力、物力、财力等基本投入；四是公共契约，编制规划过程也是各级政府及其他利益相关方反映诉求、达成一致意见的过程。规划文本就是利益相关方需要共同遵守的契约[2]。

对于许多国家而言，国家公园规划也是一个体系概念，世界各国（及地区）均依照国情建立了成熟的国家公园规划体系。比较有代表性的国家公园规划体系概况见表 2–1。

1　杨锐，庄优波，赵智聪．国家公园规划[M]．北京：中国建筑工业出版社，2020．

2　唐小平，张云毅，梁兵宽，等．中国国家公园规划体系构建研究．北京林业大学学报（社会科学版）[J]．2019，(18)：5–12．

各国国家公园规划体系示例 表 2-1

国家	国家层面规划	公园层面规划			
美国	国家公园体系规划（18 类 409 处）国家公园整体规划（39 个国家公园自然区）	总体管理规划	战略规划	实施规划	年度计划
加拿大	国家公园整体规划（39 个国家公园自然区）		资源管理规划、服务规划	行动计划	
英国		管理规划、地方发展规划总体计划	核心战略	其他专门规划	年度评估报告
日本		总体计划	管理计划		
澳大利亚	统一的保护指导框架；国家自然保护地体系规划	综合管理规划（20 年）			年度计划

图 2-4 美国国家公园规划体系宏观架构图

来源：杨伊萌．美国国家公园规划研究 [D]. 上海：同济大学，2015：21.

1. 美国

美国是世界上最早开展国家公园规划实践的国家，美国国家公园规划体系现为以总体管理规划（General Management Plan of U.S. National Park，简称 GMP）为主导的系统的规划决策体系，规划体系的宏观架构如图 2–4 所示。

美国国家公园管理规划体系经历了多个阶段的发展与转型过程，积累了大量经验，持续影响着世界各国国家公园的规划、管理与发展。

2. 加拿大

加拿大国家公园的规划类型主要包括系统规划、管理规划、管理计划和行动规划[1]。系统规划是综合性的宏观规划，旨在为保护国家级的自然遗产设计一个系统，建立一个框架，并确定一个长远的目标。管理规划针对某一个国家公园制定，由加拿大公园局编制，其目标是提供一种能够涵盖全公园各层次方针政策的综述性文件。资源管理规划和服务规划是分别针对资源保护与游客活动管理制定的专项规划，由公园管理人员制定，目标是明晰管理行为的责任与程序。服务规划是游客活动管理过程的一部分，这个规划通过市场定位，综合考虑游客的需求、期望和满意度来制定，以确定国家公园游览项目的方向和优先顺序，将管理规划中概念性的东西转化为提供给公众的切实服务，以及相应的执行策略。行动规划是为实现管理规划所做的行为计划，它为支持和实现保护区纲要所设立的目标而制定必要的措施。

3. 英国

英国的国家公园规划体系包括管理规划、核心战略及其他专门规划。管理规划是根本，

1 许学工．加拿大自然保护区规划的启迪 [J]．生物多样性，2001：306–309.

其他规划需服从管理规划；核心战略规划是关键，在落实管理规划的基础上更具实施性和指导性；其他专门规划是以上两层级规划的补充，根据需要编制[1]。管理规划确定战略政策及规划框架，内容偏政策性，不落实到具体空间，而国家公园的地方发展规划是国家公园管理规划在空间上的表述[2]。核心战略是对管理规划中的核心内容进行深化和落实，需要符合欧盟及英国的法规要求，同时也需要与区域规划、教区规划、次区域规划等上层次规划以及地方发展规划和地方专门规划协调。其他专门规划是针对某项内容进行的规划，涉及景观特征评估报告、土地规划、住房供应规划、能源利用规划、矿产资源保护区规划、农业发展规划、社区规划、建筑设计指南等。

4. 日本

日本自然公园体系包括国立公园、国定公园和都道府县里自然公园（雍振华，1994），公园管理机构指定各个公园的公园总体规划，规划可分为保护规划与利用规划两类，其下又分别制定有规制和设施规划（图 2–5），对保护和利用方面的设施布置和限制行为做了详尽的规定[3]。

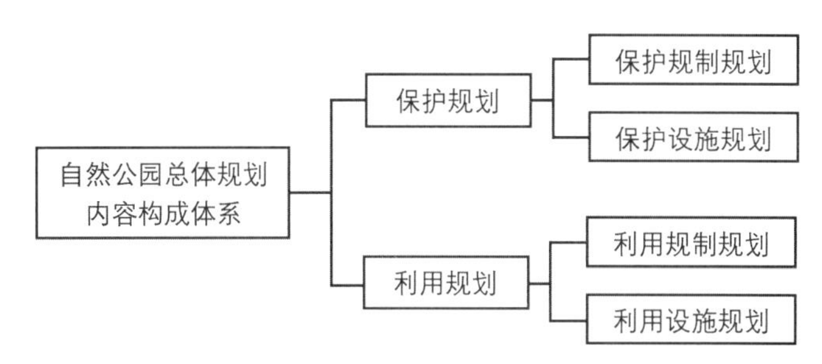

图 2–5　日本自然公园总体规划体系
来源：杜文武，吴伟，李可欣．日本自然公园的体系与历程研究[J]．中国园林，2018，(34)：76–82.

在公园总体规划的基础上制定综合管理计划确保总体规划的具体贯彻和执行。管理计划明确公园的管理体制和管理方向，并对公园管理的主要事项进行说明。这些事项包括景观管理、土地管理、利用管理、美观管理等。

参照美国经验的国家公园总体管理规划是许多国家的国家公园规划体系的主体。

2.4　国家公园总体管理规划（General Management Plan）

总体管理规划（GMP）主要关注国家公园的资源和游客体验状况，为其确立一个公认的标准，以满足国家公园设立的目标，是基础最广泛的决策层面的规划。

2.4.1　总体管理规划目标

（1）确保国家公园管理者和利益相关者对资源条件、游憩体验机会和管理、访问、发展的一般类型有明确的认识，确保国家公园管理目标得以实现、资源得以保全、子孙后代得以共享。

（2）阐明一种管理理念，并建立了长期决策的框架。

（3）总体管理规划是纲领性的文件，为管理工作提供 15 ～ 20 年的指导。

1　邓武功，丁戎，杨芊芊，等．英国国家公园规划及其启示．北京林业大学学报（社会科学版）[J]．2019，(18)：32–36.

2　王应临．英格兰国家公园居民社区规划政策评述——以峰区国家公园为例[J]．风景园林，2015：101–107.

3　杜文武，吴伟，李可欣．日本自然公园的体系与历程研究[J]．中国园林，2018，(34)：76–82.

具体来说：

（1）平衡决策的连续性和适应性。定义每个国家公园预期可以达到和维持的理想状况，并且提供一个标准，允许管理者和工作人员在保护国家公园最重要意义的同时，不断根据情况变化调整管理措施。

（2）分析国家公园与其周边的生态系统、文化背景和社会的关系——这有助于国家公园管理局管理人员和员工了解国家公园的每个单元如何在生态、社会和经济等方面与其周边保持可持续的联系。

（3）给予所有股权人影响国家公园建设以及了解最终决策的机会。

2.4.2 总体管理规划步骤

总体管理规划的步骤是灵活的，并非所有国家公园的总体管理规划都遵循既定的、完全统一的流程进行。规划的过程也是信息交流的过程，每一步骤得到的信息都是前期工作成果的反馈。

有3种审查总体管理规划步骤的方法：

（1）合乎逻辑的决策过程——信息如何收集，决策如何产生

确认什么是最重要的？ **资源、体验、故事**
· 识别和（或）确认国家公园设立的目的、重要性和特殊要求；
· 识别和（或）确认基础的和其他重要的资源与价值；
· 识别和（或）确认基本的解释性主题（primary interpretive themes）
确认什么是最重要的之后做什么？ **背景环境（context）、状况、趋势、利益、考虑（concerns）**
· 分析基础的和其他重要的资源与价值；
· 识别、考虑机构与公众的利益
国家公园最重要的东西在未来的可能性？ **可选的管理方法**
· 确定可选择的多个概念；
· 确定潜在的管理分区；
· 建立备选的管理分区；
· 为每个备选方案描述特定区域所需的条件
最好的长期管理指南？ **首选的管理模式（preferred set）**
· 分析环境影响；
· 分析对公众的价值；
· 审查备选方案；
· 记录决策；
· 得出最终的规划方案

（2）文档确立过程——记录决策及理由，作为了解国家公园的依据

封面页
概述
目录、数据、表格和地图清单
缩略语
规划的目的和必要性
介绍
规划和管理的基础
总体管理规划的范畴
方案
介绍
目前的管理方案（未实施）
备选方案 A
备选方案 B 和其他备选方案（同上）
缓和措施
必需的未来的研究和计划
在未来考虑中被删除的备选方案和措施
备选的对比表格
影响对比表格
环保备选方案的确定
国家公园首选备选方案的理由
受影响的环境（边界应包含环境影响评估的范围）
对环境造成的后果
介绍
当前方案
备选方案 A\B
磋商与协调
附录

（3）工作过程——支持决策的规划团队的特定工作过程

总体管理规划 / 环境影响评估工作流程	**总体管理规划 / 环境评估工作流程**
1. 项目启动、工作范围	1. 项目启动、工作范围
2. 公众、机构和合作伙伴范围确定、数据收集政策豁免不适用	2. 公众、机构和合作伙伴范围确定、数据收集
3. 方案确立	3. 获得将环境影响评估转为环境评估的政策豁免
4. 准备和分发总体管理规划 / 环境影响评估草案	4. 方案确立
5. 准备和分发总体管理规划 / 环境影响评估最终方案	5. 准备和分发总体管理规划 / 环境评估草案不适用
6. 准备和分发决策记录	6. 准备和分发无重大影响
7. 准备和分发最终规划文件（汇报文件）	7. 准备和分发最终规划文件（汇报文件）
8. 项目结束	8. 项目结束
9. 实施总体管理规划	9. 实施总体管理规划

2.4.3 总体管理规划内容

总体管理规划的内容必须包括但不仅限于：

（1）区域内资源的保护方法。

（2）开放强度和类型指示（包括游客游览与交通的模式和系统）。

（3）为每一个区域确定游客承载力的实施承诺。

（4）潜在的外边界变更可能性，及其原因指示。

2.5 国家公园与保护地规划理念的改变

IUCN 保护地管理目标与分类的拓展和美国国家公园规划体系的动向是主导全球国家公园与保护地规划理念的风向标；另一方面，全球自然、社会和经济环境变化影响、自然科学和社会科学进步、保护实践经验积累以及保护方法的发展等现实因素，促使国家公园与保护地规划理念适应新形势和新挑战。

国际保护地认知及管理范式转变是规划理念改变的起点，传统的与新的保护地认知及管理范式转变见表 2-2。

保护地管理范式转变 **表 2-2**

保护地传统认知	保护地新认知
单独设立和发展	作为国家、区域和国际保护地体系的组成部分而规划管理
“岛屿”式管理	“网络”式管理，保护地作为网络要素（网络由“廊道”“垫脚石”和生物多样性友好的土地利用相连接，严格保护区、缓冲区与绿色走廊形成网络）
只考虑短期效益的反应式管理，很少考虑经验教训	从长远角度出发的适应性管理，在过程中学习积累经验
只保护现有自然和景观资产，不恢复损失的价值	既要保护，也要修复和恢复，使失去或被侵蚀的价值得以恢复
为非生产用途的保护和非生态系统功能的风景保护而建立和运行	为了保护环境，同时也是为了科学、社会经济（包括维护生态系统服务）和文化目标而建立和运行
以纯技术的方式建立和管理	管理作为一种政治行为，需要敏锐、协商和精准的判断
由自然科学家和自然资源专家管理	由掌握多种技能的人管理，包括有一定社交能力的人
建立和管理保护地是作为控制当地人活动的一种手段，而不考虑他们的需要和参与	与当地人一起建立和运行，为当地人服务，在某些情况下由当地人管理；当地社区被授权作为决策参与者

续表

保护地传统认知	保护地新认知
由中央政府管理	由许多合作伙伴管理，包括各级政府、地方社区、原住民群体、私营部门、非政府组织和其他群体
由纳税人支付管理成本	从多种渠道支付管理成本并尽可能自我维持
保护自然的好处是不言而喻的	保护自然的好处得到评估和量化
主要惠及访客和游客	主要惠及为保护付出机会成本的当地社区
被视为国家资产，国家利益高于地方利益	被视为社区遗产和国家资产

来源：BORRINI G，KOTHARI A，OVIEDO G. Indigenous and Local Communities and Protected Areas：Towards Equity and Enhanced Conservation[J]. Gland，Switzerland：IUCN，2004：2-3.

许多国家20世纪70、80年代制定的保护地立法以及此后许多保护地管理者的风格都与表中"新认知"的原则和理念很接近，但由于政治环境、土地所有权和宏观经济政策等制约因素和机会不同，在不同环境下的进展速度和结果各异，该表显示了一个平均变化趋势[1]。

在这些理念引领与保护实践推动下，国家公园与保护地规划理念的改变主要集中在4个方面。

（1）连通及网络化

伴随保护视野的拓宽和生态科学的进步，国家公园与保护地被视为开放的且在周围环境影响下处于不断变化状态的生态系统，国家公园与保护地规划与管理的视野也从具体保护地扩展到其周围环境以及更广泛的区域和领域。同时，面对全球气候变暖的严峻形势，通过廊道和网络连接保护地以便物种自然迁徙到条件更适合生存的地方变得更加重要。国家公园与保护地需要在大尺度上规划保护网络或体系，将保护地纳入更大尺度的土地利用和海洋空间规划方法以及在体系中考虑单个保护地及其相邻区域[2]。新规划视野的重点即通过规划建立保护地网络及网络内部连通性，将保护地纳入更广泛的陆地景观／海洋景观，作为国家、区域和国际保护地体系组成部分而规划管理；通过更好的空间规划，将保护地生物多样性价值纳入国家、区域和地方各级空间和部门发展规划战略、减贫等战略及规划过程中；将保护地管理纳入区域和国家经济、政策，作为区域或

1 BORRINI G，KOTHARI A，OVIEDO G. Indigenous and Local Communities and Protected Areas：Towards Equity and Enhanced Conservation[J]. Gland，Switzerland：IUCN，2004：2-3.

2 WITH STOLTON S，SHADIE P，DUDLEY N. IUCN WCPA Best Practice Guidance on Recognising Protected Areas and Assigning Management Categories and Governance Types[J]. Gland，Switzerland：IUCN，2013：46.

国家有效保护战略必要组成部分之一[1]；并且，寻求机会将保护地纳入主流国家、国际规划及协议中[2]。建立和发展国家保护地体系仍然重要，新的规划理念更强调国家保护地体系内部及其与外部的连接性和网络化程度。

这一视野也关注到城市化发展影响，将自然资源及其保护与城市发展连接起来，将保护地作为城市化进程的组成部分。国家公园与保护地规划需要创建和扩大城市保护地，需与城市土地利用规划部门合作，以及与其他政府机构共享城市保护地的土地和资源管辖权[3]。此外，保护被政治边界分割的生态系统的全球跨界保护地，需要合作管理如跨界保护地、跨界保护陆地景观／海洋景观、跨界迁徙保护区或和平公园等多种类型的跨界资源利用，意味着各种跨界的保护合作，常常涉及国与国之间的联合管理规划和共同实施保护[4]。

（2）适应性、长期性

生态科学的发展揭示，发生在生态范围内的人类“干扰”可成为动态保护范式的构成部分，生态系统管理应理解为一个强烈依赖当地生物历史和环境的适应性过程[5]；气候影响涉及当地至全球范围内的生态价值，面对全球气候变化（变暖），国家公园与保护地日益成为国家和国际适应气候变化的战略的重要组成部分，因此，在现有保护地规划管理或整个保护地体系规划中，做好应对气候变化的准备至关重要。规划必须考虑当前和未来气候变化及其相关生态影响，但由于常常不能确定气候变化会给保护地带来哪些影响，国家公园与保护地规划需要内置灵活性，需汇集现有知识和资源建立一个强有力的基础，发展适应性规划和长期、灵活管理能力。

适应性规划的重点是保护目标灵活及适应不断变化的环境和条件，将当地适应性规划与陆地景观／海洋景观等联系起来；并且，还通过保护地网络促进集体规划和措施，帮助建立更强大的全球气候应变能力。为有效适应气候变化，需要对保护地现有和未来管理目标进行评估：①为适应变化而管理，而不仅仅是坚守不切实际的永久性目标；②考虑或重新考虑目标和战略；③采用前瞻性的、基于气候变化的目标；④将适应行动与气候影响联系起来；⑤将气候因素纳入现有规划。

纳入了灵活性、前瞻性以及气候相关关键变量监测的适应性规划，用国防和灾害风险管理组织长期以来的备灾工具——情境规划（Scenario planning）思维，替代传统线性规划思维（图 2–6），

1 BORRINI G，KOTHARI A，OVIEDO G．Indigenous and Local Communities and Protected Areas：Towards Equity and Enhanced Conservation[J]．Gland，Switzerland：IUCN，2004：2–3．

2 Gross J E，WOODLEY S，WELLING LA．Adapting to Climate Change：Guidance for protected area managers and planners[J]．Gland，Switzerland：IUCN，2016：98，100，103，107．

3 TRZYNA T．Urban Protected Areas：Profiles and best practice guidelines[J]．Gland，Switzerland：IUCN，2014：86．

4 VASILIJEVIC M，ZUNCKEL K，MCKINNEY M．Transboundary Conservation：A systematic and integrated approach[J]．Gland，Switzerland：IUCN，2015：xi．

5 同 1．

使规划成为一个多学科参与的协作过程，考虑气候影响，并准备和应对不断变化的各方面条件和采取最有效的行动或决策。在世界许多地区，情境规划目前已被运用于应对气候变化的自然资源管理[1]。同时，社会生态系统科学为理解适应性的和长期可持续性的生态系统变化过程提供了"弹性思维"[2]，国家公园与保护地适应性规划强调管理保护地网络，以提高应对气候、社会、经济等影响的生态弹性。

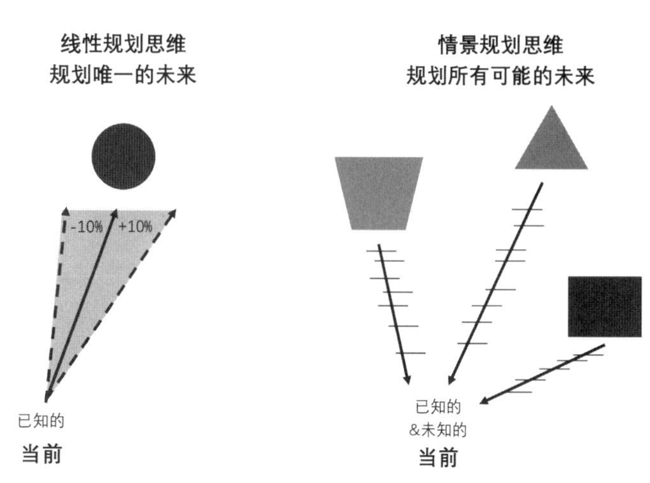

图2-6 情境规划思维VS线性规划过程示意图

来源：译自GROSS J E, WOODLEY S, WELLING L A. Adapting to Climate Change: Guidance for protected area managers and planners[J]. Best Practice Protected Area Guidelines Series, No. 24. Gland, Switzerland: IUCN, 2016: 60.

适应性规划涉及规划时间框架的变化，包括短期和长期目标以及规划时效期（如5～10年、20年、50年以上）。除气候变化外，可能影响适应性规划时间的因素还有：管理层的变动等政治不确定性；需要能够充分解决所有权人、原住民及当地社区等广大利益相关方群体问题的实质性公众参与过程；收集足够的科学数据；界定使用权和划定使用范围（分区）；解决多个管理机构的相互冲突；大尺度保护地的管理规划复杂，需要花更多时间和精力等[3]。并且，适应性规划过程是周期性的，寻求从多角度考虑问题，并为完善战略目标和管理目标提供多次机会。全面保护各类国家公园与保护地的需求、越来越多的全球威胁以及保护地的管理实践经验表明，积极的、长期的战略管理和适应性保护规划对所有国家公园与保护地至关重要。

（3）人与自然共同关照

过去100年至150年来占主导地位的传统保护方法往往将人与自然视为独立的实体，人类活动与自然保护不相容，要求用严格的分区将人类社区排除在保护地外，禁止他们使用自然资源。由于世界上大多数保护地原来都有人居住或依靠这些区域资源为生，传统的排斥人类的国家公园与保护地规划管理伤害了包括世界上最贫穷和最边缘化的许多社区，付出了巨大的社会代价，造成不少骇人听闻的社会、文化和经济后果。1992年《生物多样性保护公约》认识到许多保留传统生活方式的原住民及当地社区与保护地生物资源关系密切和相互依赖[4]；1994年IUCN保护地定义和分类中明确

1 GROSS J E，WOODLEY S，WELLING L A. Adapting to Climate Change：Guidance for protected area managers and planners[J]. Best Practice Protected Area Guidelines Series No. 24. Gland，Switzerland：IUCN，2016：xii-xviii，12，14，23，26，60，61.

2 IUCN. Our work-Resilience [EB/OL]. [2020-12-14]. https://www.iucn.org/commissions/commission-ecosystem-management/our-work/cems-thematic-groups/resilience.

3 LEWIS N，DAY J C，WILHELM A. Large-Scale Marine Protected Areas：Guidelines for design and management[J]. Best Practice Protected Area Guidelines Series，No. 26. Gland，Switzerland：IUCN，2017：50.

4 United Nations. Convention on Biological Diversity[EB /OL].（1992-06-01）[2020-12-14] https://www.cbd.int/convention/text/.

应更加重视尊重文化价值作为生物多样性的重要联系，需要让原住民和当地社区参与管理决策，并设立适合人类社区居住的第Ⅴ类和第Ⅵ类保护地；第六届世界公园大会议题"人与自然"（2014）、《佛罗伦萨宣言》（Florence Declaration on the Links between Biological and Cultural Diversity，2014）、《穆奇坦巴尔峰会宣言》（Múuch' tambal Summit Declaration，2016）《石川生物文化性宣言》（Ishikawa Declaration on Biocultural Diversity，2016）和《马拉马 洪华—自然—文化之旅》（Malama Honua—Nature—Culture Journey，2016）等都推进生物多样性与文化多样性之间建立联系，以增强生态系统和景观的弹性以及人类在其中的地位[1]。尽管那些旨在排除当地社区的保护地（通常对应于IUCN第Ⅰ、Ⅱ、Ⅲ类保护地）似乎比第Ⅴ类和第Ⅵ类保护地更具威望，但越来越多的保护地专业人士从基本排斥人的"自然"关注，转向认识到自然资源、人和文化在根本上是相互关联的。"生物文化多样性（Biocultural Diversity）""生物文化景观（Biocultural Landscape）""生物文化社区（Biocultural Community）"等新概念都强调生物多样性和文化多样性不仅相互关联而且相互加强、相互依存和共同进化；原住民体现了生物文化多样性，他们的语言是文化多样性与生物多样性之间不可分割的缩影，在保护自然和文化方面发挥关键作用；建立和管理原住民保护地、部落公园等保护区域，在全球生物多样性保护、国家和国际保护及保护地体系中发挥了关键作用[2]。

IUCN与其他国家自然保护相关机构合作，借鉴世界各地经验和最佳实践以及地方、国家、区域和国际各级思考和指导，明确了保护地规划管理目标基于自然保护与人类社区（管理者、决策者、当地居民、使用者、看护者等）共同的价值观，可持续利用自然资源、保护生态系统服务和与更广泛的社会发展进程相结合。IUCN鼓励各国政府与保护地其他所有者或管理者，运用现有保护地管理分类，根据国家和地方情况发展体现人类不同程度干预自然的保护地体系，制定将保护自然生态系统与促进人类可持续利用结合起来和互利的管理目标和规划[3]。其中，第Ⅴ类保护地引入"景观"理念，保护人类干预程度最大的自然环境；IUCN该类别保护地规划包含10个原则：各级规划都应基于有关社会法律、习俗和价值观；需要有强有力的法律依据；保护地选择需要有系统方法；规划应考虑到与其他保护地及其所属的更广泛生物区域联系，并作为有可能更广泛应用的可持续性模式；应考虑与任何国际保护分类的相关性；确定保护地边界是规划的一个关键；规划体系应具有足够灵活性以适应现有土地所有权模式和机构角色，支持保护目标；土地利用规划的有效体系是必要基础；规

---

1 United Nationa Environment Programme. Sharm El-Sheikh Declaration on Nature and Culture[EB/OL]. (2018-11-25)[2020-12-14]. https://www.cbd.int/doc/c/8b76/d85e/c62f920c5fd8c4743e5193e1/cop-14-inf-46-en.pdf.

2 Quebec Center for Biodiversity Science. The North American Regional Declaration on Biocultural Diversity[EB/OL]. (2019-05) [2020-12-14]. https://www.cbd.int/portals/culturaldiversity/docs/north-american-regional-declaration-on-biocultural-diversity-en.pdf.

3 DUDLEY N. Guidelines for Applying Protected Area Management Categories[J]. Gland, Switzerland: IUCN. 2008；WITH STOLTON S, SHADIE P, DUDLEY N. IUCN WCPA Best Practice Guidance on Recognising Protected Areas and Assigning Management Categories and Governance Types[J]. Best Practice Protected Area Guidelines Series No. 21. Gland, Switzerland: IUCN, 2013: 6, 23, 44-46.

划必须包括国家、区域和地方利益；建立强大的政治和公众支持群体必不可少[1]。

成功的生物文化保护方法源于人与自然长期的、并可以随着时间推移建立信任的伙伴关系，系统规划、监测和评估有助于这种考虑二者相互作用的创新规划管理方法具有适应性和与时俱进，甚至可以成为建立更具包容性干预措施的有力工具[2]。考虑人与自然连接的国家公园与保护地规划，需处理好保护与当地社区发展关系，这是实现保护地管理目标最有效的途径。保护地规划管理工作重点不仅集中在保护地范围内，还必须考虑满足保护地周围土地和水域的保护需求，包括农场、林场、森林保护区、渔场、矿山以及所有其他土地和水资源利用，作为土地和水资源综合规划管理的一部分。这一关系将影响到不同土地利用之间的相互作用，要求规划作为一个动态过程，经过不同利益相关群体的反馈、调整，根据现有资源、当地社会经济和生态条件以及管理目标，选择目标物种进行长期监测等关键环节。

（4）参与性、社会公正

自1992年里约联合国环境与发展会议以来，国际和国家的自然保护必须与社会需求及发展相协调。全球国家公园与保护地实践经验表明，在许多情况下，没有相关社区无法实施保护，意味着保护不应损害人类社会，而应为直接相关社区和人民带来利益。对自然保护的社会公平关注，涉及更广泛的从人权到自然资源可持续利用、从民间社会参与到性别公平等一系列问题。国际保护从注重“评估、控制和说服”政策立场转变为可持续发展、可持续利用、社会公平和性别平等的更具体立场，以及支持原住民权利决议和参与性保护办法，以参与方式进行规划，为决策和实施建立多元化、共同管理体制，促进保护地与社区共同管理，维护社会公正。

原住民和当地的或流动的社区可以为保护地管理带来独特知识、技能、资源等，社区参与保护地规划管理实践可以提高保护的长期有效性，应确保原住民和地方社区充分参与保护地建立、规划与管理。将社会关切和能力纳入国家公园与保护地规划过程，让民间社会行动者作为参与者，在所有行动者都致力于保护地基本保护目标前提下，保护地与原住民及当地社区、非政府组织和私营部门合作，而不是对抗，发展社会行动者之间的管理伙伴关系，从它们的互补能力和优势中获益；生物多样性保护及其可持续利用以及遗传资源利用所产生的惠益公平分享密不可分[3]。

参与性规划强调重视地方性知识和自然资源可持续利用，将与生物多样性相关的原住民和当地社区传统知识等文化信息纳入规划、管理和监测中，并突出那些不同管辖区域的社区共享要素。需

---

1 PHILLIPS A. Management Guidelines for IUCN Category V Protected Areas: Protected Landscapes/Seascapes[J]. Best Practive Protected Area Guidelines Series No. 9. Gland, Switzerland: IUCN, 2002: 5, 9, 17–18.

2 MARINA APGAR J. Biocultural Approaches: Opportunities for Building More Inclusive Environmental Governance[J/OL]. IDS WORKING PAPER, 2017, 502: 6[2020-12-14]. https://www.ids.ac.uk/publications/biocultural-approaches-opportunities-for-building-more-inclusive-environmental-governance/.

3 BORRINI-FEYERABEND G, KOTHARI A, OVIEDO G. Indigenous and Local Communities and Protected Areas: Towards Equity and Enhanced Conservation[J]. Best Practice Protected Area Guidelines Series No. 11. Gland, Switzerland: IUCN, 2004: 2–3.

要更好地了解原住民和地方社区需求、优先事项、实践和价值观，利用参与性和基于科学将它们纳入具有明确目标、管理战略和监测方案的国家公园与保护地规划过程；采取积极方法，如在欧洲许多国家第Ⅴ类保护地内，完全尊重社区或私人土地所有权，请当地管理人员参与管理规划，形成以互补和尊重的方式整合及利用当地／传统、主流知识和实践的机制，促进利益相关群体参与长期管理规划。社区作为管理伙伴参与的过程最好从规划阶段开始，鼓励所有利益相关方在每个阶段有效参与，并对其关注的问题做出有意义的回应。

参与性规划要求所有保护地相关原住民政府和非原住民政府决策者及利益相关方都应参与管理规划过程，促进利益相关者的承诺和授权，以及在经验或技能不平等的情况下进行能力建设[1]。几乎所有的规划过程都是政治性的，因此在规划过程中可能会出现妥协[2]。大尺度保护地通常意味着更多所有权群体和利益相关者[3]，关键利益相关者参与是一个关键因素，并已成为国家公园规划最佳实践的标准。

参与性规划中要求考虑文化和精神价值以及自然圣地保护和管理，尊重自然圣地的守护人有限制外人进入某些区域的权利，并在管理规划和公共使用中制定适当措施，使规划和管理工作有可能纳入传统守护人管理框架或将其作为基础，同时限制游客进入高度敏感的自然区域[4]；此外，还要求更加关注贫困问题。参与性规划还涉及可持续融资规划、人力资源规划、商业规划，以及私人保护地规划等[5]。

总体上，在景观尺度上建立国家公园与保护地网络，为适应气候等变化的自然保护规划管理奠定了物质及空间基础；对国家公园与保护地人地关系的新认识和人与自然共同关照的保护价值观转向，推动原住民及当地社区参与保护地规划管理，形成参与式规划新模式；连通的、景观尺度的保护地不可避免包括多元利益相关群体，也需要谨慎考虑自然保护制度安排和创新管理方法以维护自然保护的社会公正。国家公园与保护地规划理念转变的四个思路彼此支撑、汇合在一起，引领着国家公园与保护地规划管理的新路径。

---

1 SANDWITH T，SHINE C，HAMILTON L. Transboundary Protected Areas for Peace and Co-operation[J]. Best Practice Protected Area Guidelines Series No. 7. Gland，Switzerland：IUCN，2001：21，28.

2 LEWIS N，DAY J C，WILHELM A，et al. Large-Scale Marine Protected Areas：Guidelines for design and management[J]. Best Practice Protected Area Guidelines Series No. 26. Gland，Switzerland：IUCN，2017：60.

3 CASSON S A，MARTIN V G，WATSON A. Wilderness Protected Areas：Management guidelines for IUCN Category 1b protected areas[J]. Gland，Switzerland：IUCN，2016：25.

4 WILD R，MCLEOD C. Sacred Natural Sites：Guidelines for Protected Area Managers[J]. Best Practice Protected Area Guidelines Series No. 16. Gland，Switzerland：IUCN，2016：35-36，97-98.

5 MITCHELL B A，STOLTON S，BEZAURY C J. Guidelines for privately protected areas[J]. Best Practice Protected Area Guidelines Series No. 29. Gland，Switzerland：IUCN，2018：19.

第3章

国家公园与保护地风景游憩规划

3.1 风景游憩与保护地体系

20世纪后半叶，经济和信息产业的飞速发展给人们提供了成倍的闲暇时间和经济实力，全球旅游业以空前的速度蓬勃发展，世界各国公共游憩区的数量以及土地的游憩利用迅速增长，游憩地迅速从城市向城郊荒野地扩展。越来越多的自然地域成为被烙上人类文化印记的游憩地，使得原先吸引游客前往的自然地域风景特质遭到巨大破坏。面对这种状况，全世界的规划师及经营管理人员均致力于研究游憩地经营管理理论并付诸实践，试图在保护环境特质和为人们提供游憩体验之间取得满意的平衡，以达到对风景旅游地规划、开发、建设及经营管理的目的。

“风景游憩”指以自然景观为主导景观特质的游憩活动，它关注的重点是在以自然景观为主体的区域内导入人类的游憩活动时产生的规划和管理问题。

风景游憩的分类目前有两种方法：

（1）以游憩活动类型为导向的分类

该方法着重调查和研究经营管理特质，即游憩地经营的活动是什么，重视在游憩地发生的游憩活动，其分类直接反映出活动类型，如游泳场、动物园、植物园、牧场、猎场等。

（2）以风景资源要素为导向的分类

该方法以游憩地独特的风景资源要素为基础和依据分类，如，分为河流、湖泊、海洋、沼泽／湿地、森林／山峦、牧地／农地等。这种方法认为资源特质对于开展游憩活动具有重要的导向性，在河流、湖泊等地域开展游憩活动显然有别于在森林中的游憩活动。我国目前主流的自然风景地域规划理念是生态导向的，即以风景资源的分类调查和评估为基础，风景游憩仅作为规划内容之一，风景游憩地分类主要采用这种以资源要素为导向的方法。

自然地域是人类最重要的智慧源泉，它赋予人类的灵感和慰藉是任何其他事物都无法替代的。人类从自然中来，最终也将回归于自然。人类游憩活动与自然资源之间的相关性，正是由人们与“游憩地”这个构架间的互动状态所界定的，游憩地正是人与自然之间依存或冲突关系的集中体现区域。在IUCN保护地体系中，除严格的自然保护地外，其他各类保护地都肩负着为公众提供游憩机会功能。全球有大量的保护地对游人开放，通过保护地的风景游憩功能、自然地域的游憩活动赋予游客全新的心理体验等，提升人的精神品质，从而进一步提高综合社会效益。因此，风景游憩是自然保护地体系的一个重要组成部分，它的建设成功与否直接影响到自然保护地体系建设的完善性、有效性和功能。风景游憩规划对于自然区域的游憩资源可持续利用有着重要意义。

3.2 游憩机会序列

游憩机会序列（Recreation Opportunity Spectrum，简称ROS）是自20世纪70年代以来，美国林业局和土地管理局大力推广的、广泛应用于游憩地规划和管理的一个重要理论，现已被诸多国家采用。ROS 的本质是一个架构游憩体验与实质环境的桥梁，其理念和方法对于实质环境的规划和管理具有极其重要的意义。

3.2.1　游憩机会序列理论

ROS 是指通过对特定实质环境中的游憩活动环境的组合，提供一系列多样化的游客所需的游憩体验，是一个规划、管理和研究的构架[1]。

1. 游憩机会理论的重点

游憩体验一直是美国户外游憩研究的重点之一。20 世纪 60 年代，ROS 被用来鉴别特定实质环境中的潜在游憩资源，提供多样化的游憩活动，其实质只是为某种游憩活动找寻一个合适的场所。由于每项游憩活动具有各自的特殊性，此时的 ROS 还不是具有广泛意义的、可以应用于不同地域、对于规划和经营管理都具实质意义的操作系统。

20 世纪 70 年代开始，ROS 研究发展认识到无论是实质环境还是社会环境都将对游憩体验产生重大影响，研究重点转移到特定环境下的行为界定、游憩体验的人群和特定环境之间的关系，而不只是游憩活动本身所获得的体验。ROS 强调对这种关系的研究，根据游客所需的体验，由规划者和管理者将游憩环境的三个层面（即实质环境、社会环境和经营管理环境）结合起来，相应地提供一系列多样化的游憩组合机会，以达到预期需求；使管理目标与游客市场相结合，从而发展为一个规划和经营管理系统，因此对于资源现地经营管理具有了直接的意义。

2. 游憩机会和游憩体验间的关系

提供多样化的游憩机会是方法而不是目的，其目的是让大众有机会去享受各种不同的游憩体验，有 4 种不同层次的体验（Driver & Brown）：

（1）为了活动。

（2）为了某种情境。

（3）为了追求某种特定的心理需求——体验和满足感。

（4）有效益。

运用 ROS 构架，能有效地向潜在的游客提供资料，使他们事先对自己准备去体验的地方有所了解，从而能有更明确的选择。但是，ROS 无法保证游客一定能获得所希冀的体验，因为游憩体验还与游客个人的经历、事先所抱的期望和目前的心情等有关。

1　CLARK R N，STANKEY G H. The recreation opportunity spectrum：A framework for planning，management，and research[M]. Department of Agriculture，Forest Service，Pacific Northwest Forest and Range Experiment Station，1979:32.

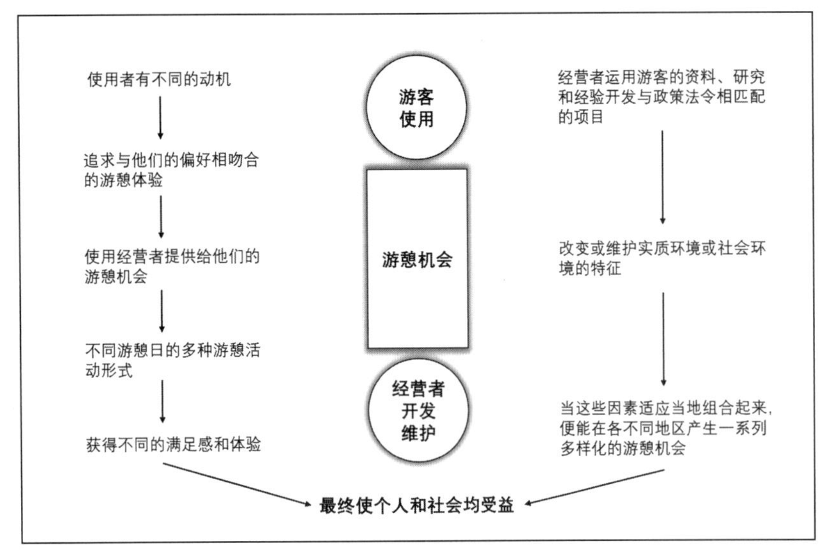

图 3–1　游客需求与经营者提供的游憩机会的关系示意图

3. 游憩机会序列理论的基本前提

（1）游憩：其实质是在非强迫性时间段内所获得的具有实质价值的人类体验，它不是简单的游憩活动参与，而是全新的心理体验[1]。

（2）游憩规划的目标：提供高品质的户外游憩体验，进而对社会产生终极效益。

（3）提供多样化的游憩机会是实现高品质游憩体验的唯一途径，多样化的游憩机会是社会平等的体现，避免被人批评存在人种、宗教或体能等方面的歧视；此外，多样化更有弹性，能更好地适应社会变迁或科技进步。

（4）鉴于游憩体验研究的复杂性，ROS 只关注高度依赖于环境因素和活动因素的游憩体验。

（5）游憩机会是由实质资源状况和游客体验需求共同界定的。

（6）不同活动与情境的组合，可以使序列产生不同的体验。

（7）ROS 认为游客知晓自身的需求，并懂得如何选择（图 3–1）。

4.ROS 理论的要旨

（1）首先 ROS 将游憩物、游憩服务和游憩机会划分为活动机会、环境机会和体验机会，分别反映游憩行为、游憩环境和游憩体验这三个方面的偏好。例如，特定的情境可以描述为：在荒野中登山体验孤独感，荒野是环境，登山是活动、孤独是体验，当三者结合起来，是一种独特情境下的、结合高度现地因素的独特体验。

（2）游憩机会根据资源环境可分为原始、半原始、半现代和现代四种体验类别[2]；还可分为更为细致的六大机会类别：原始、半原始无机动车、半原始有机动车、乡村、半乡村、都市和现代[3]。

（3）ROS 将环境划分为实质环境、社会环境和管理环境，实质环境是指生物、历史、文化、人工设施等环境；社会环境指使用者及其行为、偏好等；管理环境则是管理人员素质、解说及信息

1 DRIVER B L，BROWN P J，STANKEY G H. The ROS planning system：Evolution，basic concepts，and research needed[J]. Leisure Sciences，1987,9（3）：201–212.

2 CLARK R N，STANKEY G H. The recreation opportunity spectrum：A framework for planning，management，and research[M]. Department of Agriculture，Forest Service，Pacific Northwest Forest and Range Experiment Station，1979.

3 DRIVER B L，BROWN P J，STANKEY G H. The ROS planning system：Evolution，basic concepts，and research needed[J]. Leisure Sciences，1987,9（3）：201–212.

教育、设施管制规定等，并由此鉴别出与其相关的 6 大指标因子，亦称游憩机会的经营要素。

①可达性

指到达游憩目的地的交通组织方式，如道路系统和交通方式等。游客乘坐高速公路交通抵达和徒步到达会获得不同的游憩体验。

有多种对可达性的描述方式，例如，道路开发程度（铺装道路、步道或乡间小路等）；又如交通工具（汽车、特种车辆、马、徒步等）。由可达的难易程度形成可达性序列。

游客对于可达性的偏好横跨整个可达性序列，例如同样是希望享受荒野体验的游客，有的希望有高标准的道路可达，有的宁愿连步道都没有。

②非游憩资源使用

伐木、采矿等非游憩使用可能会与预想提供的游憩体验相抵触，在某些情形下，也有可能相容。例如游客在半原始地区从事户外游憩活动，往往可以接受该地区有放牧行为，规划师和管理者需考虑其对游憩机会造成冲击的程度。

③现地经营管理

指对如设施、外来物种、景观规划、交通路障等现地改变的管理。现地改变主要通过改变的程度、复杂性、明显性和设施的舒适性 4 个方面体现。

④社会互动

一般来说，荒野地游客之间的社会互动的接触频率和拥挤程度较低；反之，现代化地区的游客就有相当高的社会互动。

自然环境的差异或经营方式可能严重影响游客互动的程度。因此，游客分布密度并不能完全反映互动状况，需要了解游客在空间和时间中的分布情况以及各群体间的互动方式，才能决定某一游憩地的适当社会容量。

在 ROS 中，不同的游憩机会有着不同的社会互动标准。互动的程度不但取决于接触的频度，有时更取决于接触的方式，一个荒野地徒步旅行者可能不介意其他的团队，但却无法容忍现代巴士的出现。

⑤可接受的冲击程度

游憩使用必然对实质环境造成游憩冲击，冲击极限应维持在环境可接受的范围之内；经营管理者的责任不是要完全避免游憩冲击，而是在于鉴别何种冲击和环境的改变是可以接受的。

在决定可接受的冲击程度时，有两个重点必须纳入考量：冲击的规模和冲击的重要性。前者基于客观的调查和评估，经营者与游客之间不应有基本的争议；后者基于价值的判断，由于知识、期望、目标、经营等方面的不同，经营者与游客之间往往有着很大的分歧，规划人员应客观地测定游憩使用对环境冲击的规模，做出正确评估。

⑥可接受管制程度

游憩的最大特性之一是自由和自主，不同的游憩体验需求对于管制的接受程度不同，如，在拟提供原始机会的区域到处设置禁令指示牌将会严重影响荒野地孤寂感体验的获得。不论在 ROS 的任

	游憩机会类别
经营要素	现代化　半现代化　半原始　原始
1. 可及性	
a. 困难度	很容易 ←——→ 极困难
b. 可及性系统	
(1) 道路	高速公路 ←——→ 崎岖不平的小路
(2) 步径	高等级 ←——→ 乡村小路
c. 交通工具	机动车 ←——→ 马匹、步道
2. 非游憩资源的利用	大致可相容 ←——→ 不相容
3. 现地经营（改变）	
a. 程度	非常广泛 ←——→ 没有开发
b. 明显性	明显改变 ←——→ 没有改变
c. 复杂性	非常复杂 ←——→ 很简单
d. 设施	舒适方便 ←——→ 无设施
4. 社会互动	经常有人群间的接触 ←——→ 无人群间的接触
5. 可接受的冲击程度	
a. 冲击的程度	高度 ←——→ 无
b. 冲击的频度	高度 ←——→ 无
6. 可接受的管制程度	严格管理 ←——→ 无

图 3-2　ROS 六大界定要素

何一点，应尽可能少地采用制度化管理，其目的仍在于保持游憩机会的品质。

（4）ROS 建立了环境和游憩机会之间的关系，规划者和管理经营者可以通过组合游憩经营要素提供游客所需的游憩体验，其关系如图 3-2 所示。

由此可见，ROS 的经营要素是现实的、可操作的。图 3-2 中的 ROS 虽然只有 4 种机会类别，但并不表示每一类别中只有单一标准建立游憩机会。事实上，每一经营要素都有相当的弹性幅度，可以在不同程度上与其他要素任意组合，因而可以产生许多游憩机会。例如，可以使各经营要素均以低度发展的模式组合而成为典型的半原始游憩机会类别；亦可在其中始终保持高标准的设施，却仍然满足游客对半原始游憩体验的追求。

3.2.2　游憩机会序列的运用

ROS 的目标是由游憩体验着手，引导出规划和经营管理操作系统。几十年的实践证明，ROS 在规划和管理中的确发挥着高效作用，其运用主要表现为以下方面。

1. 在处理环境“不协调”因素时，ROS 发挥了巨大的经营管理功用

ROS 认为，游憩机会与其经营要素是一个和谐的系统，系统中的每个因素相互影响，相互制约；在每个机会类别中，各要素需保持相应的度，如果超出这个度，就会出现与预设经营目标不协调的现象。例如，在原始性游憩机会类别中，最重要的是要保持极低的社会互动性，但如果建设了快速交通，增加了通达性，势必大大增加游客数量，不得不增设游客设施，这都与要保持极低的游客互动性相抵触。一个原始风貌的游憩地，在道路通达后，其原始特质迅速地消亡，在这种情况下，ROS 可以通过两种方式来解决此类的不协调：

（1）运用 ROS，很容易就能鉴别出是什么要素的改变引起了此类的不协调。可以“对症下药”，使该要素恢复原有尺度或规模，以保持原有特质和机会类别。

（2）因势利导，积极引导和发展此类不协调因素，改变协调因素，使其发展成为另一种游憩机会类别。例如，可以引导原始性游憩机会类别向半原始的和半现代的转化，从而消化冲击能量。在此过程中，需进一步细分游憩机会类别。

2.ROS 可以引导游憩资源规划和分配

由于 ROS 明确了游憩资源的规划目的和途径，因而可以根据实质资源状况在空间上综合确立游憩机会类别的配置。并且，由于 ROS 的经营落实到了可操作的要素，使得这种配置可以从规划和设计两个层次来确保机会类别的实现，从根本上避免资源配置的盲目性、重复性和无序性。

在我国现阶段的游憩资源规划中（多为综合性的风景游憩规划和旅游规划），在资源配置上考虑到了一定的游客市场需求；近年来也已有国内学者结合 ROS 探索针对中国游憩资源类别的游憩机会序列构建，如中国生态旅游机会谱（CECOS）[1]、滨水游憩机会谱（WROS）[2~4]、中国森林旅游机会谱（CFROS）[5,6] 等，以及 ROS 在城市公园 [7,8]、郊野公园 [9]、区域旅游 [10]、国家公园 [11]、荒野地 [12] 等保护地经营管理模式上的运用，对游客体验 [13] 及其指标 [14] 有所关注。但是，由于游憩体验研究相对滞后和深度不够，对游憩开发终极目的的认识有局限，尤其缺乏对游憩的深层次认识，包括游憩对游客精神和心理的影响、最终能产生的社会效益等。反映在规划上，鲜有从满足游客的游憩体验层次上进行系统考虑，以 ROS 引导游憩资源的规划实践还有待发展。

ROS 在美国的推广机构是林业局和土地管理局，两者都管辖着大片的自然地域，ROS 的游憩资源配置是以现地自然资源为导向的，其游憩机会类别的配置综合体现了管理者和规划者对现地条件的透彻了解和对游客市场细分的把握。因此，其配置具有前瞻性、科学性和系统性，而不是以牺牲资源特质为代价盲目地迎合游客的所有需求。ROS 理论已经在美国得到了广泛实际应用 [15]，2005—2008 年间，ROS 是美国国家环境政策局管理的 106 个休闲娱乐和旅游管理项目最常用的规划工具。这对我国目前的游憩规划具有重要的理论和实践指导意义。

1　黄向，保继刚，Wall Geoffrey．中国生态旅游机会图谱（CECOS）的构建[J]．地理科学，2006，26（5）：629-634．

2　邹开敏．滨海游憩机会谱的构建和解析[J]．广东社会科学，2014，（4）：47-51．

3　李晓阳．基于游憩机会谱方法的湖泊旅游产品设计：以梁子湖为例[J]．文学教育，2009，（3）：54-55．

4　唐睿，冯学钢．安徽巢湖滨水旅游产品开发策略研究——基于滨水游憩机会谱（WROS）综合环境的分析框架[J]．旅游论坛，2014，7（3）：36-42．

5　肖随丽，贾黎明，汪平，等．北京城郊山地森林游憩机会谱构建[J]．地理科学进展，2011，30（06）：746-752．

6　杨会娟，李春友，刘金川．中国森林公园游憩机会谱系（CFROS）构建初探[J]．中国农学通报，2010，26：407-410．

7　吴承照，方家，陶聪．城市公园游憩机会谱（ROS）与可持续研究——以上海松鹤公园为例[A]．中国风景园林学会 2011 年会论文集（下册）[C]．北京：中国建筑工业出版社，2011：896-903．

8　王忠君．基于园林生态效益的圆明园公园游憩机会谱构建研究[D]．北京：北京林业大学．2013．

9　鲁琳，赵国栋，王艳婷．成都市郊野公园游憩机会谱构建与应用价值探讨[J]．上海农业学报，2019，35：63-69．

10　韩德军，朱道林，迟超月．基于游憩机会谱理论的贵州省旅游用地分类及开发途径[J]．中国土地科学，2014，28（9）：68-75．

11　安童童．ROS 理论在国家公园功能区划中的应用[D]．北京：北京林业大学．2017．

12　顾成圆．香格里拉市荒野游憩机会谱研究[D]．昆明：西南林业大学．2018．

13　袁南果，杨锐．国家公园现行游客管理模式的比较研究[J]．中国园林，2005，（7）：27-30．

14　李晓莉．美国国家公园休闲土地管理中三个模型的应用及启示[J]．人文地理，2010，（1）：118-122．

15　CERVENY L K，BLAHNA D J，STERN M J，et al. The use of recreation planning tools in US Forest Service NEPA assessments[J]. Environmental management，2011，48（3）：644-657．

3.ROS 可以预期经营管理结果，确定经营目标并鉴定管理执行的成果

ROS 的关注重点是通过对经营要素管理，合理地把握实质环境、社会环境和管理环境，以达到预期的游憩机会目标。换言之，ROS 能够分析和预期经营要素和游憩机会之间的联动关系。如大规模的道路建设，极大地增加了该地域的可达性、大量娱乐设施建设和游客量急剧增加，都将使经营目标从提供原始性的游憩机会向现代化的游憩机会转变；ROS 以简明的图示方式清晰地反映出这种变化的后果，从而使资源经营管理者在经营目标决策过程中对可能发生的改变有充分的认识。

要有效地运用 ROS，一定要有明确的经营管理目标，这样才能检测所采取措施的结果是否与该目标相吻合；否则，我们的经营管理会步入只会对现地管理状况做出被动反应的局面。典型例子是，游客多了就赶快修路、建宾馆，修建完了又招致游客抱怨，说是煞了风景，没了原先的趣味，其症结还是在于一开始就缺乏目标管理。

4.ROS 可以用来引导管理指标体系

ROS 的经营要素很明确，它正是通过对要素的经营管理来实现资源环境和游憩体验的关系架构，每一要素都可以发展成为其环境特质的指标体系，更细致地控制该区域的开发模式。例如，对某些特定的区域，如水域、原始地域，可以从社会互动发展游人相遇频率、分布密度等指标因子进行控制，这种方法目前已广泛为国际游憩和旅游规划所采用。20 世纪 80 年代，另一个重要的荒野地规划管理理论——可接受的改变限度（Limits of Acceptable Change，简称 LAC）的指标体系，主要就是围绕 ROS 的经营要素发展的。

5.ROS 可以直接进入游客解说系统

由于 ROS 本身是一个针对游客多样化体验的保障系统，它的游憩机会多样化配置完全可以对游客开放解说，使游客对其将要进入的区域有一个全面的了解和自主的选择。如在美国国家公园系统中，每个国家公园都可以在主页中查找到该项信息，从而保证游憩是在自由和自主的前提下进行的，进而大大提高游憩体验品质。

3.2.3 游憩机会序列与经营目标管理改变的实例

经营目标的改变对于游憩体验会带来直接影响，以下实例很能说明问题。

美国华盛顿州的两个高山湖 Little Kachess 和 Big Kachess 在 19 世纪 20 年代还是陆地上古树参天、溪流中鳟鱼漫游的荒野地，只有极简陋的山间小径可达，能够提供最纯粹的荒野体验。20 世纪初，经营者筑坝拦水，开拓道路，提高了可达性，游客大量涌入，此地成为提供半荒野性游憩体验的最佳场所。20 世纪 40 ~ 60 年代，美国林务局和经营者为满足仍然不断增长的游客，建立了更为便捷的交通、自来水等公共设施，给游客带来极大便利。20 世纪 70 年代，该地区已成为一个现代化的、高度开发和高密度使用的游憩区，其游憩容量和当年不能相提并论。所有改变都源自经营者的目标

变化，从最初提供一处最具荒野体验的游憩地到如今最佳都市体验的、现代化的游憩地；而游憩者所得到的游憩体验质量并未下降，只是体验类别有所不同。

通过对游憩体验的改变，往往可解决看似棘手的难题。例如，经营者经过游憩意愿调查，获知游客有度假住宿的需求，于是确定某一度假旅馆的开发。但随后就发现，水资源限制了旅馆的极限容量，只能容纳 100 人用水，而近期又不可能增加任何水利设施，经营者就认为此游憩地的容量为 100 人，并期望对此目标进行管理。因此，尽管仍有 200 人对此有需求，经营者认为已是无能为力了，就造成了游客需求和管理者目标之间的冲突，最后会导致管理措施无法落实，游客仍会蜂拥而入，其结果是游憩体验质量降低，管理陷入瘫痪。仅靠疏散的解决方法是消极的，把游客拒之门外更是有悖开发目的。正确的方法是马上着手改变经营目标，同样是住宿，露营地的用水量较宾馆要小得多；因此，经营目标可以从建立设施齐全的旅馆，转向开发露营基地，从提供都市体验转而提供乡村或荒野地的体验。这样的解决方法才是积极可取的，并能最终与外部市场需求相配合。

3.2.4　游憩机会序列的意义

ROS 提供的构架是清晰的、系统的、开放的，它通过对实质环境要素的整合来确保提供多样化的游憩体验，从而实现游憩规划的目标；它是一个可供操作的系统，实现了游客体验需求和管理者资源供给之间的连接，使目标市场、规划和管理“三位一体”成为可能。

近 15 年来，国外学者对 ROS 的研究拓展和细化了该理论的应用范围，例如，水上游憩机会序列理论及其应用研究[1~3]、黄石国家公园交通游憩机会序列（T–ROS）研究[4]、ROS 理论在体育活动场地规划管理、森林游憩规划管理以及国家公园道路分类中的应用研究[5~8]、游客对游憩机会序列管

1 AUKERMAN R. Water recreation opportunity spectrum (WROS) users' guidebook[M]. US Department of the Interior, Bureau of Reclamation, Office of Program and Policy Services, 2004.

2 KIL N, CONFER J. A classification of major springs in Florida using the water recreation opportunity spectrum framework, 2006.

3 CARROLL J. Conducting a Water Recreation Opportunity Spectrum Inventory on the Northern Forest Canoe Trail in New Hampshire.[J]. Journal of Park and Recreation Administration, 2009,27 (4) .

4 PERRY E, XIAO X. The Transportation Recreation Opportunity Spectrum as a spatial and quantitative metric: results of a preliminary investigation at Yellowstone National Park[J]. Illuminare, 2017,15.

5 STANIS S W, SCHNEIDER I E, SINEW K J, et al. Physical activity and the recreation opportunity spectrum: Differences in important site attributes and perceived constraints[J]. Journal of Park and Recreation Administration 27 (4) : 73–91, 2009,27 (4) : 73–91.

6 GUNDERSEN V, TANGELAND T, KALTENBORN B P. Planning for recreation along the opportunity spectrum: The case of Oslo, Norway[J]. Urban Forestry & Urban Greening, 2015,14 (2) : 210–217.

7 VERDÍN G P, LEE M E, CHAVEZ D J. Planning forest recreation in natural protected areas of southern Durango, Mexico[J]. Madera y Bosques, 2008,14 (1) : 53–67.

8 OISHI Y. Toward the improvement of trail classification in national parks using the recreation opportunity spectrum approach[J]. Environmental management, 2013,51 (6) : 1126–1136.

理行动的感知研究[1]等。在ROS与其他理论与技术的结合方面，有利用游憩机会序列框架表征文化生态系统服务水平的方式研究[2]，场所依赖与游憩机会序列的关系及将场所依赖纳入ROS的意义研究[3]，利用空间数据库和地理信息系统自动化生成可持续监测变化的游憩机会序列方法研究[4]等。这些ROS的理论和实践探索对于我国急剧开发、开放的风景游憩地规划建设和管理具有积极而重要的借鉴意义。

3.3 风景游憩容量管理——可接受的改变限度

风景游憩地经营管理中，游憩使用量的多少直接影响到游憩体验、环境质量及资源保护。早在20世纪70年代初，发达国家已探究将容量的理念应用于户外游憩领域。我国风景游憩管理层也意识到该问题的重要性，试图从此处着手控制整个风景游憩地的开发建设量，采用的是环境容量的概念。由于容量问题的研究非常复杂，相关因素繁多，很难获得一个清晰的构架，因而国内相关规范也一直局限于几个运算公式，对于实际操作的指导作用很有限。对风景游憩容量的认知和研究将有助于对自然资源游憩利用形成一个整体的了解和把握。事实上，近年来国外风景游憩规划和管理理论就是在此取得突破口。

3.3.1 传统容量管理的困境

1. 游憩容量的历史背景

容量概念起源于生物学领域，应用于牧场及野生动物经营管理中[5]，曾被描述为："在维持资源永续生产的前提下所能豢养的牲畜量"。在运用容量概念来决定单位土地面积上可豢养的牲口数目的同一时期，游憩经营管理者正面临游憩使用压力和资源破坏的难题。游憩经营管理者便直觉以为，倘若界定一个地区的游憩容量能如畜牧管理一般容易，那么控制游憩使用和限制游憩冲击程度也将同样简单明确，可以利用此概念来确定适量的游客数目[6]。

---

1 MARTIN S R，MARSOLAIS J，ROLLOFF D. Visitor Perceptions of Appropriate Management Actions Across the Recreation Opportunity Spectrum[J]. Journal of Park & Recreation Administration，2009,27（1）.

2 PARACCHINI M L，ZULIAN G，KOPPEROINEN L，et al. Mapping cultural ecosystem services：A framework to assess the potential for outdoor recreation across the EU[J]. Ecological Indicators，2014,45：371-385.

3 WYNVEEN C J，SCHNEIDER I E，ARNBERGER A，et al. Integrating Place Attachment into Management Frameworks：Exploring Place Attachment Across the Recreation Opportunity Spectrum[J]. Environmental management，2020：1-15.

4 JOYCE K，SUTTON S. A method for automatic generation of the Recreation Opportunity Spectrum in New Zealand[J]. Applied Geography，2009,29（3）：409-418.

5 WAGAR J A. Recreational carrying capacity reconsidered[J]. Journal of Forestry，1974,72（5）：274-278.

6 李明宗．游憩容纳量—假说或事实[J]．台湾林业，1987,13（5）：23-27.

早在1942年，有学者便很简洁地将游憩容量表述为“使游憩使用保持在容许量或游憩饱和点以内”，也有将其定义为“荒野环境所能承受的最大限度的最高游憩使用状态，并能与长期环境保护目标相配合”。由此可知，国外早期所关切的议题颇具生物导向（Biological Orientation），主要在于维护自然界的运作状况。即使当时人们不懂现代社会心理学的深奥理论，凭直觉便自然而然地会认为：除非能对进入游憩区的游客数量进行某种程度的控制，否则优异的自然特色所引发的游憩体验将会消失。为了使游憩资源保持高品质，势必探寻某些可用的理论构架及理论基础。于是，资源管理者便自然而然地采用了游憩容量（Lapage，1963）[1]的概念。

几乎所有学者一头扎进了对“数目”的痴迷中，谁都认为一个特定的游憩资源系统必定存在一个天生的不变的容量等待着他们去发现。此后，经过大量繁杂的数学计算和推断，堆积如山的数据最终还是使得这片痴迷的目光黯淡下来。不同游憩地的研究成果大相径庭，人们在怀疑的同时觉察到户外游憩似乎全然不同于畜牧，它虽和实质环境密切关联，但其基本上是一种心理体验，并且，游憩体验的品质与游客的偏好、期望、经验、信念等密切相关，这种相关性甚至高于其与实质环境的相关性[2]。容量议题常令人联想到实质环境，事实上，其观念的核心应为人群关系品质的综合效应[3]。

2. 容量研究的困境

伴随对游憩活动本质的理解逐渐透彻，随之产生对容量概念及其使用的批评。对容量概念最常见的批评是，由于被认为是生物学领域中天赋不变的特质，过分重视实质—生物要素（Physical-Biological），而忽略了社会及心理方面的议题。以往对实质各因素固定量的执迷，阻碍了对游憩本质的认知，即“游憩基本是一种社会／心理体验”这一事实。

通过研究发现：

（1）游憩使用对土壤、植被、水质等均会造成显著的冲击，对这些冲击的实证研究及结论对于游憩经营管理者的自然资源管理决策有相当的参考价值。然而，这些资料对控制游客人数并不具有决定性。例如，研究可能表明，日均100人的正常踩踏会对某一区域的地被产生严重的冲击影响，经营者据此采取架空步道和铺砌道路的方法，完全有可能满足每日200人游憩的需求，既扩大了游客量，也没有破坏地被。换言之，生态方面的研究并不能控制造成冲击的活动形态，而人的游憩活动不同于畜牧，人的活动形态通过管理和组织可以是千姿百态的。

（2）一般认为任何地区都有一个可界定的游憩容量，在经营管理上最重要的便是通过游客人数控制游憩使用量。然而，事实上并非如此简单。在衡量容量时，无论从实质－生物的角度还是从社会的角度，游憩使用量往往不是最重要的因素。例如，露营区及步道植被遭冲击的情形研究发现，

---

1 LAPAGE W F. Some sociological aspects of forest recreation[J]. Journal of Forestry，1963,61（1）：32-36.

2 WAGAR J A. Recreational carrying capacity reconsidered[J]. Journal of Forestry，1974,72（5）：274-278.

3 李明宗．游憩容纳量—假说或事实[J]．台湾林业，1987,13（5）：23-27.

游客的使用方式或季节等因素比使用密度更为重要[1,2]；在其他调查中亦有类似发现，影响社会容量的重要因素之一是游客的行为举止，而不一定是所接触到的游客数量[3]。

（3）研究还表明游憩容量和经营目标紧密相连。事实上，明确的经营管理目标是研究游憩容量的前提。明确的经营管理目标这里指详尽的游憩机会序列所提供的游憩体验类别。经营管理的目标改变，游憩容量必然随之变动[4~6]，如决定一片湖面是供水上游乐之用，还是供郊野泛舟之用，其容量应有很大差别；这对早期的游憩容量观念是一个重大的冲击，游憩容量不再是等待我们去发现的、一个固定不变的值。

3.3.2 可接受的改变限度理论

可接受的改变限度（LAC）系统构架是要为自然荒野地域的风景游憩利用建立一个规划和管理的操作步骤，使该类地域的自然和社会状态达到设定的可接受标准，从而获得最大的社会效益和环境效益。

1.LAC 的前提

LAC 的重点和基本假设是：只要有游憩使用，就存在对游憩地的冲击，自然会使游憩地的环境和社会发生改变，这是不可避免的。即使经营者希望将整个地区保持原始状态，事实上，只要该地区开放使用，资源状况就开始改变了，关键是这种改变在什么样程度以内才是可以被接受的。

2.LAC 体系的诞生和意义

LAC 体系将注意力由“多少使用量”转换为“什么样的改变是可以接受的”。

最初从生物学衍生出来的容量研究越来越涉及社会学、心理学的范畴，游憩容量关乎管理决策、

---

1 LAPAGE W F. Some observations on campground trampling & ground cover response[J]. Upper Darby, PA: US Department of Agriculture, Forest Service, Northeastern Forest Experiment Station. 11. 1967.

2 HELGATH S F. Trail Deterioration in Selway-Bitterroot Wilderness: With List of Literature Cited [M]. Intermountain Forest and Range Experiment Station, Forest Service, United States Department of Agriculture, 1975.

3 STANKEY G. A strategy for the definition and management of wilderness quality[J]. Nature Environments: Studies in Theoretical and Applied Analysis, 1972: 88-114.

4 LIME D W, STANKEY G H. Carrying capacity: maintaining outdoor recreation quality[M]. Northeastern Forest Experiment Station Upper Darby, 1971: 174-184.

5 BROWN P J. Management Science Applications to Leisure-Time Operations. Shaul P. Ladany[J]. Journal of Leisure Research, 1976,8 (4) : 319-320.

6 SHELBY B, HEBERLEIN T A. A conceptual framework for carrying capacity determination[J]. Leisure sciences, 1984,6 (4) : 433-451.

心理体验，确定游憩容量的过程已不可能是一种机械的、可运算的过程，它包含许多价值观的相互冲突或妥协。价值观通过一系列规范体系得以实现，使原先指望通过技术研究得出结果的容量模式陷入困境。LAC 体系的诞生为容量研究带来曙光[1]。

LAC 理论构架的精义在于把游憩容量的研究模式从“使用多少算过分”转变为“什么样的改变可接受”。这一转变具有两方面的重大意义：

（1）它将经营管理最关注的“使用程度”转换为“理想的环境和社会状况”，对“使用程度”的关心出自对最终环境的关切，从一开始就把注意力集中于处理人们追求的状态，而不是游憩使用本身。

（2）LAC 将游憩容量定位于规范性的而非技术性的范畴。传统容量研究认为建立容量是一个技术性过程，而 LAC 关注的是游人对受到冲击后的环境改变的接受程度，依赖于人的价值判断，而非科学研究结果。当然，技术性的资讯在 LAC 的过程中仍扮演着重要角色，LAC 通过其了解“将会产生什么样的改变”，以辅助确定“什么样的改变是可以接受的”。至此，游憩容量已经从最初的生物－实质研究向人文社会研究渗透。

3. 游憩容量

游憩冲击和资源状况的改变必然牵涉一个地区的游憩容量问题。依据 LAC 的含义，游憩容量是指游憩资源在既定经营目标和标准之下，用于支持游人、维持一定游憩品质能力的极限[2,3]。基本包括以下 3 个与游憩冲击相关的层面：

（1）生态的：植物的、动物的、土壤的等。

（2）实质的：地形的、空间的、设施的等。

（3）社会的：社会的、心理的、美学的等。

3.3.3 可接受的改变限度规划程序

由于 LAC 的前提预设是“有游憩必有冲击”，因而确立“什么样的资源状况改变是可以接受的”比盲目地保护资源品质更为重要。LAC 认为这种改变的可接受程度和游憩经营目标、资源特质、冲击程度等都有着密切关系。

LAC 要求管理者确定荒野地的现实条件，仔细鉴别在哪里、在什么范围发生了什么程度的由

---

1 STANKEY G H，COLE D N，LUCAS R C. The limits of acceptable change（LAC）system for wilderness planning[R]. USDA Forest Service Intermountain Forest and Range Experiment Station，1985.

2 SHELBY B，HEBERLEIN T A. A conceptual framework for carrying capacity determination[J]. Leisure sciences，1984,6（4）：433-451.

3 Bo SHELBY. THOMAS A. HEBERLEIN A. conceptual framework for carrying capacity determination[J]. Leisure Sciences，1984. 6:4，433-451.

游憩活动产生的改变，确立什么样的改变是可以接受的，然后才是通过什么样的手段维护这种资源特性。

LAC 是一个概念性的构架，而非政策性的、条例性的规定；它是一个动态的连续的过程，也是一个开放而有弹性的体系，需要灵活应用。

1.LAC 规划程序的 4 个方面

（1）由一系列可测量的参数决定的、可接受的社会与资源标准。

（2）分析现状与已被接受的状况之间的关系。

（3）鉴别为维护可接受状况需采取的管理举措。

（4）项目监测和管理效益评估。

2.LAC 的九大步骤

步骤一：鉴别特别需重视和考虑的区域与议题

步骤一的目标由公众和资源管理者共同确定，以鉴别：①本荒野地区是否具有需特别关注的特征及特点；②本地域和其他提供荒野游憩的地域之间的关系，在区域经营管理中，本地区所扮演的角色。

所有荒野地总体管理条例都遵循《荒野地法案》，经营管理者的决策必须在此基础上正确处理每个区域的特殊情形。此步骤有助于更深入地了解资源，建立一般性的资源应如何经营管理的综合概念，并将注意力集中于关注的经营管理议题。

在步骤一中需考虑以下问题：

（1）该区域是否存在包括生态、科学、游憩、教育、历史及有特殊保护价值的对象？

（2）该区域是否是濒危物种栖息地？

（3）公共活动的导入是否符合对特殊议题的关注？

（4）相邻地块的使用是否需要特殊的管理？

（5）是否需要特别关注地域中已有的和潜在的使用？

（6）是否有区域性或全国性议题需要考虑？如：

①在规划区域中，怎样使荒野地和游憩机会相适宜？

②该区域对荒野地和游憩使用的要求是什么？

③该区域是否有独特的生物特征？

④该区域提供什么特别的游憩机会类型？

这些问题的研究可以帮助管理者鉴别该地域的价值和其在区域中的地位，根据特性引导，可以使荒野地根据最大限度的资源和社会现状情况，提出需要解决的议题。这些议题之间也有可能存在冲突，例如，维护荒野地的荒野特征和提供游憩使用同样重要，这就需要在步骤六中通过细分游憩机会类别来解决。

步骤二：界定和描述游憩机会类别

在步骤二中，界定出一系列的荒野地游憩机会类别，描述各种与资源及社会状况相适宜的、可被接受的分类。游憩机会并非原本就存在于自然地域，也不是由管理者主观想象的，而是由经营管理者根据资源状况和社会状况综合确定，以明确要维护荒野地的何种特征，提供何种游憩机会，它依据 ROS 系统原则进行配置。ROS 系统定义了六个类别，其中，原始、半原始无机动车两个类型特别适合应用于荒野地的配置。

（1）原始类别

该区域特征是有相当大的未被改变的自然区域，使用者之间的相互作用程度很小，且其他使用者的使用痕迹也微乎其微，此区域基本不受人类的束缚与控制，在该区域内不允许使用机动车。

（2）半原始类型

该区域保持了一半甚至更大范围的优势自然资源和优美的自然环境。各使用者之间干扰甚少，但有其他使用者的使用痕迹。对游客有一定程度的现地管制限制，但不应太明显，该区域不允许机动车进入。

相关游憩机会类别的运用有利于将该地域细分为更小单元和分区，且有利于每个分区或单元的不同资源、社会状况的经营管理，是多样化的管理方法。所界定的游憩机会类别可作为每一地域分区和单元经营管理的目标。经营管理不仅要考虑当前的资源状况，更要考虑想要获得的资源状况。

在考虑可接受的资源状况时，主要应注意 4 个方面，包括游憩冲击的类型和范围：

①游憩冲击的类型。

②游憩冲击的严重程度。

③游憩冲击的影响范围。

④游憩冲击的现象（即对于游客是显而易见的冲击）。

在不同的游憩机会类别中，对资源状况的描述是截然不同的（图 3–3），例如：

原始机会类别	**现代机会类别**
资源的冲击是极微小的；仅限于野营地及游路两旁，较小的且暂时的植物破坏。此类冲击一般在一年内就会得以恢复，且不为大多数游客所察觉。	资源的冲击存在于许多地方，尤其在主要入口等功能性较强的地区。此类冲击（多为植物破坏、土地被占据）常年持续存在，且对于游客也是显而易见的。

图 3–3　游憩机会类别的资源状况描述示例

对于其社会状况的描述也是有区别的，管理者必须对邂逅、使用水平等社会因素进行界定，还必须考虑相遇的范围和地点，如会有以下描述（图 3–4）。

此外，还有对经营管理状况的描述（图 3–5）包括 4 个方面的内容：

①经营管理人员的现状。

②现地经营和非现地经营方法。

③现地的改变程度。

④行为规章制度的制定。

步骤三：选取资源及社会状况的指标

指标体系是指资源及社会环境中的特定要素，可用于表示每一类别最适宜的可接受状况。由于现地的资源及社会状况是一个复杂系统，因而必须鉴别出该地域最重要的和反映该地区“健康”状况的指标因子，指标体系是LAC理论中极为重要的组成部分，LAC指标体系的大致分类如图3–6所示。

在选择指标时应考虑：

（1）所选指标应能被检测。

（2）所选指标应能反映游憩使用发生的数量和（或）种类之间的关联。

（3）所选社会指标应与使用者关心的方面有关。

（4）所选指标状况应有助于经营管理。

几乎没有一个指标可以独立构成完善的量度系统，它只能反映其中的一小部分。因此，在选择指标时应选择2个或2个以上的指标，才能达到较为理想的效果。此外，在选择指标时应尽可能使

原始机会类别

几乎没有来自其他团体的干扰，相遇仅限于游步道，营地之间无视觉和听觉上的干扰。

现代机会类别

人与人之间的接触时常发生。无论在游步道上还是营地中均会发生高频率的接触。

图3–4　游憩机会类别的社会状况描述示例

原始机会类别

在景区内，没有对游客进行直接的规范管理工作。但在景区外，应将必要的规章制度事先传达给游客。

现代机会类别

在景区内有多方面的规章制度和管理人员来规范游客的行为，以使游客对景区的破坏减小到最低程度。

图3–5　游憩机会类别的经营管理状况描述示例

自然资源

1. 游步道系统的状况
2. 野营地的状况
3. 水质状况
4. 空气质量
5. 野生动物的数量
6. 濒危物类
7. 周边状况

社会资源

1. 旅行时的孤独感
2. 野营地的孤独感
3. 采取不同旅游方式游客之间的冲突
4. 不同团队大小之间的冲突
5. 噪声

图3–6　LAC指标体系

指标直接与目标相关联，这一点十分重要。

步骤四：全面调查资源和社会状况

全面的基础资料调查对于规划的意义重大。在 LAC 规划过程中，其资源调查目录依据步骤三中的该地域重要指标体系而拟定，因而着重调查与指标密切相关的资源状况；这些指标不仅详述了整个资源状况的内容，而且确定了分析单元。

对资源和社会状况的调查有助于根据现状建立标准体系、有助于对土地进行不同游憩机会类别的分配，也是确立针对性管理措施的重要步骤。

对管理者而言，这个详细调查必须是客观的和系统的。调查获得的信息被直接记录在基础图片上，以进行简单的地区空间格局分析。同时，因为这些信息有助于比较各机会类别的可接受条件与现状，所以将在步骤六中帮助管理者确定区域内不同机会类别的分配。

通常，管理人员通过野外工作获取信息和完善信息。有些信息可能是不全面的或有局限的，必须加以相应的整理和分析，相对完善的资料也是步骤九监测工作的前提和基础。

步骤五：制定各机会类别的资源与社会指标的具体标准

在此步骤中，对每一机会类别中的每个指标，界定出适宜的可接受状况的范围。为便于测定，应详尽描述步骤二中提出的各游憩机会类别的特征，分析步骤四中收集的各指标的具体数据，制定各机会类别各个指标的可接受条件的具体标准图表，为评价如何针对不同机会类别的土地采取相应的管理措施提供一种可行的方法。

这个步骤的任务是为各指标确定量化、具体化的标准。制定标准是一个判断的过程。标准的意义在于界定每个特殊的游憩机会类别的最高限度所允许的状况，这些标准并不一定具有客观性。

在建立标准的过程中，应遵循 4 个原则：

（1）在第二步中提出的机会类别性质为确定各机会类别特征条件的种类提供了线索。LAC 的标准不是用来维护现有的不可接受的地区状况及资源状况，而是通过制定更严格的标准改善地区状况，使其和特殊的游憩机会相适宜。在确定标准时，必须平衡两个方面：一方面，根据现状条件使标准更加具有现实性；另一方面，利用专业评判和公众参与为改善现有状况制定具体的标准。

（2）标准应当是有逻辑和分等级的，并且用具体数字来界定。当一个标准为两个或多个机会类别共享时，就需要用其他标准来确定。不能混淆具有典型性的标准，包括空气指标、水质指标等，即在任何情况下都不能低于基线的标准。

（3）尽可能清晰地表述指标标准。实际上，在一个十分复杂的地区制定具体的、绝对的标准是不切实际的。

（4）选择并制定标准是一个十分关键的步骤，在某种程度上决定了荒野地未来的特征。公众参与、资料研究以及管理者的实践都十分重要。

步骤六：鉴别各种游憩机会类别分布的替选方案

这一步骤的主要目的是鉴别荒野地的不同地区将考虑哪些相应的资源及社会状况，并提供替选方案，以便于公众评价，其最终结果是以图纸或表格的形式概述游憩机会类别的替选方案。

第六步中首先要确定在一个特定的荒野地需要保留或获取何种资源及社会状况，由经营者和公众共同决策。首先结合步骤一鉴别区域议题，对步骤四中的有关数据进行分析，区域议题必须和现状资源和社会状况相结合，以确定议题的可行性。

根据地区的关注议题及现有资源和社会状况，制定游憩机会类别的替选方案。某些观点有时会发生矛盾，例如，在"增加进入荒野地的机会"与"提供更多的荒野地"之间，经营者可做出不同决策，可以试图提供全方面的游憩机会类别来满足不同需求；或者首先选择两个游憩机会类别，因为别的类别已经存在于在这个地区的其他区域，也可以建议一个多样化的经营方案，各种游憩机会类别渗透其中。通过这种变化，就有可能为大众提供不同的游憩机会。

步骤七：鉴别各种替选方案的经营管理方式

这一步骤的主要目的是评价每一个替选方案的实施费用，并选择一种特定经营方式，最终结果是以图纸或表格形式标出哪里的状况低于标准，并确定能够使状况达到标准的最佳经营管理方式。

经营者需鉴别出现状与所需状况之间的差异，从而确定问题所在及所需的经营方式。经营者还需考虑采用何种方式来达到每个替选方案的特定状况，并估算出这些方案实施所需的费用。这主要取决于现状与替选方案所要求的环境状况之间的差距，一般说来，差距越大，所需费用和代价越大，反之则少一些。在经营过程中，若现状已高于标准，则经营方式只需稍做变动；若现状几乎或完全低于标准，则经营者必须考虑新的方式。

对于任何一个方案，都会有多种经营方式可供选择。在步骤二中对每一个游憩机会类别的定性描述可用来判断某种特定的经营方式是否合适，这些描述可以作为最基本的原则，经营管理措施必须和游憩机会类别相一致。

例如，对于一个严重破坏地区，若要使之恢复原貌，则需要强化经营计划，其中可能包括对游憩者在何时、何地野营以及游憩者数量的限制，或者对某些区域实行封闭或轮休。一般说来，这种管制方式不适合原始游憩机会类别，但是为了达到此类机会类别的标准，首先就必须采取这种更多限制的管理方式，以恢复该地区的景观特质。

指标标准限定了一个地区特定游憩机会类别的可接受的状况，如确定一个营地每公顷的帐篷数，高于该特定指标，就意味着该机会类别体验的丧失。

步骤八：评价并挑选一个最佳方案；

不同的替选方案有着不同的成本效益，有些费用很难量化表达，但其重要性却是不可低估的。公众和经营管理者通过评估，最终挑选出一个最佳方案，这个过程可以通过以下方面进行分析：

（1）方案影响了哪些使用者，以何种方式？是方便了使用者还是限制了某些使用者？

（2）方案中什么价值被凸显，什么价值被削弱？

（3）方案如何适应地区或区域性的供给和需求？方案是否提供了独特的荒野地系统？

（4）在人力、财力的限制下，方案的经营管理可行性如何？

（5）评价哪一个为最佳方案绝非易事，在评估过程中将资料尽量图表化或数据化非常重要。

只有这样才能明确各因素的重要性，便于公众和经营管理者的评估。

步骤九：实施并持续监测资源及社会状况

选择了最佳方案后，必须有效实施有关经营管理措施，并建立监测机制，并应对方案的实施效果加以评估。监测系统能提供系统的信息反馈，反映方案的实施情况并鉴别哪些地方需要采取特别的加强措施。监测系统包括定期评价现有状况，描述这些状况与标准之间的差距。

监测的关键在于监测的频度，由于资金限制，一些因子和一些地方的监测频率相应高一些，有些则相应低一些，以下地区享有优先权：

（1）条件和上次评估相似的地方。

（2）资源或社会状况改变程度大的地方。

（3）基础资料数据最薄弱的地方。

（4）对管理成效了解甚少的地方。

（5）出现意料之外的改变区域，如入口、邻近地域的使用等。

监测的结果能帮助评价方案的实施效果，并指导实施方案。方案实施效果不理想的原因是多方面的，可能是方案本身不合理，也有可能是实施过程不够有效，或者还没有足够的时间实施方案。监测系统能够显示问题出在何处，能反映采取的措施是否解决问题，并改善状况。

近十几年，国外学者对 LAC 理论拓展和大量实践进行研究。在理论方面，LAC 理论作为保护地旅游规划和管理框架的优势和问题得到关注[1]，探讨了居民地方感作为指标纳入 LAC 评估框架的意义和可行性[2]。2012 年国际重要湿地公约第 11 次缔约国大会通过 COP11 DOC. 24 文件。对适于确定和监测湿地生态特征变化的 LAC 理论、方法和应用实例进行了总结[3]，并就将 LAC 理论应用于国际重要湿地规划管理提出建议。LAC 理论应用研究十分广泛，如 LAC 与分区方法结合在海洋保护地旅游管理以及海洋野生动物旅游中的应用[4,5]，特别是在管理浮潜旅游方面；将 LAC 理论与 TPC 理论（thresholds of potential concern）结合应用于大型湿地生态系统状况监测[6]；评估 LAC 理论在国家

1 MCCOOL S F. Limits of Acceptable Change and Tourism[M]//The Routledge Handbook of Tourism and the Environment. London：Routledge，2012:285−298.

2 SULLIVAN L E，SCHUSTER R M，KUEHN D M. Building sustainable communities using sense of place indicators in three Hudson River Valley，NY，tourism destinations：An application of the limits of acceptable change process[J]. Journal of Sustainable Tourism，2010.

3 Ramsar. Ramsar COP11 DOC. 24 Limits of Acceptable Change[R/OL]. Bucharest，Romania：https://www.ramsar.org/sites/default/files/documents/pdf/cop11/doc/cop11-doc24-e-limits.pdf. 2012.

4 ROMAN G S，DEARDEN P，ROLLINS R. Application of zoning and "limits of acceptable change" to manage snorkelling tourism[J]. Environmental Management，2007,39（6）：819−830.

5 BENTZ J，LOPES F，CALADO H，et al. Sustaining marine wildlife tourism through linking Limits of Acceptable Change and zoning in the Wildlife Tourism Model[J]. Marine Policy，2016,68：100−107.

6 ROGERS K，SAINTILAN N，COLLOFF M J，etc. Application of thresholds of potential concern and limits of acceptable change in the condition assessment of a significant wetland[J]. Environmental Monitoring and Assessment，2013，185（10）：8583−8600.

公园规划管理[1]、在荒野地可持续旅游管理[2]、在远足步道游客影响管理[3]以及在城市规划管理[4]中的应用；多利益相关者介入下夏季山地滑雪场 LAC 指标研究[5]等。国内学者对 LAC 理论应用于我国各类保护地，如风景名胜区[6]、生态旅游区[7]、矿产资源区[8]、滨海旅游区[9]、地质公园[10]、国家公园[11]、沙漠景区[12]等规划与旅游管理的理论框架展开研究；结合案例的生态旅游心理承载力评价方法[13]和旅游综合容量评价体系[14,15]讨论。

3.3.4 风景游憩容量构架

风景游憩容量不同于环境容量。环境容量是一个比较宽泛的概念，它包括一个地区内的各种因素引起的容量问题，如环境对工厂排放废气的容纳程度。风景游憩容量是指以自然风景为主体的游憩地的游憩资源，在既定经营目标和标准之下，支持游人维持一定游憩品质能力的极限。国际上采用游憩容量（Recreational carrying capacity）的概念，并借用户外游憩理论从游憩学的角度切入和进行分析研究，通过游憩容量研究适度整合游憩地的资源保护和利用。风景游憩容量的构架体系基本

---

1 SIIKAMÄKI P，KANGAS K. Limits of acceptable change as a tool for protected area management—Oulanka National Park as an example[A].//Siikamäki，P.（toim.），Research and monitoring of sustainability in nature-based tourism and recreational use of nature in Oulanka and Paanajärvi National Parks[C]. Oulanka reports，2009,29：35-52.

2 MBAIWA J E，BERNARD F E，ORFORD C E. Limits of acceptable change for tourism in the Okavango Delta[J]. Botswana Notes and Records，2008：98-112.

3 MCKAY H M. Applying the limits of acceptable change process to visitor impact management in New Zealand's natural areas：A case study of the Mingha-Deception Track，Arthur's Pass National Park[Z]. Lincoln University，2006.

4 PEREIRA RODERS A R. Lessons from island of Mozambique on limits of acceptable change[J]. Swahili historic urban landscapes，2013：40-49.

5 NEEDHAM M D，ROLLINS R B. Interest group standards for recreation and tourism impacts at ski areas in the summer[J]. Tourism Management，2005,26（1）：1-13.

6 沈海琴．美国国家公园游客体验指标评述，以 ROS、LAC、VERP 为例 [J]．风景园林，2013（05）：86-91.

7 林方喜，魏云华，林清，等 .LAC 理论在生态旅游区规划与管理中的应用 [J]．台湾农业探索，2007（04）:82-84.

8 苏欣，林锦富．“可接受改变的极限”（LAC）理论与自然资源规划管理 [J]．资源与产业，2010，12（03）：109-112.

9 袁仲杰，赵素芳，高范，王伟．基于可接受改变的极限(LAC)理论的滨海旅游区规划管理探讨 [J]．中国水运(下半月)，2014，14（11）:100-102.

10 易平，方世明．基于 LAC 理论的地质公园旅游规划管理研究 [J]．湖北农业科学，2014，53（07）:1723-1728.

11 彭维纳．LAC 理论在普达措国家公园游客管理中的运用 [J]．现代经济信息，2015（07）：89-91.

12 石磊，李陇堂，张冠乐，杨萍，高秀云．基于 LAC 理论的沙漠型景区旅游环境容量研究——以宁夏沙湖旅游区为例 [J]. 中国沙漠，2016，36（06）:1739-1747.

13 姚莉．LAC 理论指导下的浙江天目山国家级自然保护区生态旅游心理承载力研究 [D]．北京：北京林业大学，2011.

14 唐泓凯，许先升，陈有锦，侯艺．基于 LAC 理论的海南热带雨林七仙岭国家森林公园旅游综合容量研究 [J]．海南大学学报（自然科学版），2020，38（02）:196-206.

15 杨冬冬．基于 LAC 理论的古村落旅游容量研究 [D]．徐州：中国矿业大学，2017.

包括几个和游憩冲击有关的层面。

1. 风景游憩容量构架体系

（1）实质容量（Physical Capacity）

实质容量是指可供游憩使用的实质环境空间的最高使用程度。

实质环境是指自然资源的气候、历史地质、表层地质、自然地理、水文、土壤、植物生态、野生生物生存环境、生态景观等，不同资源类型的土地利用价值不同。

容量实质层面的空间概念有两层含义：第一层含义是指由于自然资源的分布具有空间上的地域特征，使得以此为基础而展开的风景游憩活动在整体上受到地理空间的制约；第二层含义是指具体的游憩项目展开的行为活动空间。前者对实质容量起总体上的制约作用，后者对不同的游憩行为和心理产生制约。总体的实质容量受制于资源在空间上的分布范围，行为空间由空间组织要素决定，实质容量的具体控制在于第二个层面。这两个层面都和形成空间的界面有关，即顶界面、底界面和垂直围合面。

地域性的空间资源分布与社会层面相结合，通过资源调查和评估，产生经营目标和游憩机会序列，在此基础上可以进行实质容量的估算。并且，实质层面和设施层面相互作用，最终由实质层面、社会层面和设施层面交互作用而产生实质容量。

资源的不同空间形态通过心理层面影响游人的空间认知，这是一个以往实质容量研究中被忽视的重要因素。另一个被忽视的重要因素是由经营目标所决定的活动设施面积。由于在计算实质空间时，游人活动的底面积是可以累积的，因而经营管理者有可能通过立体化空间的水平分割而大大增加实质容量。实质容量研究可以对我国目前容量计算公式进行修正，其概念可用以下公式表示：

$$实质容量\ R_p = \frac{\alpha \times (S_p+S_f)}{S_R} \qquad (3\text{-}1)$$

式中：α 为心理修正系数，受资源质量和地形等实质因素影响；S_p 为实质使用面积；S_f 为设施所增加的使用面积；S_R 为特定游憩活动所需的人均面积，由经营目标和游憩机会序列所决定。

当不考虑心理修正因素和由于设施而增加的使用面积时，即 α=1、S_f=0 时，公式可演变为：

$$实质容量\ R_p = \frac{S_p}{S_R} \qquad (3\text{-}2)$$

这就是我国目前采用的面积法；

当使用场地的宽度一定时，公式演变为：

$$实质容量\ R_p = \frac{L_p+L_f}{L_R} \qquad (3\text{-}3)$$

式中，L 表示长度，即是我国目前采用的线路法。

（2）设施容量（Facility Capacity）

除了开展活动的空间，游憩活动还必须有游憩设施和必要的辅助设施，包括停车场、船位以及床位等。在风景游憩地的开发初期，设施容量有可能是游憩容量的决定性因素。设施容量的制约因素有实质容量、地形、资源以及财务等。

在设施容量的建构中，实质层面通过对实质使用空间的形态、数量对设施布置产生空间上的制约，如，陆地显然比水域更适合设施建设；生态层面通过各类资源的储量对设施构成供给上的限制，如丰富的水资源是充足供水的保障；而社会层面则通过经营目标确立和经济投入来决定设施的规模，是豪华型的供给还是满足最低需求属于经营目标问题，设施规模没有经济实力则无从谈起。设施容量是以上三方面相互作用的结果，一定经营目标之下的设施容量可以计算。设施容量用公式可表示为：

$$\text{设施容量}\ R_f=\frac{A_f}{a_f}\times r\ \text{或}\ R_f=A_f\times a_f\times r \tag{3-4}$$

式中，A_f 为某类设施的总量；a_f 为某类设施的人均需求量或单位设施所能服务的游客人数；r 为周转率。

我国目前采用的卡口法其实是一种设施容量的计算方法。这些卡口一是来自实质资源层面（如地形等因素）的制约，二是来自由经营目标所决定的设施规模，要克服实质因素的制约有赖于经营管理的目标和手段。

（3）社会容量（Social Capacity）

满足人类的需求是资源开发的终极目的。风景游憩地的经营目标在于为游客提供高品质的游憩体验。社会容量研究关注游憩活动对游憩体验品质造成的损害和冲击的极限。

社会容量指对游憩行为引起的冲击的心理承受极限。社会容量的建构是最复杂的，它最重要的指标因子是游客满意度，是最能衡量游憩品质即游憩动机满足程度的重要指标。满意度是一个多层面的复合的观念，涉及生态层面、实质层面、设施层面以及社会层面，它至少和实质资源质量、经营管理水平和游客的心理状况 3 个方面有关。实质资源质量指实质环境的植被质量、生态景观质量等；经营管理水平涉及是否有垃圾和其他污染物、设施发展水平以及游憩序列的组织等；游客的心理状况则与其心理期望、动机和个体或团体的社会经济特性有关。满意度高未必是高品质的游憩体验，但高品质游憩体验的满意度必然高。

生态属性对于游憩冲击的敏感程度不同，因而对经营管理措施有着重大的影响。相应的管理措施包括对使用强度和密度的控制、使用行为的控制、养护措施以及游客教育等。

实质层面上的空间尺度和设施层面上的设施量多少都会影响游客的使用密度和接触程度，从而影响到社会层面，即有可能引起拥挤认知，进而影响到游客的满意度。实质环境的质量也影响游客满意度。

拥挤是一种心理认知，它属于社会层面。拥挤认知不仅和密度、接触等实际因素有关，还和游客的动机、偏好、心理预期有关。具有不同社会经济特性的游客的动机、偏好、心理预期均不相同，其心理容量也就不同。因此，提高游客满意度必须细分人群特征才有可能对游憩机会序列和经营管理加以引导。对资源管理、使用强度和密度的控制也属于社会层面，会影响到游客的心理体验。由于游憩活动本身是一种自由选择的行为，强制性的管理措施会导致游憩品质的下降。

社会容量无法用公式计算得出，因为它事关心理感受、价值观、行为规范等社会因素，一般通过观察或问卷调查统计分析而得出。

（4）生态容量（Ecological Capacity）

游憩使用对资源价值和游客体验具有潜在的威胁，特别是原本极具优异特色的荒野地区，游憩使用可能造成巨大改变，使其无法保持原有景观，或造成生态结构的改变。在我国，已有很多风景名胜区的环境由于游憩活动而引起土壤压实、水土流失、野生动物被迫迁徙、水体遭污染等，有的甚至因实质环境质量的急剧下降被迫关闭休养。因此，游憩活动对于生态环境的冲击一直是一个重要的课题。

游憩生态容量旨在研究游憩环境中各种游憩使用对于自然生态环境的冲击，以及生态环境中的植物、动物、土壤、水文、大气等生态要素对于游憩冲击的承载能力。

生态要素的重要性取决于两个方面，一个是人类对生态的认知程度，另一个是人类的价值取向。游憩活动对每个生态因子都会带来冲击，当这种冲击足够大时，可能会给生态系统带来干扰。有时这种冲击力度还不够大，还不足以引起生态结构的变化，但已经在其属性的外在表象上表现出来，如地面覆盖率下降、某些重要动物减少等。由于游客是被风景游憩地生态属性的外在表象吸引而来，如果这种表象的改变不能为社会层面上的游客的美学、心理需求接受，就会对游憩品质造成极大的损害。但有时，游憩活动虽然给生态结构带来冲击，如减少了某一种动物或植物，却对游客的心理感觉没有影响，因而并不和经营目标相冲突而降低游憩品质，这时的生态冲击仍不能成为游憩生态冲击限阀，生态容量最终确立是由人类的价值取向决定的。

2. 风景游憩容量的启示

风景游憩容量的 4 个层面之间互联互动，容量问题绝不是一个可以简单用公式计算来解决的问题，其启示在于：

（1）资源管理者的责任重点在“资源”，也在于“人”

可持续的核心是为人类永续利用资源，它最终关切的是人。风景游憩规划是一个资源保护和利用的双重规划。资源保护是为了给高品质的游憩活动提供持续的外在的环境保障；资源利用则是人类根本的目的所在，其终极目的在于为人们提供优异的游憩场所，获得优良的游憩体验，使之身心愉悦，提高生活品质。

从我国目前采用的环境容量的定义：“环境容量指在保证旅游资源质量不下降和生态环境不退化的条件下，一定空间和时间范围内，可容纳游客的极限数量（林业部，1994）。”可以看到，其前提条件仍是生态导向的。既然开发游憩地的目的在于提供使游客获得满意的游憩体验的场所，在考虑容量的时候，就必须将“资源”和“人”这两个因素都加以考虑。

（2）风景游憩地并没有一个固定的等待被发现的容量

最初的生物学导向仍在影响着我们，但即使是畜牧业或野生动物的管理，其资源的容量仍然受到许多因素的影响，运用此概念难以设定预想的明确数目；并且，除环境因素以外，游憩容量更是与人类的价值取向紧密相连。此外，有更多的方法可以增加游憩容量，例如，改变游憩活动方式，一个游憩地可能只能容纳 100 人滑草，但可以容纳 1000 人散步；植物灌溉、施肥或选用具有耐受力的品种，增加其抗冲击能力等。

（3）容量不是一个独立存在的研究对象

游憩地的开发强调满足人类的需求和欲望，是人类文化价值观取向的体现。某一游憩地风景容量至关重要的前提是经营管理者的目标取向。不在一定经营管理目标条件下的容量讨论是无意义的。

（4）容量研究的目的不只是为了使管理工作简便易行

一个风景游憩地的容量研究的确会给管理工作带来便利。例如，在容量研究中，如果发现最敏感的因素是某一种生态因素——地被植物，管理者便会对它特殊关照，设置各种保护措施。但是，容量研究虽然需在一定经营管理目标下，但是容量研究却可以推翻经营管理目标。容量对经营目标具有一种极强的反作用力，这一点经常被忽视。

目前的国际容量研究的趋向是将实质研究和人文研究相结合，并试图将两者的研究成果加以整合应用。

3.4 游客体验与资源保护

3.4.1 游客体验与资源保护理论

游客体验与资源保护理论（Visitor Experience & Resource Protection，简称 VERP）管理框架由美国国家公园管理局（NPS）提出，是美国国家公园总体规划程序的一部分。VERP 在 LAC 理论基础上进行了改进，综合考虑了资源与游客体验质量问题，对环境与体验变量提出了不同的管理方向。

具体操作上，VERP 通过管理分区（Management Zones）实现管理目标。不同的分区通过社会条件、资源条件、管理条件 3 个方面组合构成。其中，社会条件主要是指影响游客体验的其他游客的活动，考虑了游憩者进行游憩活动的特征，包括游客行为，使用水平，游憩类型、时间和地点对游憩体验质量和资源保护的影响，对游憩行为的可接受程度进行了量化。资源条件是指与游客体验相关的生物、地理、景色等各方面因素；管理条件是指能通过管理手段控制的游客体验。同时 VERP 要求对公园环境进行监测和评估，在环境达到或超过可接受变量的最小极限值时，工作人员需要根据问题采取行动。

3.4.2 游客体验与资源保护规划步骤

VERP 试图提供一个合理的、理性的管理容量的方法，由 4 个步骤、9 个要素构成（表 3–1）。

虽然元素按照一定顺序排列，但不是严格的线性过程，而可相互反馈循环[1,2]。

VERP 组成要素表　　表 3-1

步骤	要素
步骤 1：制定目标框架	要素 1：组建跨学科的项目团队
	要素 2：制定公共参与策略
	要素 3：确定公园的管理目标、重要性，首要的解说主题和规划的限制条件
步骤 2：现状	要素 4：分析公园资源和现状游客使用状况
步骤 3：制订方案	要素 5：描述游客体验和资源状况的潜在的机会序列
	要素 6：制定管理分区
	要素 7：选取每个分区的指标和标准，制定监测计划。指标分为资源指标和社会指标；标准是可接受的极端条件，而非管理目标和管理活动
步骤 4：实施监测与管理行动	要素 8&9：对资源和社会指标进行监测，采取管理措施。监测是包含着实地监测、评估和调整的反馈过程，监测应伴随着管理行动同时开展

3.4.3　游客体验与资源保护应用

VERP 技术最早被应用于美国拱门国家公园（Arches National Park），基于目标资源和社会情况，公园被分为从建设区到原始区共 9 个分区，并通过两个阶段的研究确定了指标与指标对应的管理标准。在这之后，VERP 被应用于许多国家公园系统的区域管理以及确定关键场所的合适标准，例如阿卡迪亚国家公园（Acadia National Park）建立了车道的使用游客数量与游客行为指标、黄石国家公园（Yellowstone National Park）建立了雪上汽车使用的指标等[3]。

近年来，我国国内学者在风景名胜区尝试运用 VERP 框架进行游憩管理。林明水、宋文姝等通过对 VERP 理论的分析探讨其应用于环境容量规划中的机会与劣势[4,5]。杨子江采用 VERP 框架深入探

1　NPS.The Visitor Experience and Resource Protection（VERP）Framework，A Handbook for Planners and Managers [2020-01-26]. http://obpa-nc.org/DOI-AdminRecord/0048953-0049060.pdf.

2　Hof，M. Visitor Experience and Resource Protection Framework in the National Park System：Rationale，Current Status，and Future [C] // Rocky Mountain Research Station；City. 1997：29.

3　Manning，R. Visitor experience and resource protection：A framework for managing the carrying capacity of National Parks[J]. Journal of Park & Recreation Administration，2001（19）.

4　林明水，谢红彬 . VERP 对我国风景名胜区旅游环境容量研究的启示 [J]. 人文地理，2007：64-67.

5　宋文姝 . VERP 框架与旅游地环境容量的规划管理 [J]. 绿色科技，2011：27-29.

讨了我国国家公园的规划理论与方法[1]。黄岩基于VERP理论对梅里雪山雨崩景区进行了分区管理的研究[2]。

3.5 游憩活动的生态影响管理

在旅游业迅猛发展的今天，人类的游憩活动正以前所未有的速度向自然扩展，其无序性和盲目性对自然资源价值及游客体验已构成极大的威胁，特别是游憩使用可能会破坏原本极具优异特色的自然荒野地区的生态系统，使其无法保持原有生态景观，甚至导致生态性灾变。研究人类游憩活动对于生态环境的冲击过程和结果，以及生态环境对于人类游憩冲击的反应，是游憩生态环境可持续发展的前提。

3.5.1 生态管理

"生态管理的目标是要确保生态的可持续性。"（Franklin，1994），确保其产出的多样性，"它通过对生态系统的监测来研究生态进程和人类需求之间的关系，并通过政策、法规等措施进行调控，是使供给和需求相互适应的一种管理手段"[3]。目前，生态管理多用于各类自然荒野地和生态保护区，它关注的具体议题有：

（1）什么样的改变是重要的？

（2）在哪里会发生此种改变？

（3）什么时候会发生这种改变？

（4）是什么引起这种改变？

（5）可以采取什么手段监测？

（6）可以采取什么措施控制这种变化？

生态管理对区域内最敏感的且被认为是需重要的生态要素进行鉴别和监测，观测和分析其属性由于各种使用带来的改变，通过对生态动向的研究来影响经营管理目标。在生态管理中，生态学是基础。

1. 生态管理的前提

（1）必须以长期的可持续发展为基本价值观。

---

1 杨子江，林雷，王雅金．美国国家公园总体管理规划的解读与启示[J]．规划师，2015（31）：135-138.

2 黄岩．基于VERP理论的梅里雪山国家公园雨崩景区分区管理研究[D]．昆明：云南大学，2017.

3 CHRISTENSEN N L，BARTUSKA A M，BROWN J H，et al. The Report of the Ecological Society of America Committee on the Scientific Basis for Ecosystem Management[J]. Ecological Applications，1996，6（3）：665-691.

（2）必须有明确的、可实施的目标。

（3）必须具备健全的生态模型和认知。

（4）必须具备对生态系统的复杂性和内在联系的认知。

（5）必须具备对生态系统的动态特征的认知。

（6）必须具备对系统规模和其内在联系的认知。

（7）必须认识到人类是生态系统的组成部分。

（8）必须具备可适应性和可解释性。

2. 生态学是生态管理的基础

（1）生态系统

生态系统是特定空间范围内的所有生物和非生物的总和[1]。

确定生态系统空间单元的界线具有十分重要的意义。由于生态单元和单元之间的关系很难割裂，因而有观点认为生态管理的范围越大越好，以利用各方协调。生态单元划分和行政区域划分不同，它是超越行政界线的。一个生态区域的管理要能继承生态演变的脉络，因此它又是超越时代的和不局限于眼前利益的。

（2）生态系统的作用

一个多世纪以前，还很少有人关心生态系统的可持续性，尽管它们默默地年复一年、日复一日地为人类提供赖以生存的物质和空间。据统计，人类对于生态系统的空间、供给和各类游憩的需求在 21 世纪增加了五倍[2]。伴随激增需求产生的巨大破坏性终于使人类意识到我们的子孙后代有可能再也享受不到我们今天所享受的资源，“我们不能剥夺下一代享受我们今天所享受的一切资源的权力[3]，”生态可持续发展的核心是要“满足当今的需求，但不损害下一代的需求满足[4]”，即要保持其永续利用性。

健康的生态系统对人类的贡献是巨大的，作用是多样的。它不仅为人类提供可用金钱衡量的实物产品，而且提供不能用金钱衡量的各种“服务”。它的作用主要有：

①生态作用：水文变化和储存、生物生产力、生化、循环和储存、分解、维持生物多样性。

1 LIKENS G E. The ecosystem approach：its use and abuse[J]. Excellence in ecology，1992,3：VII–XXIV.

2 KARLIN E F. Population growth and the global environment：an ecological perspective[J]. Technology，Development and Global Environmental Issues. Harper Collins College Publishers，1995：19–37.

3 CHRISTENSEN N L，BARTUSKA A M，BROWN J H. The report of the Ecological Society of America committee on the scientific basis for ecosystem management[J]. Ecological applications，1996,6（3）：665–691.

4 AVERILL R D，LARSON L，SAVELAND J，et al. Disturbance processes and ecosystem management[J]. Washington，DC：US Department of Agriculture，Forest Service，1994.19.

②生态系统提供的实物：食物、建筑材料、药材、为家畜和培植植物提供野生基因。

③生态系统提供的服务有：维持水文循环、调节气候、净化水和空气、维持大气的气体组成、为农作物和其他重要植物传授花粉、生产和保持土壤、储存和进行基本的养分循环、吸收和分解有害物质、提供美、灵感和研究。

（3）生态系统的作用特点

人类的生态研究和自然资源管理经验告诉我们，生态系统远比我们想象得复杂。人类远未认识生态系统的复杂特性，生态系统有其独特的运作特点。

①生态系统的功能取决于其结构形态、多样性和完整性。

生态结构中种群数量的变化与生态作用之间的关联对地球环境的影响最大。例如，一个湖泊由于过度捕捞、渔业管理、种群引入或其他原因，往往会引起处于食物链顶端的鱼类数量的大幅度变化，严重影响湖泊中的浮游生物、食草动物的数量，进而影响湖泊的初级生产力和养分循环率。

生物多样化对于地球生态系统的生产能力和可持续性则非常关键。有机体、生物结构以及相互作用把生态系统的实质要素转化为人类所需的各类实物和产品。生物多样性对生态系统意义重大，首先，它提供最基本的生态作用；其次，它提供系统抗干扰或从干扰中恢复的能力，这种能力大多是由于有机体之间复杂的链接关系。如，提供能力和养分的食物链。陆域生态系统中有很多个真菌种类能形成菌根，一个种类的消亡不致会影响菌根功能；最后，它提供对环境改变的长期性适应能力。种群越多，基因组合也就越多，这将有助于提高系统的灵敏度和抗性。随着外界条件的变化，系统内部种群有此消彼长的可能，原先不重要的种群会逐渐显得重要，甚至会在系统中起到重要的支柱作用。

生态结构的复杂性和多样性直接影响很多生态作用。自然森林结构复杂，包括各种不同大小、状况、种类的树木，有着不同遮蔽程度的横覆在地面的朽木、立着的死树、各种断木等。这种多样性为有不同遮蔽要求的有机体提供了居所，其中有些有机体在系统中起着关键的生态作用。例如，生活在森林庇荫处的地衣植物能把空气中的氮转化成为生物所需的形态。

②生态系统具有空间和时间上的动态性。

生态系统无论在时间上还是空间上都是动态的，我们现在所观察到的生态现象是生态系统长期演变的结果，任何生态平衡在生态进程中都是短暂的瞬间。自然界不断地通过自然干扰，如火灾、虫灾等来重组整个或部分生态系统，通过镶嵌作用才将我们看到的不同时代的自然景观组合在一起。

生态系统的变化是其正常的表现，这是目前生态科学逐渐达成的共识。任何一个生态系统的改变都受到其独特的历史、功能以及进化的限制，尤其受到生态演替进程的调节作用。相对于生态系统内部因素，这种作用对生态系统的作用更具有决定性[1]。人类不可能阻止也很难预测生态系统的干

1 CHRISTENSEN N L, AGEE J K, BRUSSARD P F. Interpreting the Yellowstone fires of 1988[J]. BioScience, 1989,39 (10) : 678-685.

扰，更不能强迫一个系统保持我们所需的平衡，生态学理论的观点已经从生态平衡和恒定转向不平衡和动态。

3.5.2 荒野保护地的生态威胁

1. 荒野地的属性

我国新开发的风景区大多属于风景荒野地，即以自然风景为主体，人为开发程度很低的自然区域，对于这样的风景荒野地，其属性可以概括为以下 9 个方面[1]，其中前 7 项和自然生态系统有关：

（1）空气：指下层大气物理、化学特性，包括能见度。

（2）水文系统：指水文系统的物理、化学和生物组成。

（3）岩石／地形：包括矿藏、岩石和地形特征。

（4）土壤：指土壤系统的物理、化学和生物组成。

（5）植物：指地球上植物和植物群落的组成、结构和功能，包括其群落演替。

（6）动物：指地球上动物及动物群落的组成、结构和功能，包括迁徙等进程。

（7）生态系统／景观：指各个生态系统的组成、结构和功能以及单个属性之间的相互作用，也包括更大空间范围内的系统特征，如景观特征。

（8）文化资源：包括史前或历史上人类活动的所有痕迹，也包括当前的地方文化。

（9）荒野体验：指荒野地给游憩者提供远离人世的孤寂的体验，参与各类粗犷的、不受太多人为限制的游憩活动，从而获得精神和教育的意义。

2. 荒野地属性的潜在威胁

由于人类文明向自然界的不断扩张，荒野型风景游憩地的属性正受到潜在的威胁。“荒野地应该为公共的游憩、风景、科学、教育、保护和历史所用”[2]。风景区有“供人游览、观赏、休息和进行科学文化活动”的功能[3]，这也通常被认为是风景荒野地的功能之一，但事实上人类的这些活动有可能给荒野地属性带来潜在威胁。

荒野地属性的最主要威胁来自游憩使用和管理、畜牧和管理、采矿、火灾和管理、外来物种的引入和侵入、水利工程、空气污染以及邻近土地的开发等方面[4]，这些方面的相互影响关系如图 3–7 所示。

---

1 COLE，DAVID N. The wilderness threats matrix：a framework for assessing impacts[R]. US Department of Agriculture，Forest Service，Intermountain Research Station，1994.

2 88th Congress of the United States. The Wilderness Act. 1964.

3 《风景名胜区管理暂行条例实施办法》，2006.

4 COLE，DAVID N. The wilderness threats matrix：a framework for assessing impacts[R]. US Department of Agriculture，Forest Service，Intermountain Research Station，1994.

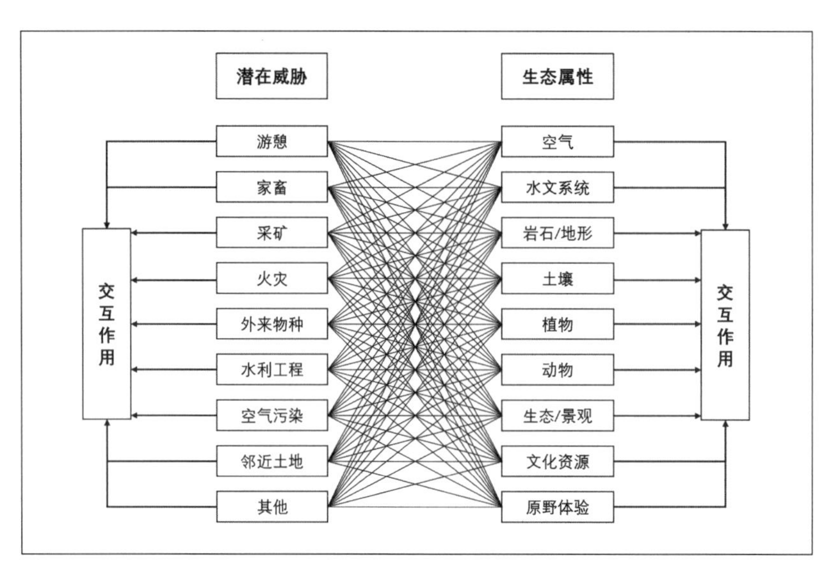

图 3-7　荒野地属性和潜在威胁因子之间的关系图

3. 荒野地属性冲击研究矩阵

根据以上关系表，可以提出由 9 种荒野属性和 8 种威胁因子形成的 72 对矩阵关系，反映各种威胁因子和自然属性之间的交互影响。

在矩阵关系中，各个因子引起的冲击是交互的，例如，游憩活动可以影响植物，而植物状况也可以反过来影响游憩活动。由单个威胁因子引起的冲击对各个属性的冲击力度不同，例如，游憩活动对空气的影响和对植物的影响不同。反之，不同威胁因子对同一属性的冲击也不一样，如游憩活动对植物的影响和火灾对植物的影响就不一样。

研究显示，游憩使用对于水文系统、动物以及荒野体验的威胁最大，对土壤、植物和人文资源的威胁次之，对生态系统／景观的影响甚小，对空气的影响为最小（表 3–2）。

各威胁因子对荒野地属性的冲击力度表　　表 3-2

	潜在威胁								
	游憩	家畜	采矿	火灾	外来物种	水利工程	空气污染	邻近土地	其他
空气	1	1	1	2	1	1	4	3	
水文系统	4	3	3	4	4	3	4	3	
岩石 / 地形	1	2	2	1	1	2	1	1	
土壤	3	3	2	5	2	2	4	2	
植物	3	3	2	5	4	3	4	2	
动物	4	2	2	4	3	2	2	4	
生态 / 景观	2	3	2	5	3	2	4	5	
人文资源	3	2	2	2	1	1	1	1	
荒野体验	4	3	2	3	2	2	2	3	

3.5.3　游憩活动对生态属性的影响

游憩活动主要通过以下途径对风景游憩地的生态属性产生冲击。

1. 游憩步道和设施的建设

游憩步道和设施建设为风景游憩地提供了游览通道及生活便利，但地面结构的改造有可能引起微气候变化和景观拓扑形态的改变，树木的砍伐和移植会引起裸露土的增加、水土的流失和湿度的降低。步道及设施场地的建设构筑了各种地面边界，引起物种空间分布和交互作用的变化。在边界附近，物种的多样化程度和密度显著增加，边界附近高度聚集的物种猎食、竞争和寄生，将会造成整个栖息地内部物种的减少。由于这种边界通常是突然形成的，而不是自然演变而成，因而会造成栖息地内部的生物能量传递阻断，这种冲击往往会对某些物种造成显著影响。

2. 植被及土壤的踩踏

游人及交通工具对步道及场地的踩踏，造成植物的损伤和移位，并压实了土壤矿物层，引起植物死亡、空间分布的改变等。

3. 游憩使用造成水污染

游憩使用造成水体污染，使得水体中的有机物大量增加，在设施基地尤其严重。较之使用频度较低的湖泊，使用频度很高的湖泊中有更多的发达根系植物、大型无脊椎动物、不溶性铁和较少的不溶性硝酸物；铁质促进动植物的生长，却加快耗尽了硝酸物，由于水体是流动的，对水文系统的污染后果要比前两者严重。

4. 游憩活动对动物的无意识骚扰

游人在无意识中侵占了动物的领地，并干扰了它们的日常生活，在水边构筑游憩设施会迫使使用水源的动物迁徙，登山攀岩会影响鸟类的筑巢。由于动物的分布是动态的，与游憩对水体的冲击后果一样，其对动物的冲击也具有较大的影响。

5. 外来物种的引入

外来物种的引入大多只是为了配合游憩活动的开展，如狩猎、捕鱼、观赏等，在引入前未做任何有效的生态冲击研究。事实上，外来物种的引入将会使物种产生杂交，改变物种基因成分和物种纯度。有些游憩活动本身，如狩猎将会严重地影响动物的行为、数量结构和种群的空间分布。我国的游憩地规划偏好丰富的活动内容，往往不加任何论证地引进观赏性动植物以满足游客的观赏心理，这一问题尤其需要注意。

6. 游憩放牧

在我国，虽然游憩放牧不多见，但在国外已有了深刻的教训。大量的游憩放牧将会减少植被覆盖率，而且由于放养动物觅食是人为优先选择的，因此会进一步地影响到其他物种的空间分布。

7. 野营烧烤

虽然有的营地提供烧烤燃料，但有的营地用树枝作燃料，这就引起植物的位移、植物分枝的减少以及植物的倒伏，对植物物种分布和生态景观都会产生影响。大量枯枝的搬移还会引起水土流失和栖息动物的离去。

3.5.4 游憩踩踏对植物的生态影响

在游憩生态冲击研究中，最困难的是人人都知道游憩使用会对生态环境带来冲击，但人们并不清楚这种冲击程度究竟有多大，会带来什么样的后果。国际著名的游憩生态冲击研究专家 Cole 博士的实验性研究方法对于我们有着重要启示。

Cole 一直对游憩踩踏对植被的覆盖率、高度和物种丰富度等的冲击程度进行观测试验。每种植物对游憩冲击的敏感度和抵抗能力都不相同，而且每种植物又有多种生态属性，每一个属性对于游憩冲击的反应也不相同。游憩通过各种方式对植物产生冲击，如：攀折、污染、烟火等，踩踏作为最直接的作用方式对植物产生显著冲击。

1. 实验方法

1993 年，Cole 在 Washington、Colorado、New Hampshire 和 North Carolina 四个区域选取了具有代表性的四种植被类型进行实验[1]。第一种类型是位于海拔 760m 高度的山地森林，郁闭度为 0.65，地表覆盖程度一般，建群种为中等大小的革叶卫矛属植物，物种丰富度较低；第二种类型是位于海拔 1 750m 高度的亚高山森林—草甸，其郁闭度约为 0.30 以上，地表覆盖浓密，优势种为缬草属植物，层层叠叠，物种相当丰富；第三种类型是亚高山灌木林，优势种为红色的松毛翠属植物，生长地势开阔，地表覆盖稠密，物种相对贫乏；第四种类型是高山草地，位于树木线以上，海拔高度大于 2 000m，主要为苔属植物，地表覆盖着高山莎草且十分浓密，物种多样化程度比较低。

Cole 把每一个实验基地划成数个 0.5m × 1.5m 的实验单元，其中一组保持自然状态，一组分别承受 20、75、200、500 和 700 人次的踩踏，每个踩踏人体重约为 70 公斤，穿统一的实验用鞋。观测踩踏前后以及一年以后的地表裸露率、植被覆盖率、主要植物的高度以及地块内的物种丰富度，

1 COLE, DAVID N. Trampling effects on mountain vegetation in Washington, Colorado, New Hampshire, and North Carolina[R]. US Department of Agriculture, Forest Service, Intermountain Research Station, 1993.

并和样本进行比较。

相对覆盖率 RC 是通过修正系数 cf 和样本取得对照：

$$RC=\frac{\text{踩踏后地块的覆盖数}}{\text{踩踏前地块的覆盖数}}\times cf\times 100\%$$

其中：

$$cf=\frac{\text{样本地块的初始覆盖数}}{\text{样本地块的存活覆盖数}}$$

2. 实验结果

表3–3为踩踏前后地块裸露土的面积变化情况。踩踏对于亚高山森林–草甸的缬草属植物冲击的立时效应最为显著，在25人踩踏后，其相对覆盖率就减少到50%以下，500人踩踏后几乎损失殆尽，裸露面积增大至95%，只剩下2%的相对覆盖率覆盖，但其恢复能力颇强，在一年后仍能使裸露面积降至15%；亚高山灌木林的松毛翠属植物也损失惨重，且其恢复能力很差；高山草地的苔属植物却表现出极好的抵抗性，在经受75人踩踏后，其覆盖率受影响程度轻微，在经500和700人踩踏后，仍能保持62%和43%的高覆盖率，且其恢复能力极佳，而山地森林的革叶卫矛属植物则几乎没有恢复能力。踩踏对于亚高山森林草甸的物种数量的冲击十分显著，仅25人的踩踏物种数便由18下降到了14，经500人踩踏后，主要的物种数量由20降至5。这些数量的下降可能引起某些物种的消亡，从而引起植被结构的变化。

这说明游憩活动不但会给生态景观带来影响，而且会进一步改变其生态结构的构成。

四个地区踩踏前、踩踏后及恢复1年后地块裸露面积的百分比　　表3-3

植物种类	踩踏人数					
革叶卫矛属（山地森林）	0	25	75	200	500	700
踩踏前	8	18	15	24	24	19
踩踏后	14	16	31	44	44	50
1年后	13	41	38	65	65	79
苔属（高山草地）						
踩踏前	2	–	1	1	1	2
踩踏后	10	–	16	23	36	51
1年后	5	–	5	10	8	10
松毛翠属（亚高山灌木林）						
踩踏前	+	1	+	+	+	–
踩踏后	2	20	17	48	94	–
1年后	2	9	23	54	84	–
缬草属（亚高山森林草甸）						
踩踏前	+	2	5	2	1	–
踩踏后	+	19	51	79	95	–
1年后	5	13	16	23	15	–

注：+表示数值小于0.5%。–表示没有该项实验。

3．实验意义

Cole 的实验意义在于：即使是最轻微的游憩踩踏也会对植物造成冲击，这种冲击可能会立即显现出来，也有可能逐渐暴露出来，不同植物种类对于相同冲击的承受能力各不相同，有的冲击造成的影响是永久性的。Cole 在此实验中只是针对游憩中最普通的踩踏行为对植物的冲击，他还对不同的游憩踩踏重量和鞋子类型对植物的冲击做了大量的研究[1]。由此看来，单是踩踏的冲击影响已是极其复杂，可以想象人类的游憩活动对整个生态系统将会带来的后果更是一个复杂的系统研究工程，需要长期地对游憩冲击予以观测和研究，才能了解冲击的程度，才有可能确定相应的保护对策，真正维护生态的可持续性。Cole 的研究为我们提供的游憩冲击实证研究方法，是我们目前研究所缺乏的，也正是我们的游憩生态规划无法进一步深入的根本原因。

3.5.5　游憩活动的生态影响管理

1．游憩生态容量管理

一个地区生态容量的限阀是多少，是经营管理者关心的焦点。游憩生态容量旨在研究游憩环境中各种游憩使用对于自然生态环境中的植物、动物、土壤、水文、大气等生态要素的冲击，以及各要素对冲击的承载极限。

生态属性的改变程度是游憩生态容量研究的重点。鉴于生态系统本身是一个极其复杂的自适应系统，因而对于因游憩活动而引起的生态冲击目前采用生态管理中的模型／监测方法来确定。这种冲击程度的反馈对于经营管理者有着重大的技术上的指导意义，只有知晓了改变的程度，才有可能对“可接受”进行评估，才有可能对经营管理目标做出动态的适应性调整。使人类对自然的游憩利用和保护更具一致性，真正地达到可持续的目标。

2．生态管理：生态容量的动态控制

鉴于生态系统本身是一个极其复杂的自适应系统，游憩活动对生态系统所造成的冲击的复杂程度远超出人类的想象，因而目前国际上对游憩生态冲击程度大多采用生态管理的方法来监测。生态管理最重要的特点是：

（1）是不断变化的而不是静态平衡的；

（2）是不断改进的而不是最优的；

（3）是非线性的而不是线性的；

（4）是整合性的而不是支离破碎的。

1　COLE，DAVID N. Recreational trampling experiments：Effects of trampler weight and shoe type[R]. U.S. Department of Agriculture，Forest Service，Intermountain Research Station，1995.

下篇　实践应用篇

第4章

中国国家公园与保护地管理与规划体系

4.1 中国的自然保护事业发展历程

4.1.1 发展阶段及概况

中国是世界自然资源和生物多样性最丰富的国家之一，中国生物多样性保护对世界生物多样性保护具有十分重要的意义。中国自然保护事业伴随中华人民共和国成立而逐步发展起来，历经 60 余年探索，其建设与管理大体分为 3 个阶段。

初建阶段（1956—1977 年）。以 1956 年建立第一个现代意义的自然保护区——广东鼎湖山自然保护区为标志，开始探索中国自然保护区建设。经过 20 多年发展，仅仅建设了 34 处自然保护区，总面积为 126.5 万 hm^2，占国土面积 0.13%，各项规章制度也较为欠缺[1]。这一时期，自然保护区只有单一自然保护功能[2]。

快速发展阶段（1978—2012 年）。改革开放后，自然保护区面积和数量快速增长，至 2011 年，各类自然保护区数量从 34 处增加到 2640 处，年均增加 79 处，自然保护区总面积也从 126.5 万 hm^2 增加到 14971 万 hm^2，位居世界第二（仅次于美国）[3]。1987 年我国出台自然保护工作第一部宏观指导性文件《中国自然保护纲要》[4]，为规范建立和管理自然保护区体系提供法律依据；1993 年，中国成为最早批准加入《生物多样性公约》国家之一[5]，并制定《中国生物多样性保护行动计划》，使大量保护生态环境的活动有章可循；1994 年 12 月 1 日，《中华人民共和国自然保护区条例》正式实施，标志着中国自然保护管理走向法制化；2011 年《国务院关于加强环境保护重点工作的意见》提出，国家编制环境功能区划，在重要生态功能区、陆地和海洋生态环境敏感区、脆弱区等区域划定生态红线，制定相应环境标准和环境政策。这一时期，自然保护地的游憩功能逐渐兴起，先是出现风景名胜区（1982 年）、森林公园（1982 年）、世界遗产（1987 年）等类型的保护地，其后又相继出现地质公园（2001）[6]、水利风景区（2001 年）[7]、湿地公园（2005 年）[8]、 海洋特别保护区（2005

1 王昌海．改革开放 40 年中国自然保护区建设与管理：成就、挑战与展望[J]. 中国农村经济，2018（10）：93-106.

2 彭杨靖，樊简，邢韶华，崔国发．中国大陆自然保护地概况及分类体系构想[J]. 生物多样性，2018，26（03）：315-325.

3 中华人民共和国环境保护部． 2011 中国环境状况公报[EB/OL].（2012-05-25）[2020-12-24]. http://www.mee.gov.cn/hjzl/sthjzk/zghjzkgb/201605/P020160526563389164206.pdf.

4 万里．造福人类的一项战略任务——写在《中国自然保护纲要》出版的时候[J]. 环境研究，1987（03）：1-2.

5 中华人民共和国生态环境部． 中国履行《生物多样性公约》十年进展[R/OL].（2003-05-16）[2020-12-15]. http://www.mee.gov.cn/ywgz/zrstbh/swdyxbh/200607/t20060725_91255.shtml.

6 国家林业和草原局，国家公园管理局． 地质公园知多少[EB/OL].（2018-06-08）[2020-12-15]. http://www.forestry.gov.cn/main/5462/20180608/150950084125544.html.

7 中华人民共和国水利部． 关于公布首批国家水利风景区的通知：水综合[2001]400 号[EB/OL].（2001-09-27）[2020-12-15]. http://search.mwr.gov.cn/jrobot/search.do?webid=1&od=1&q= 关于公布首批国家水利风景区的通知．

8 国家林业局．国家林业局关于做好湿地公园发展建设工作的通知（林护发〔2005〕118 号）[Z]. 北京：国家林业局，2005.

年）[1]、水产种质资源保护区（2007 年）[2]、国家公园（2007 年）[3]、沙漠公园（2013 年）[4] 7 种类型自然保护地，保护地功能呈现多样化[5]。

稳定发展、调整和深化改革阶段（2012 年至今）。党的十八大以来，根据中国生物多样性保护与区域经济发展的现状，中国自然保护区建设与管理进入高质量发展时期，不再追求自然保护区数量和面积的快速增加，而是在统筹各类自然保护区的基础上关注其管理质量的提升和规模的发展，特别是注重以人为本以及人与自然的和谐发展[6]。自然保护事业正进入一个全面调整和深化改革阶段[7]，以及人与自然和谐的综合保护阶段[8]。总体来说，控制保护区规模、提升保护区质量和优化保护区结构[9]，摒弃同一地理单元建立不同类型自然保护地的割裂性保护方式，实现整体性和系统性保护[10]，已基本成为政府管理机构以及学术界的共识。

经过 60 多年的努力，中国自然保护事业从无到有、从小到大、从单一到综合，已形成了布局较为合理、类型较为齐全的包括自然保护区、风景名胜区、森林公园、地质公园、湿地公园等 10 多种类型的自然保护地体系，建立了完善的保护管理与执法体系[11]。截至 2019 年底，中国已建立不同级别和类型的自然保护地（2019 年起，自然保护区统计改为自然保护地）1.18 万个，总面积 22 万 km^2，占国土陆域面积的 18%、领海面积的 4.1%[12]，无论是数量还是面积均位居世界前列[13]，为保护我国生物多样性、自然景观及自然遗迹，维护国家和区域生态安全，保障经济社会可持续发展发挥着重要的作用。各类自然保护地发展历程如图 4-1 所示。

---

1 中国红树林保育联盟 CMCN．浙江乐清西门岛海洋特别保护区[EB/OL].[2020-12-15]．http://www.china-mangrove.org/point/30.

2 中华人民共和国农业部．国家级水产种质资源保护区名单（第一批）（中华人民共和国农业部公告第 947 号）[EB/OL].(2007-12-12) [2020-12-15]. http://www.gov.cn/gzdt/2007-12/17/content_836537.htm.

3 国家林业和草原局，国家公园管理局．普达措国家公园[EB/OL]．(2014-08-29) [2020-12-15]．http://www.forestry.gov.cn/main/4297/content-700787.html.

4 国家林业和草原局，国家公园管理局．国家林业局关于做好国家沙漠公园建设试点工作的通知（林沙发〔2013〕145 号）[EB/OL]．(2013-09-06) [2020-12-15]．http://www.forestry.gov.cn/main/72/content-627509.html.

5 彭杨靖，樊简，邢韶华，崔国发．中国大陆自然保护地概况及分类体系构想[J]．生物多样性，2018，26（03）：315-325.

6 王昌海．改革开放 40 年中国自然保护区建设与管理：成就、挑战与展望[J]．中国农村经济，2018（10）：93-106.

7 侯鹏，刘玉平，饶胜，等．国家公园：中国自然保护地发展的传承和创新[J]．环境生态学，2019，1（07）:1-7.

8 魏钰，雷光春．从生物群落到生态系统综合保护：国家公园生态系统完整性保护的理论演变[J]．自然资源学报，2019，34（9）：1820-1832.

9 唐小平，贾建生，王志臣，等．全国第四次大熊猫调查方案设计及主要结果分析[J]．林业资源管理，2015，(1):11-16.

10 同 7.

11 环境保护部自然生态保护司．全国自然保护区名录 2014[M]．北京：中国环境出版社，2015.

12 中华人民共和国生态环境部．2019 年中国生态环境状况公报[EB/OL].北京：中华人民共和国生态环境部（2020-05-18）[2020-12-15]．http://www.mee.gov.cn/hjzl/sthjzk/zghjzkgb/202006/P020200602509464172096.pdf.

13 黄宝荣，马永欢，黄凯，等．推动以国家公园为主体的自然保护地体系改革的思考[J]．中国科学院院刊，2018，33（12）:1342-1351.

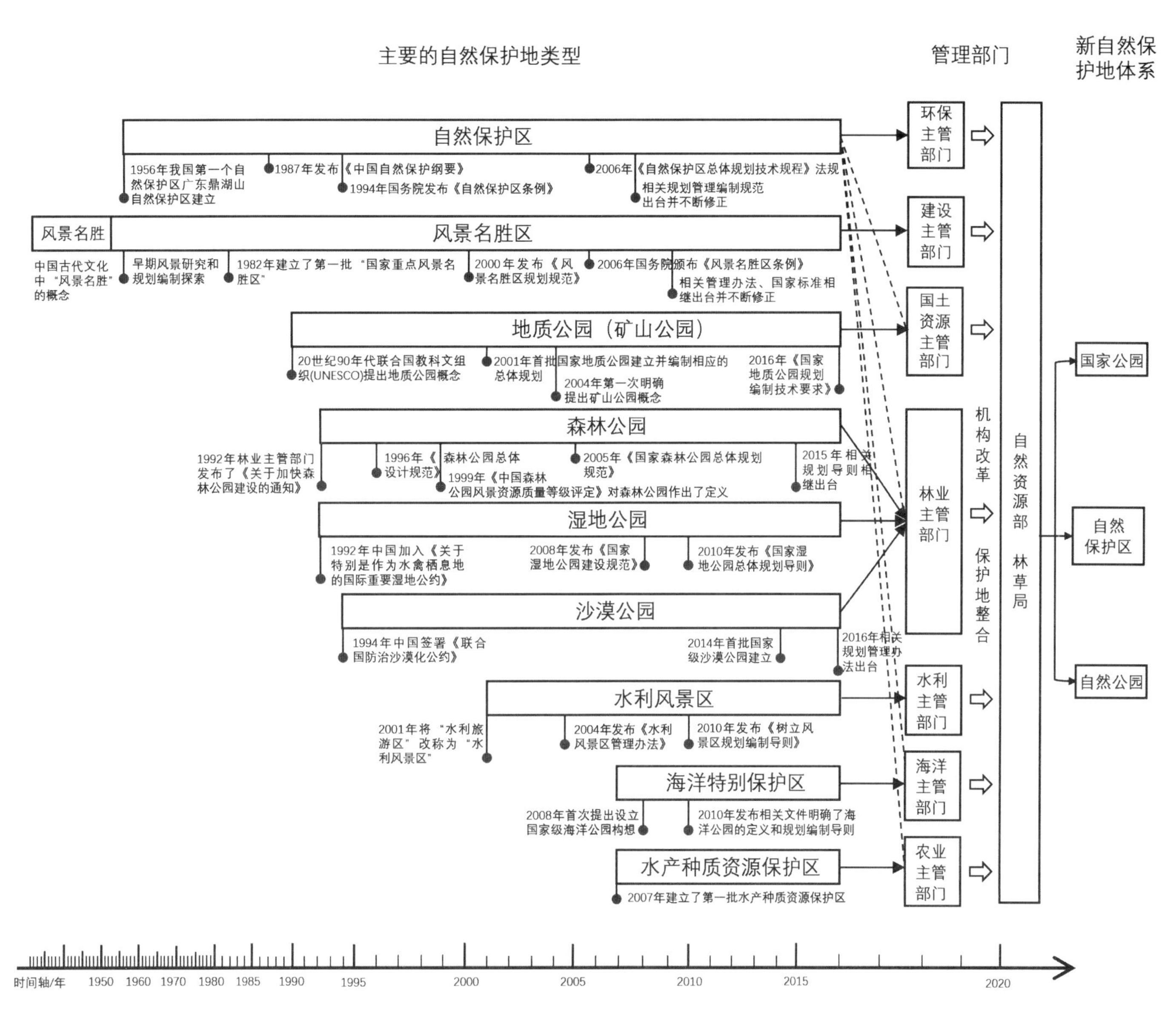

图 4-1　中国各类保护地发展历程[1]
来源：宋峰，周一慧，蒋丹凝，等 . 中国自然保护地规划的回顾与对比研究 [J]. 中国园林，2020，36（11）：6-13.

4.1.2　管理体制与体系

按照最新自然保护地分类，国家公园类保护地管理试点正在过程中，自然保护区原管理体制和现归属于自然公园类的各类保护地原管理体制概况如下。

1　宋峰，周一慧，蒋丹凝，石春晖，陈昱阳． 中国自然保护地规划的回顾与对比研究 [J]． 中国园林，2020，36（11）：6–13．

1. 自然保护区

中国自然保护区原管理体制实行综合管理和分部门管理相结合。国家林业部门负责全国自然保护区综合管理，国土、环保、农业、水利和海洋等部门分别管理不同数量和面积的自然保护区。2015 年时，各部门管理下的自然保护区总数达 2750 个，总保护面积 15 000 万 hm^2。[1]

自然保护区管理机构是开展资源保护、科学研究以及日常管理常设机构。随着中国自然保护区事业发展，管理机构建设日益受到重视。根据 2015 年统计数据，全国 2750 个自然保护区中，已有 1880 个保护区建立了管理机构，占 68.4%。一些尚未建立机构的保护区，也配备了管理人员，启动了日常基本管理工作。2015 年，我国自然保护区有管理人员 44840 名，平均每个保护区为 16.3 人。在管理人员中，专业技术人员为 12 747 人，占 28.4%，所占比重比过去也有了较大提高[2]。

2. 风景名胜区

我国风景名胜区自设立以来，根据国务院颁布的《风景名胜区管理暂行条例》（2006 年更新为《风景名胜区条例》[3]）原则规定和实际管理需要，已形成国家级、省级两个层次相结合的风景名胜区等级管理体系。风景名胜区的设立实行分级审定公布制度，国家级、省级风景名胜区的设立审批权，分属于国务院、省（自治区、直辖市）人民政府；相应地，各级风景名胜区总体规划审批权限，也分别由国务院和省（自治区、直辖市）人民政府承担；各级风景名胜区具体行政管理和经营管理工作的组织和实施，由其所在地区地方人民政府负责，具体管理工作实际上以属地管理为主。我国风景名胜区保护地原归口管理部门是建设部，由各级地方政府所辖的风景名胜区统一归建设部作为行业性协调管理。从制度设计和管理实施情况看，我国现行风景名胜区管理体制属于条块结合，以块为主。

我国现有 244 个国家级风景名胜区，绝大多数都设立了统一管理机构。各地国家级风景名胜区管理机构设置情况大致可归纳为 4 种类型：①政府型机构，指根据风景名胜区地域范围及按照行政区划，成立以风景名胜区及部分周边过渡地带为行政辖区的地方政府（一般为县级），负责风景名胜区内一切行政事务的管理，即风景名胜区管理机构就是一级政府；②准政府机构（或称政府职能部门型），一般隶属上级政府或由上级政府委托当地政府代管，大多属事业单位，由政府赋予其一定的行政管理职能，以强化其综合管理和统一管理的职能；③协调议事机构（或称政府派出机构型），由风景名胜区所属地方政府主要领导牵头、各有关职能部门为成员组成风景名胜区管理委员会，委员会办公室设在某个主要职能部门；④企业管理型，这类体制是政企合一的体制，

---

1 生态环境部南京环境科学研究所．全国自然保护区按部门分级统计 [DB/OL]．(2015-06-05) [2020-12-15]．http://www.zrbhq.com.cn/index.php?m=content&c=index&a=show&catid=82&id=383.

2 生态环境部南京环境科学研究所自然保护区网络．全国自然保护区管理机构与人员部门统计表 [DB/OL]．(2015-06-05) [2020-12-15]．http://www.zrbhq.com.cn/index.php?m=content&c=index&a=show&catid=82&id=385.

3 中华人民共和国生态环境部．风景名胜区条例（修订）[Z/OL]．(2016-02-06) [2020-12-15]．http://www.mee.gov.cn/ywgz/fgbz/xzfg/201907/t20190701_708222.shtml.

风景名胜区管理机构既有管理职能又有经济职能，但在具体的管理形式上，以企业的名义出现，政企不分，垄断经营[1]。

3. 地质公园

我国国家地质公园在自然资源部统一管理下，实行多部门协调管理。管理体制基本分为两种形式：①在地质公园内部设立管理机构，如管理委员会或管理局（处）；②与景区其他管理机构并存，实行“两张牌子、一套人马”的过渡管理阶段[2]。

自然资源部负责评估和检查，但没有人事权和财务权。由于我国很多地质公园是在风景名胜区和自然保护区内建立起来的，其本身又是风景名胜区和自然保护区，因此在实际管理过程中，地质公园大多以风景名胜区或自然保护区体制或模式进行管理。在有些地方，地质公园归国土资源部门管理，在另一些地方归旅游部门管理；有些地质公园原本是森林公园，归林业部门管理，还有些地方单设专门的地质公园管理机构，总之，目前各地地质公园的管理五花八门、多种多样[3]。

4. 世界遗产

根据《风景名胜区管理条例》和《中华人民共和国自然保护区条例》的相关规定，我国遗产地（包括：地质公园、风景名胜区、森林公园、自然保护区等）管理模式可以归纳为：①综合管理与分部门管理相结合，即与遗产地性质相应的国务院行政主管部门负责对遗产地进行综合管理，与之相关的其他行政主管部门在各自的职责范围内主管遗产地的相关工作；②根据遗产地的级别，接受相应地方政府的领导[4]。

5. 森林公园

我国森林公园是在国家林业分类经营思想指导下，随着林业经营方针转变、天然林保护实施、限制或停止木材采伐、林场面临生存压力等条件下产生和发展起来的。根据《森林公园管理办法》，森林公园经营管理机构负责森林公园的规划、建设、经营和管理，既是国有资源管理者又是其使用者[5]。在我国目前的森林公园发展和管理过程中，建设单位承担风景名胜建设工作和管理，文化

---

1 何明．关于风景名胜区管理体制的思考[J]．旅游纵览（下半月），2014（01）：68–70．

2 李晓琴．基于利益相关者理论的国家地质公园管理体制研究[J]．国土资源科技管理，2013，30（01）：97–101．

3 方建华． 地质公园管理、建设现状、存在的问题及对策[C]． 中国地质学会旅游地学与地质公园研究分会、湖南省国土资源厅、张家界市人民政府．中国地质学会旅游地学与地质公园研究分会第 25 届年会暨张家界世界地质公园建设与旅游发展战略研讨会论文集．2010：57–59．

4 何勋．地质公园管理模式探析——以云台山世界地质公园为例[J]．国土资源科技管理，2011，28（05）：102–108．

5 国家林业和草原局 国家公园管理局． 森林公园管理办法[DB/OL][2017–03–15]． http://www.forestry.gov.cn/main/3951/content–204768.html．

部门对森林公园中的文物或者文化景点承担管理工作，而最终的森林公园整体运行管理工作是由林业部承担。

6. 水利风景区

为了科学开发、合理规划、有效保护水利资源，2001 年 7 月水利部在综合事业局设立办公室，成立水利风景区评审委员会。水利旅游区按其景观的功能、环境质量、功能大小、文化和科学文化价值等因素，划分为三级，即国家级、省级和县级水利风景区。截至 2018 年，全国已建成 2000 多个水利风景区，其中国家水利风景区 878 处[1]。水利部设立水利风景区建设与管理领导小组，承担景区标准建设、项目审批、协调、指导和监督等职能，水利风景区管理机构在水行政主管部门和流域管理机构统一领导下，负责水利风景区建设、管理和保护工作。此外，湿地公园由国家林业与草原局负责管理，城市湿地公园由住房和城乡建设部负责管理。

相较于其他国家级风景区，水利风景区管理体制更为复杂，目前仍然存在水管单位和地方政府所属部门在相关资源归属权上划分不清、同一水域管理权重叠、水资源管理被并存流域水行政管理机构和水行政管理机构分割、流域机构缺少较为独立的自主管理权，以及景区在接受水利部门自上而下垂直管理的同时，还接受省（市区县）政府分级领导等问题。造成“多头管理”现象，各自为政，独自开发，缺少协调，缺乏统一而权威的水利风景区管理机构。除了以水利部门为主体外，旅游、财政、建设、环保、林业、国土资源、农业、渔业等部门均代表国家行使各部门所有权与管理权，虽然规定成立了景区管理机构为管理主体，但其权属关系和具体职责比较模糊，行政执法缺乏权威，甚至形同虚设，当面临利益冲突时，难以协调和管理，多以行政性质水利管理机构为主，所有权、管理权和经营权不分[2]。

我国各类保护地原管理体制存在共同的突出问题，如：保护地类型重叠、多头管理、“三权”混淆、缺乏监督机制等。

4.1.3 法制建设

为了提高保护区管理水平，必须使管理工作法制化，这是近年来中国自然保护区建设的重要特点。改革开放后，国家有关部门先后发布了一系列法规和规范，国务院原环委会发布《自然保护纲要》；继颁布实施了《环境保护法》和九部资源法之后，于 1994 年 12 月颁布实施了《中华人民共和国自然保护区条例》，以及《中国自然保护区发展规划纲要》、《自然保护区总体规划技术规程》等，确定了自然保护区的法定地位，并对其规划、建设和管理做出了明确规定。国务院于 2017 年 10 月

1 中华人民共和国水利部．关于政协十三届全国委员会第二次会议第 0801 号（农业水利类 073 号）提案的答复 [EB/OL] [2019-07-22]. http://www.mwr.gov.cn/zwgk/zfxxgkml/201910/t20191029_1366379.html.

2 余凤龙．水利风景区管理体制现状与改革的初步思考 [N]. 中国旅游报，2012-12-03（007）.

修改了《中华人民共和国自然保护区条例》。该《条例》包括保护区建设和管理两个方面，较好地解决了中国自然保护区建设和管理存在的许多实际问题，如管理体制、管理机构、经费问题、监督检查和保护区建立、申报和审批程序等。近年来，法律法规和标准体系不断完善。《国家级自然保护区修筑设施审批管理暂行办法》和《自然保护区工程项目建设标准》于 2018 年开始实行，推进各地制定自然保护区“一区一法”[1]。

多年来，我国风景名胜区管理和保护工作的主要法律依据是《风景名胜区管理暂行条例》以及 2006 年重新修订的《风景名胜区条例》。该条例属于国务院颁布的行政法规，并未达到全国人大颁布的法律权威高度，对规划管理决策和执行的支持力度和监督力度都较弱。目前制定的风景名胜区法规、规章，大多只对风景名胜区管理、监察等工作做了粗线条、原则性的规定，缺乏相应实施细则，给实际管理工作带来诸多困难。风景名胜区综合执法不力、执法主体不明确、职责交叉、多头执法问题严重[2]。

早在 1995 年，原地质矿产部颁布实施《地质遗迹保护管理规定》，现在作为国土资源行政主管部门执行地质遗迹保护管理的法规依据，对地质遗迹概念，地质遗迹保护的内容、保护级别的划分，地质遗迹保护区建设和管理等做出较为详细的规定。由于《地质遗迹保护管理规定》颁布实施较早，对地质公园管理涉及的法规条款没有做出规定，导致地质公园管理无法可依的现状，造成地质公园管理混乱，地质公园在申报、规划、建设、管理、地质遗迹保护等诸多方面人为随意性很大[3]。目前，仅有部分法律，如《中华人民共和国宪法》《中华人民共和国自然保护区条例》《地质矿产部关于建立地质自然保护区的规定（试行）》《地质遗迹保护管理规定》《中华人民共和国环境保护法》《中华人民共和国矿产资源法》等，规定了如何开发和保护地质遗迹，但对于如何管理地质公园没有规定[4]。

2004 年 5 月 8 日我国正式颁布实施《水利风景区管理办法》，同年 8 月 1 日出台了行业规范《水利风景区评价标准》；2013 年印发《关于进一步做好水利风景区工作的若干意见》，2017 年出台《全国水利风景区建设发展规划（2017—2026 年）》[5]。

我国在海洋保护立法方面工作相对滞后，已颁布的海洋保护区规范多为地方性法规，而陆续加入的国际公约尚未有相应国内立法予以支持。2010 年国家海洋局修订《海洋特别保护区管理办法》，

1　中华人民共和国住房和城乡建设部、中华人民共和国国家发展和改革委员会．住房城乡建设部、国家发改委关于批准发布《自然保护区工程项目建设标准》《湿地保护工程项目建设标准》的通知（建标〔2018〕68 号）[EB/OL].（2018-07-24）[2020-12-15]. http://www.mohurd.gov.cn/wjfb/202005/t20200514_245431.html.

2　中国风景名胜区协会秘书处课题组．风景名胜区管理体制当如何理顺 [N]. 中国建设报，2015-09-02（008）.

3　方建华．地质公园管理、建设现状、存在的问题及对策 [C]．中国地质学会旅游地学与地质公园研究分会、湖南省国土资源厅、张家界市人民政府．中国地质学会旅游地学与地质公园研究分会第 25 届年会暨张家界世界地质公园建设与旅游发展战略研讨会论文集．2010:57-59.

4　何勋．地质公园管理模式探析——以云台山世界地质公园为例 [J]. 国土资源科技管理，2011，28（05）:102-108.

5　中华人民共和国水利部．关于政协十三届全国委员会第二次会议第 0801 号（农业水利类 073 号）提案的答复 [EB/OL].（2019-07-22）[2020-12-15]. http://www.mwr.gov.cn/zwgk/zfxxgkml/201910/t20191029_1366379.html.

将海洋公园纳入到海洋特别保护区体系，同时为建立国家级海洋公园制定《国家级海洋公园评审标准》。国家海洋公园相关主要法律包括《海域使用管理法》《海洋环境保护法》以及《海岛保护法》。但《海域使用管理法》未提及海洋保护区和具体规定海洋保护区用海管理，而是明确海域使用管理目的、国家实行海洋功能区划制度、海域使用必须符合海洋功能区划等；《海洋环境保护法》细化了海洋环境监督管理、生态保护和防止污染等具体要求，规定建立海洋自然保护区的要求和条件；《海岛保护法》为海岛保护、开发利用及相关管理活动提供法律规范。国家海洋局于 2015 年制定《国家级海洋保护区监督检查办法（试行）》，适用于国家级海洋特别保护区规范化管理和建设水平监督检查。国家海洋公园相关主要规范性文件包括《管理办法》的配套文件《国家级海洋特别保护区评审委员会工作规则》《国家级海洋公园评审标准》和《国家级海洋保护区规范化建设与管理指南》。我国已形成了在宪法指导下和以《管理办法》为主的海洋特别保护区法律体系，虽然海洋特别保护区建立和管理已具有一定的法律基础，但从整体而言，对海洋保护区的一般规定更倾向于对自然海洋保护区的法律保护[1]。

我国提出建立以国家公园为主体的自然保护地体制时间并不长，正处于试行阶段，相关政策和立法尚未即时跟进。

4.1.4 规划体系

原各类保护地规划结构体系见表 4-1。

各类保护地规划结构体系对比[2] **表 4-1**

类型	结构层级	规划目标	编制规范	法规体系
自然保护区	发展规划	全国 / 省 / 市范围内有价值的生态系统和物种的宏观战略性保护管理	国家编制大纲	《中华人民共和国草原法》等法律；《中华人民共和国自然保护区条例》行政法规
	总体规划 专项规划	地方保护管理的纲领性文件	编制大纲、技术规范、国家标准和部门规章	
	实施方案 工作计划	具体保护管理建设	地方编制	
	项目可行性研究	评估各类建设项目的可行性	建设项目可行性研究大纲	

1 蒋小翼．关于建立国家海洋公园的法律建议 [J]．中国软科学，2019（04）：11–19．

2 宋峰，周一慧，蒋丹凝，石春晖，陈昱阳．中国自然保护地规划的回顾与对比研究 [J]．中国园林，2020，36（11）：6–13．

续表

类型	结构层级	规划目标	编制规范	法规体系
风景名胜区	省域体系规划	协调风景名胜区与其他类型保护区域	省级地方管理规范	《中华人民共和国环境保护法》等法律；《风景名胜区条例》行政法规
	总体规划 专项规划	明确保护地性质、范围、保护、建设和管理的法定纲领性文件	国家标准、编制大纲、规划审批办法等	
	控制性 / 修建性详细规划	重点地段的具体建设行为引导与控制	国家标准	
	分区 / 景区规划	大型而复杂的风景区进行分区规划	地方编制	
地质公园、森林公园	总体规划 专项规划	保护管理、建设经营的纲领性文件	编制工作指南、部门规章	《中华人民共和国矿产资源法》《中华人民和共和国森林法》等法律
	详细规划 / 景区规划	地方根据具体管理需求编制	未有统一标准	
湿地公园	各级湿地保护规划	面向不同尺度层级的整体性规划	湿地保护管理规定	《中华人民共和国环境保护法》等法律
	发展规划	宏观发展战略指导	部门管理文件	
	总体规划 专项规划	公园建设和发展的指导依据	总体规划导则	
沙漠公园、海洋公园	发展规划	国家 / 区域层面的宏观调控或发展引导	国家编制	《中华人民共和国防沙治沙法》《中华人民共和国海洋环境保护法》等法律
	总体规划 专项规划	公园建设和发展的指导依据	总体规划编制技术导则	
水利风景区	总体规划	指导水利风景区的保护、建设与发展	规划编制导则、国家标准、部门规章	《中华人民共和国环境保护法》等法律
	详细规划	总体规划的落实和具体建设引导		
水产种质资源保护区	总体规划	引导资源管控利用、发展与建设的纲要性文件	部门管理办法、编制指南	《中华人民共和国渔业法》等法律
	实施计划	落实区内管理工作	未有统一标准	

总体而言：

（1）在规划价值观层面上，风景名胜区强调人与自然融合、自然与文化有机共生的思想，反映了中国保护地具有国家代表性的核心价值观，其他各类保护地规划实践体现了不同部门管理目标和价值取向。

（2）在规划编制技术层面，自然保护区和风景名胜区这两类保护地规划体系的层级结构相对系统和完善，保障了规划工作、规划程序全过程的权威性、严肃性和有效性。地质公园、森林公园、湿地和沙漠公园等单一资源的保护地规划目前缺乏完整的规划理论与方法，尚未建立系统的规划体系；风景名胜区规划为其他类型保护地的规划提供了范本。

（3）在规划实施保障层面上，风景名胜区和自然保护区都确定了规划的法定地位，具有相对完善的法规政策、技术标准和管理体系，是保障规划编制科学性、规范性、权威性以及规划实施有效性的必要支撑。

4.2 保护地管理体制与体系改革

4.2.1 定义与分类体系

根据2019年6月中共中央办公厅国务院办公厅印发的《关于建立以国家公园为主体的自然保护地体系的指导意见》[1]（简称《指导意见》）：

“自然保护地是由各级政府依法划定或确认，对重要的自然生态系统、自然遗迹、自然景观及其所承载的自然资源、生态功能和文化价值实施长期保护的陆域或海域”[2]。

《指导意见》要求，对现有的自然保护区、风景名胜区、地质公园、森林公园、海洋公园、湿地公园、冰川公园、草原公园、沙漠公园、草原风景区、水产种质资源保护区、野生植物原生境保护区（点）、自然保护小区、野生动物重要栖息地等各类自然保护地开展综合评价，按照保护区域的自然属性、生态价值和管理目标进行梳理调整和归类，逐步形成以国家公园为主体、自然保护区为基础、各类自然公园为补充的自然保护地分类系统。按照自然生态系统原真性、整体性、系统性及其内在规律，依据管理目标与效能，并借鉴国际经验，自然保护地按生态价值和保护强度高低依次分为以下3类。

（1）国家公园：是指以保护具有国家代表性的自然生态系统为主要目的，实现自然资源科学保护和合理利用的特定陆域或海域，是我国自然生态系统中最重要、自然景观最独特、自然遗产最精华、生物多样性最富集的部分，保护范围大，生态过程完整，具有全球价值、国家象征，国民认

1 中华人民共和国中央人民政府．中共中央办公厅 国务院办公厅印发《关于建立以国家公园为主体的自然保护地体系的指导意见》[EB/OL] [2019-06-26]. http://www.gov.cn/zhengce/2019-06/26/content_5403497.htm.

2 中华人民共和国中央人民政府．中共中央办公厅、国务院办公厅印发《关于建立以国家公园为主体的自然保护地体系的指导意见》[EB/OL].（2019-06-26）[2020-12-15]. http://www.gov.cn/zhengce/2019-06/26/content_5403497.htm.

同度高。

我国目前已开展三江源、大熊猫、东北虎豹、祁连山、海南热带雨林等 10 处国家公园体制试点。

（2）自然保护区：是指保护典型的自然生态系统、珍稀濒危野生动植物种的天然集中分布区、有特殊意义的自然遗迹的区域。具有较大面积，确保主要保护对象安全，维持和恢复珍稀濒危野生动植物种群数量及赖以生存的栖息环境。自然保护区是自然保护地体系的基础。

截至 2017 年底，我国目前有 2750 处自然保护区，总面积达到 147.17 万 km^2，约占 15% 陆域国土面积。其中，国家级自然保护区 474 个[1]，面积 97.45 万 km^2；省级 855 个，面积 3694.63 万 hm^2；市级 416 个，面积 499.54 万 hm^2；县级 1016 个，面积 777.40 万 hm^2。并有吉林的长白山、广东鼎湖山、四川卧龙和九寨沟、福建武夷山、贵州梵净山和茂兰、浙江天目山、内蒙古锡林郭勒、新疆博格达峰、湖北神农架、江苏盐城、云南西双版纳、黑龙江丰林和安徽黄山等 34 个自然保护区加入了国际"人与生物圈"保护地网络[2]；黑龙江扎龙、吉林向海、江西鄱阳湖、湖南东洞庭湖、海南东寨港、青海湖鸟岛等 64 个自然保护区被列入《国际重要湿地名录》[3]。至 2018 年，自然保护区范围内分布着 3500 万 hm^2 天然林，约 2000 万 hm^2 天然湿地。目前中国 90.5% 的陆地生态系统种类、85% 的国家重点保护动物、85% 的国家重点保护植物[4] 和 65% 的高等植物群落[5]，以及重要自然遗迹绝大多数都在自然保护区得到较好保护。即，我国自然保护区覆盖了中国最具自然生态景观特质的广大自然地域。中国自然保护区类别与类型概况如表 4-2 所示。

2015 年，我国自然保护区主要分布在广东（384 个）、黑龙江（251 个）、江西（200 个）、内蒙古（182 个）、四川（168 个）、云南（159 个）、湖南（128 个），仅这 7 省区的自然保护区总数就占全国总数 50% 以上。面积上，占国土面积比例超过全国平均水平的有西藏（33.7%）、青海（30%）、甘肃（21.5%）、四川（17%）；接近全国平均水平（14.8%）的有黑龙江（15.9%）、吉林（13.5）、辽宁（13.2%）和新疆（11.8%）4 个省区[6]。

---

1 中华人民共和国生态环境部．2018 年中国生态环境状况公报 [EB/OL].（2018-05-22）[2020-12-15]. http://www.mee.gov.cn/hjzl/sthjzk/zghjzkgb/201805/P020180531534645032372.pdf.

2 UNESCO. Biosphere reserves in Asia and the Pacific[EB/OL].[2020-12-15]. https://en.unesco.org/biosphere/aspac.

3 国家林业和草原局 国家公园管理局．国家林业和草原局(2020 年第 15 号)(指定国际重要湿地)[EB/OL].(2020-09-04)[2020-12-15]. http://www.forestry.gov.cn/main/5461/20200908/143648738921446.html.

4 李弘扬．我国各类自然保护地已达 1.18 万处 [N/OL]. 中国日报，2019-01-10 [2020-12-15]. http://cn.chinadaily.com.cn/a/201901/10/WS5c37127ea31010568bdc2be3.html.

5 佚名．我国已建自然保护地 1.18 万处 [J]. 城市规划通讯，2019（21）：14.

6 中华人民共和国环境保护部．2015 年中国环境状况公报 [EB/OL].（2016-05-20）[2020-12-15]. http://www.mee.gov.cn/hjzl/sthjzk/zghjzkgb/201606/P020160602333160471955.pdf.

中国自然保护区的类别与类型概况表（2015 年） 表 4-2

类别	类型	数量（个）	面积（万 hm^2）
自然生态系统类	森林	1423	3172
	草原与草甸	41	165
	荒漠	31	4005
	内陆湿地及水域	378	3082
	海洋和海岸	68	72
野生生物类	野生动物	525	3873
	野生植物	156	179
自然遗迹类	地质遗迹	85	99
	古生物遗迹	33	55
合计	—	2740	14703

来源：中华人民共和国环境保护部．2015 年中国环境状况公报[EB/OL].（2016-05-20）[2020-12-15]. http://www.mee.gov.cn/hjzl/sthjzk/zghjzkgb/201606/P020160602333160471955.pdf.

（3）自然公园：是指保护重要的自然生态系统、自然遗迹和自然景观，具有生态、观赏、文化和科学价值，可持续利用的区域。确保森林、海洋、湿地、水域、冰川、草原、生物等珍贵自然资源，以及所承载的景观、地质地貌和文化多样性得到有效保护。包括森林公园、地质公园、海洋公园、湿地公园等各类自然公园。

截至 2019 年底，我国共有 1.18 万处保护地，3766 处国家级保护地，其中：国家级自然保护区 474 个，国家湿地公园 899 处，国家级海洋特级保护区（海洋公园）111 处，国家沙漠（石漠）公园 120 个，国家级森林公园（897）处[1]，国家级风景名胜区 244 处，国家考古遗址公园 36 处（2018 年）[2]，国家级地质公园 212 处（2018 年）、国家矿山公园 34 处（2018 年）[3]，国家水利风景区 878（2018 年）处[4]，世界生物圈保护区 34 个[5]，共有 55 个项目列入《世界遗产名录》，数量列世界第一。其中，世界文化遗产 37 处（含世界文化景观遗产 5 处），世界自然遗产 14 处，世界文化和自然遗产 4 处。

从 2013 年首次明确提出“建立国家公园体制”，到 2019 年 6 月印发《指导意见》以及 2020

1 全国绿化委员会办公室．2019 年中国国土绿化状况公报[EB/OL].（2020-03-11）[2020-12-15]. http://www.mnr.gov.cn/sj/qtsj/202003/t20200311_2501199.html.

2 国家文物局．我国已评定公布 36 处国家考古遗址公园[EB/OL].（2018-10-12）[2020-12-15]. http://www.ncha.gov.cn/art/2018/10/12/art_723_152095.html.

3 国家林业和草原局规划财务司．2018 年全国林业和草原发展统计公报[EB/OL].（2018-10-12）[2020-12-15]. http://www.forestry.gov.cn/html/main/main_195/20190614150443122346063/file/20190614154955926393514.pdf.

4 中华人民共和国水利部．关于政协十三届全国委员会第二次会议第 0801 号（农业水利类 073 号）提案的答复[EB/OL].（2019-07-22）[2020-12-15]. http://www.mwr.gov.cn/zwgk/zfxxgkml/201910/t20191029_1366379.html.

5 UNESCO. Biosphere reserves in Asia and the Pacific[EB/OL].[2020-12-15]. https://en.unesco.org/biosphere/aspac.

年3月国家林业和草原局发布《关于做好自然保护区范围及功能分区优化调整前期有关工作的函（71号函）》，中国自然保护地体系建设刚完成顶层设计并转向实际操作，明确具体目标、时间表和路线图。在从旧体制向新体制转型过程中，作为基础的原各类保护地规划管理体制，在今后一段时期仍将发挥重要作用和影响。

4.2.2 保护地管理体制改革

和其他国家以国家公园开启自然保护的历史不同，中国的保护地是在部门主导的抢救式保护中发展起来的[1]。尽管问题日益凸显，但在理论储备不足、经济空前发展的特殊时代背景下，这一体制曾极大地调动部门积极性以缓解生态环境受到的冲击[2]。长期在此激励政策下，分部门、分要素的保护管理体制已经成为一种固化模式。虽早在21 世纪初，有学者明确指出在“抢救式保护、先划后建”原则下按类型、等级和部门建立的保护区管理体制存在多头管理、功能混淆、机构定位不明确等问题[3]，亟须对世界和国家遗产进行统一领导、统一规划、统一保护和统一管理，从而对其实施真实、完整的保护[4]。但完整性保护理念尚未成为社会的主流意识，而自然保护地的类型（湿地公园、海洋公园、沙漠公园等）和数量却在21世纪以来继续扩充，割裂管理的问题非但没有缓解，反而更加严重。直至生态文明制度建设的提出，引导分散的部门管理走向统一监管、统筹协调才被提上提高国家治理能力的日程，生态系统完整性保护在国家公园这一生态文明重要抓手的载体上才有了其实现的制度基础[5]。

2013年11月在《中共中央关于全面深化改革若干重大问题的决定》文件中第一次提到“建立国家公园体制”，旨在对中国自然保护地进行梳理，建立完整的主导功能体系。2015年5月18日，国家发改委等13个部门联合下发《建立国家公园体制试点方案》[6]，确定了9个国家公园体制试点省（市）。我国开始思考和实践如何整合优化自然保护地，解决其主导功能模糊、交叉重叠和管理混乱等问题[7]。随着国家生态文明制度逐步完善，为了推进自然资源科学保护和合理利用、促进人与

1 魏钰，雷光春．从生物群落到生态系统综合保护：国家公园生态系统完整性保护的理论演变[J]．自然资源学报，2019，34（9）：1820–1832.

2 蒋明康，王燕．我国自然保护区保护成效评价与分析[J]．世界环境，2016，(s1)：70–73.

3 欧阳志云，王效科，苗鸿，等．我国自然保护区管理体制所面临的问题与对策探讨[J]．科技导报，2002，20（201）：49–52.

4 陈明松．浅论世界和国家文化与自然遗产地的保护问题．见：中国科协2002年学术年会第22分会场论文集．2002：79–82.

5 同1.

6 中华人民共和国中央人民政府．国务院批转发展改革委关于2015年深化经济体制改革重点工作意见的通知（国发〔2015〕26号）[EB/OL] [2015–05–18]．http://www.gov.cn/zhengce/content/2015-05/18/content_9779.htm.

7 国家林业和草原局 国家公园管理局．国家林业局关于做好国家沙漠公园建设试点工作的通知(林沙发〔2013〕145号)[EB/OL]．(2013–09–06) [2020–12–15]．http://www.forestry.gov.cn/main/72/content-627509.html.

自然和谐共生，2017 年 9 月国家发布了《建立国家公园体制总体方案》[1]，明确要求使“交叉重叠、多头管理的碎片化问题得到有效解决，国家重要自然生态系统原真性、完整性得到有效保护，形成自然生态系统保护的新体制和新模式……人与自然和谐共生”；10 月党的十九大报告召开，提出建立以国家公园为主体的自然保护地体系。2019 年 6 月中共中央办公厅国务院办公厅印发[2]《指导意见》，明确将逐步形成以国家公园为主体、自然保护区为基础、各类自然公园为补充的自然保护地分类系统。《指导意见》对保护地管理体制提出指导要求：

“建立统一规范高效的管理体制 统一管理自然保护地。理顺现有各类自然保护地管理职能……提出自然保护地设立、晋（降）级、调整和退出规则，制定自然保护地政策、制度和标准规范，实行全过程统一管理。建立统一调查监测体系……各地区各部门不得自行设立新的自然保护地类型……分级行使自然保护地管理职责。结合自然资源资产管理体制改革，构建自然保护地分级管理体制。按照生态系统重要程度，将国家公园等自然保护地分为中央直接管理、中央地方共同管理和地方管理 3 类，实行分级设立、分级管理。中央直接管理和中央地方共同管理的自然保护地由国家批准设立；地方管理的自然保护地由省级政府批准设立，管理主体由省级政府确定，探索公益治理、社区治理、共同治理等保护方式。”

目前，国家层面的保护管理机构改革和调整已经完成，中国所有保护地均由自然资源部下属的国家林业和草原局和国家公园管理局实行统一管理（图 4–2）。

4.2.3 保护地体系优化整合[3~5]

1. 整合优化思路

保护地整合优化是一项综合而复杂、系统而庞大的工作，对标《指导意见》要求，从整合优化对象、目标任务等方面，系统梳理现有自然保护地及其以外的保护空缺区，按照全覆盖要务，全部纳入整合范畴。在不减少保护面积、不降低保护强度、不改变保护性质的前提下，解决自然保护地交叉重叠的问题；打破按行政区划设置、按资源分类造成的条块割裂局面；做到一个保护地、一套机构、一块牌子；满足自然保护地全部纳入生态红线的需求，为我国自然保护地整合优化方案提供指导和依据，实现山水林田湖草生命共同体系统性、原真性、完整性保护。

1 中华人民共和国中央人民政府．中共中央办公厅、国务院办公厅印发《建立国家公园体制总体方案》[EB/OL].（2017–09–26）[2020–12–15]. http://www.gov.cn/zhengce/2017–09/26/content_5227713.htm.

2 中华人民共和国中央人民政府．中共中央办公厅 国务院办公厅印发《关于建立以国家公园为主体的自然保护地体系的指导意见》[EB/OL] [2019–06–26]. http://www.gov.cn/zhengce/2019–06/26/content_5403497.htm.

3 高吉喜，刘晓曼，周大庆，等．中国自然保护地整合优化关键问题 [J]. 生物多样性，2021（29）：290–294.

4 赵智聪，彭琳，杨锐．国家公园体制建设背景下中国自然保护地体系的重构 [J]. 中国园林，2016（32）：11–18.

5 唐芳林，吕雪蕾，蔡芳，等．自然保护地整合优化方案思考 [J]. 风景园林，2020（27）：8–13.

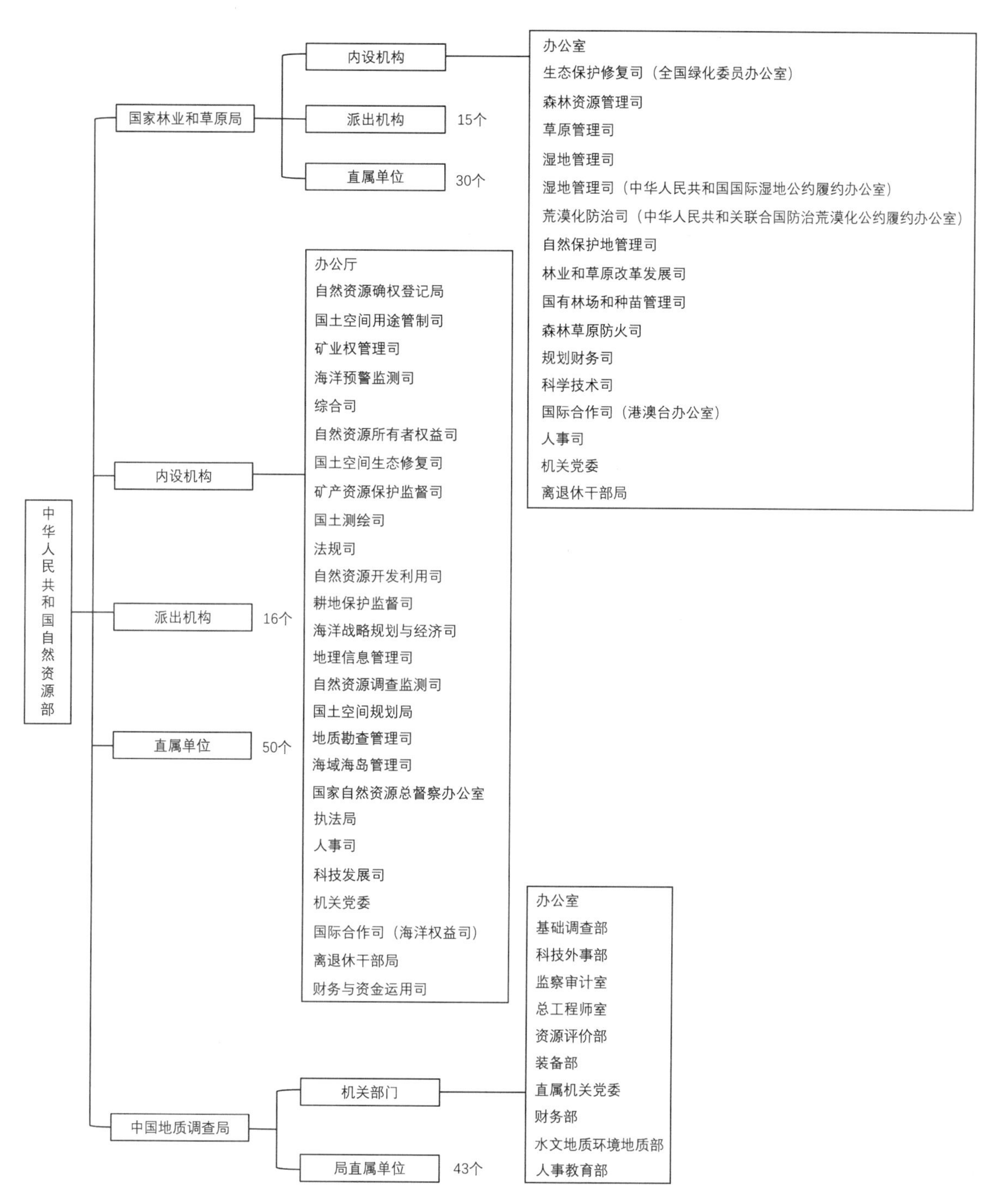

图 4-2　组织结构图

来源：根据中华人民共和国自然资源部 . [EB/OL].[2020-12-15]. http://www.mnr.gov.cn/jg/#scy_jgsz. 国家林业和草原局 国家公园管理局 . [EB/OL].[2020-12-15]. http://www.forestry.gov.cn/main/6006/index.html. 中国地质调查局 . [EB/OL].[2020-12-15]. https://www.cgs.gov.cn/gywm/jggk/zzjg/ 整理绘制 .

2. 整合优化原则

自然保护地整合优化坚持 3 个原则。

（1）坚持保护第一的原则。坚持保护第一，牢固树立尊重自然、顺应自然、保护自然的生态文明理念。

（2）坚持全面覆盖原则。全面覆盖我国现有的自然保护地和保护空缺区，做到“应保尽保”。

（3）坚持科学、先进与实用相结合原则。路径构成明确清晰，针对性、可操作性强，技术先进、科学有效。

3. 整合优化路径

在理清本底资源与准确把握自然保护地定位的前提下，进行自然资源和保护现状研究、自然保护地结构优化、归并整合。

（1）自然资源和保护现状研究

重新评估现有保护地的保护对象和保护现状。现有保护地，如国家地质公园、国家森林公园等的保护对象、资源品质和利用强度各有不同，且相较目标体系更为细分。国家地质公园保护对象主要为地质遗产价值，森林公园保护对象主要为生态系统与生物多样性价值。

梳理和研究区域内现有自然保护地，按照区域自然保护地名录梳理、档案资料收集整理、交叉重叠自然保护地梳理和统计、保护地核心区梳理和统计、保护管理现状和社会经济现状调研、存在问题收集分析等操作步骤进行，同时将现有自然保护地范围及功能分区矢量化，彻底摸清区域自然保护现状，为自然保护地整合优化打下坚实基础。

（2）自然保护地结构优化

对资源价值进行评估，分析现有体系的保护空缺，优化结构。资源价值评估是自然保护地整合优化的依据，自然保护地的建设以资源及其所承载的价值保护为主要目的。通过资源评价，梳理出区域内生态功能重要、生态系统脆弱、自然资源价值较高，但对未列入现有自然保护地的保护空缺，适时有效纳入自然保护地体系并归类，做到应保尽保。

（3）归并整理

归并整理包括重新整合交叉重叠的自然保护地，归并优化相邻的自然保护地，补充保护地空缺，转化新旧自然保护地体系和优化自然保护地范围及功能区。这一步骤旨在详细资源现状调查的基础上对保护地边界与分区进行优化。

4. 整合优化关键问题[1]

（1）充分认识风景名胜区的特殊地位

风景名胜区是最具中国特色的保护地。它由国务院设立和命名，在现有的自然保护地中，与自

1 李晓肃，邓武功，李泽，等．自然保护地整合优化——思路、应对与探讨[J]．中国园林，2020，(36)：25-28．

然保护区处于同等地位，高于其他自然保护地。在近 40 年的发展中，风景名胜区是现有自然保护地中制度最完善、管理最成熟的一类保护地；尤其是规划管理制度十分完善，对风景名胜区的管理工作做到了很好的统筹协调。“自然与文化交融”是风景名胜区区别于其他自然保护地的最突出的资源特征[1]，独具中国文化特色，这使其成为大自然和先祖馈赠给子孙后代的自然文化遗产。中国风景名胜区内有风景、旅游、居民三大系统，是涉及自然科学、人文社会、技术工程三大领域的地域综合体[2]，相应的使之具有保护利用的综合功能，表现出不同于其他自然保护地的复杂性，它是自然保护地中承担文化传承，以及审美启智、旅游休闲、区域促进等服务人民功能的最重要的空间载体。

但在整合优化中被自然保护的单向思维所束缚，时常能听到“风景名胜区是保护强度最弱的一类保护地，要被整合掉”的偏颇之词。保护地整合优化应从中国特色自然保护地体系事业发展的高度，深刻认识风景名胜区悠久的历史、独特的资源和综合的功能，准确把握风景名胜区在体系中所承担的文化传承与服务人民的重任，以自然文化综合保护思想破除思维束缚。只有破除思维束缚，才能认识到风景名胜区的自然文化遗产价值，才能对风景名胜区的特殊地位给予充分尊重，从而保留风景名胜区名称与体系，维持风景名胜区范围与资源的完整性，才能避免泰山国家级风景名胜区（世界自然文化双遗产）、崂山国家级风景名胜区（道教第二丛林）被整合为省级自然保护区的窘境，才能避免在单向生态思维下将风景名胜区的自然和文化资源硬性切割，才能有利于建设中国特色的自然保护地体系。

（2）处理好自然保护地与 3 条控制线的关系

《关于在国土空间规划中统筹划定落实三条控制线的指导意见》要求城镇开发边界、永久基本农田、生态保护红线 3 条控制线做到不交叉、不重叠、不冲突，自然保护地应纳入生态保护红线。目前在自然保护地内存在成片的永久基本农田和城镇建成区，这类问题处理方式相对清晰，原则上调出自然保护地范围。自然保护地内还存在一些零散的永久基本农田和城镇建设用地，处理这类问题应以维护资源价值完整性为原则，零散的永久基本农田和城镇建设用地应尽量退出，极少数经评估确实不能退出的，应酌情调出自然保护地范围。还有少量深入城市建成区的自然保护地，若已作为城市公园管理并计入城市绿地指标，则宜纳入城镇开发边界，若不计入城市绿地指标，则可从城镇开发边界调出。

自然保护地与生态保护红线的关系则比较复杂。生态保护红线是针对重点生态功能区、生态环境敏感区和脆弱区等区域划定的生态安全管控边界，其指向是针对生态空间的底线管控。自然保护地是一个地域空间综合体，其指向的是生态空间的综合管理。二者的管理方式是有区别的，但目前还没有出台生态保护红线的管理方式。整合优化中应优先保证自然保护地划定的科学性与完整性，再考虑如何与生态保护红线做好衔接。今后应逐步出台生态保护红线管理政策和措施：①生态红线

1　邓武功，贾建中，束晨阳，等．从历史中走来的风景名胜区——自然保护地体系构建下的风景名胜区定位研究 [J]．中国园林，2019，(35)：9-15.

2　张国强，贾建中，邓武功．中国风景名胜区的发展特征 [J]．中国园林，2012，(28)：78-82.

应分级管理；②自然保护地原则上应划定生态红线，其中核心保护区应全部划入生态红线；③风景名胜区及人为活动密集的区域，不宜划入生态保护红线等，从而明确自然保护地与生态保护红线的关系，完善管理细则，逐步实现不交叉、不重叠、不冲突的目标。

4.3 管理与规划前沿

《指导意见》将自然保护地体系的发展规划为三个阶段：近期到 2020 年，提出国家公园及各类自然保护地总体布局和发展规划，完成国家公园体制试点，设立一批国家公园，完成自然保护地勘界立标并与生态保护红线衔接，制定自然保护地内建设项目负面清单，构建统一的自然保护地分类分级管理体制；中期到 2025 年，健全国家公园体制，完成自然保护地整合归并优化，完善自然保护地体系的法律法规、管理和监督制度，提升自然生态空间承载力，初步建成以国家公园为主体的自然保护地体系；远期到 2035 年，显著提高自然保护地管理效能和生态产品供给能力，自然保护地规模和管理达到世界先进水平，全面建成中国特色自然保护地体系。自然保护地占陆域国土面积 18% 以上。为实现上述目标，主要采取以下管理措施：

（1）加强党的领导。地方各级党委和政府要增强"四个意识"，严格落实生态环境保护党政同责、一岗双责，担负起相关自然保护地建设管理的主体责任，建立统筹推进自然保护地体制改革的工作机制，将自然保护地发展和建设管理纳入地方经济社会发展规划。各相关部门要履行好自然保护职责，加强统筹协调，推动工作落实。重大问题及时报告党中央、国务院。

（2）完善法律法规体系。加快推进自然保护地相关法律法规和制度建设，加大法律法规立改废释工作力度。修改完善自然保护区条例，突出以国家公园保护为主要内容，推动制定出台自然保护地法，研究提出各类自然公园的相关管理规定。在自然保护地相关法律、行政法规制定或修订前，自然保护地改革措施需要突破现行法律、行政法规规定的，要按程序报批，取得授权后施行。

（3）建立以财政投入为主的多元化资金保障制度。统筹包括中央基建投资在内的各级财政资金，保障国家公园等各类自然保护地保护、运行和管理。国家公园体制试点结束后，结合试点情况完善国家公园等自然保护地经费保障模式；鼓励金融和社会资本出资设立自然保护地基金，对自然保护地建设管理项目提供融资支持。健全生态保护补偿制度，将自然保护地内的林木按规定纳入公益林管理，对集体和个人所有的商品林，地方可依法自主优先赎买；按自然保护地规模和管护成效加大财政转移支付力度，加大对生态移民的补偿扶持投入。建立完善野生动物肇事损害赔偿制度和野生动物伤害保险制度。

（4）加强管理机构和队伍建设。自然保护地管理机构会同有关部门承担生态保护、自然资源资产管理、特许经营、社会参与和科研宣教等职责，当地政府承担自然保护地内经济发展、社会管理、公共服务、防灾减灾、市场监管等职责。按照优化协同高效的原则，制定自然保护地机构设置、职责配置、人员编制管理办法，探索自然保护地群的管理模式。适当放宽艰苦地区自然保护地专业技术职务评聘条件，建设高素质专业化队伍和科技人才团队。引进自然保护地建设和发展急需的管理和技术人才。通过互联网等现代化、高科技教学手段，积极开展岗位业务培训，实行自然保护地管理机构工作人员继续教育全覆盖。

（5）加强科技支撑和国际交流。设立重大科研课题，对自然保护地关键领域和技术问题进行系统研究。建立健全自然保护地科研平台和基地，促进成熟科技成果转化落地。加强自然保护地标准化技术支撑工作。自然保护地资源可持续经营管理、生态旅游、生态康养等活动可研究建立认证机制。充分借鉴国际先进技术和体制机制建设经验，积极参与全球自然生态系统保护，承担并履行好与发展中大国相适应的国际责任，为全球提供自然保护的中国方案[1]。

《指导意见》显示出中国与全球自然保护的大趋势一致，对自然保护地管理新理念、新战略的探索体现在 4 个方面[2]：

（1）突破了传统生物群落保护的要素式思维，致力于大尺度生态过程和生态系统保护[3]，从生态特征、生态系统健康和自组织能力等视角系统实施生态系统完整性保护。

（2）与全球保护思潮发展一致，已经突破了纯自然科学的范畴，将保护地事业作为社会生态系统的一种全新治理方式，是一项系统性、深层次的、依托社会经济发展水平和宏观体制的公益事业体制变革。

（3）在经历了长期部门化割裂管理，在保护地管理体制改革与建设过程中，开始由分散走向统一，要求将山水林田湖草作为生命共同体，对相关自然保护地进行功能重组[4]，是着眼于国家生态安全的大局和自然保护地体系的战略布局。

（4）要求国家公园和周边保护地形成“连通性保护”，对其实施综合规划[5]。从纯自然的保护逐渐向人与自然和谐共生的综合保护转变，有效平衡行政区域之间以及人与自然之间的关系，实现完整系统的长效保护。

当前正处于新探索攻坚克难时期，面向管理前沿，理论研究和试点探索都面临着挑战：

（1）理论体系层面对被定位为中国自然保护地体系主体的国家公园，如何在中国作为人口大国的现实背景下，综合考虑不同地区人与自然差异化的耦合关系，进行综合管理，实现人与自然和谐的终极管理目标？如何整体的以更包容、更灵活的视角看待人与自然的关系？目前仍缺乏足够的理论支撑。

1　中华人民共和国中央人民政府．中共中央办公厅、国务院办公厅印发《关于建立以国家公园为主体的自然保护地体系的指导意见》[EB/OL].（2019-06-26）[2020-12-15]. http://www.gov.cn/zhengce/2019-06/26/content_5403497.htm.

2　魏钰，雷光春．从生物群落到生态系统综合保护：国家公园生态系统完整性保护的理论演变 [J]. 自然资源学报，2019，34（9）：1820-1832.

3　杨锐．生态保护第一、国家代表性、全民公益性：中国国家公园体制建设的三大理念 [J]．生物多样性，2017，25（10）：1040-1041.

4　彭福伟．国家公园体制改革的进展与展望．中国机构改革与管理 [J]，2018：46-50.

5　朱春全．国家公园体制建设的目标与任务．生物多样性 [J]，2017，25（10）：1047-1049.

（2）试点探索实践中缺少易于量化、便于管理的评估技术准则；行政边界限制保护地空间边界的扩展与整合管理；整合过程过于强调国家公园的作用，未能有效构建以国家公园为核心的完整保护地网络。

第5章

美国国家公园与保护地管理与规划体系

美国国家公园与保护地体系是全世界发展成形最早的保护地体系之一，对世界保护地运动发展有着深远影响。自 1825 美国第一个州立保护地设立至今，已走过 150 余年发展历程。作为现代意义的保护地起源，美国国家公园闻名遐迩，因此，常有一种误解认为美国保护地统一于国家公园系统。实际上，美国国家公园与保护地体系远不止一个国家公园系统，其名称之多，系统之复杂比中国有过之而无不及。但其在系统化程度、运作和管理效率等方面，都有许多值得其他国家借鉴之处。

据 2020 年 IUCN（WCPA）统计，美国共有 36283 个保护地。包括本土 36084 个，次要外岛（Minor Outlying Islands）13 个，美属萨摩亚岛（Samoa）14 个，关岛（guam）10 个，北马里亚纳群岛（Northern Mariana Islands）27 个，波多黎各（Puerto Rico）95 个和美属维尔京群岛（Virgin Islands）40 个。就面积而言，美国陆地保护地占地约 111.89 万 km^2，相当于全美陆地面积的 11.79%；海洋保护地面积则约为陆地保护地的 3 倍，约 321.09 万 km^2，占全美海域面积的 37.37%[1]。

5.1 管理体系层级

美国国家公园与保护地体系庞大而复杂。美国国家公园与保护地由从联邦、州到部落、地区的不同层面管理机构管辖，保护水平也有很大不同。有些保护地由不同层面的政府机构共同管理，如马奎屯神父国家纪念碑（Father Marquette National Memorial）就是一个州立公园系统管理的联邦公园[2]；凯尔－海文游径（Kal-Haven Trail Sesquicentennial State Park）是郡政府管理的州立公园[3]。美国国家公园与保护地管理机构按管理级别分为联邦、州、地方和私人四大层面：

联邦层面的保护地由不同机构管理，绝大多数属内政部管辖范围。国家公园由国家公园管理局管理，通常被认为是保护地最璀璨的明珠；其他保护地由森林署、土地管理局、鱼和野生生物署管理。此外，据称美国联邦所有土地上 30%的游憩机会由美国工程部队提供，主要通过他们管理湖泊及水系。美国荒野地和国家公园总面积达 54000km^2，占全球 IUCN 第 I 类、第 II 类保护地面积的 12%，然而，美国保护地命名多样，导致某些类别名称在多个机构系统中出现。例如，国家公园管理局和国家森林署都管理者"国家预留地"和"国家游憩区"；国家公园管理局和土地管理局都管理着"国家纪念地"；荒野地则被指定在不同机构管理的其他保护地内，有些荒野地在空间上由多个机构划分管理。

在州层面，美国每个州都有州立公园系统。州立公园范围从城市公园到与国家公园大小相当的大型公园。一些州立公园，如阿德隆达客公园（Adirondack Park）和英国国家公园相似，在其边界集聚着许多村庄；一半公园用地，大约 12000km^2，归州所有，而且作为"永久荒野地"保留。阿拉

---

1 UNEP-WCMC. Protected Area Profile for United States of America from the World Database of Protected Areas, December 2020[R/OL].2020. https://www.protectedplanet.net/country/USA.

2 维基百科．Father Marquette National Memorial[EB/OL].（2020-2-15）[2020-12-21]. https://en.wikipedia.org/wiki/Father_Marquette_National_Memorial.

3 维基百科．Kal-Haven Trail[EB/OL].（2020-12-1）[2020-12-21]. https://en.wikipedia.org/wiki/Kal-Haven_Trail.

斯加伍德－提克雀克公园（Wood–Tikchik State Park）被定义为陆地保护地的最大州立公园，面积达 6500km^2，比许多美国国家公园还要大。不少州经营管理着州立狩猎区和州立游憩区。

在地方和私人层面，保护地大小不一，管理形式多样，它们与联邦层面和州层面保护地一起构成美国国家公园与保护地体系。

5.2　分系统与保护类别

美国国家公园与保护地体系由若干分系统构成，每个分系统都由特定管理部门管理。美国国家公园与保护地包括联邦层面的 7 个并行系统、5 个交叉系统、4 个属于国际公约或计划的分系统、各州郡分系统以及一些非政府组织建立的私人保护地分系统。国家公园与保护地政策和法规，属于联邦层面或者州层面；同时，在州内部，有些国家公园与保护地属于区域或者地方层面。

美国国家公园与保护地分系统的管理部门、管理的保护地类别及其对应的 IUCN 保护地类别及数量等概况见表 5–1。需要说明，表中所列美国保护地体系所有分系统的所有用地类别、某些部门系统类别或者某些类别的个别单元，可能不属于 IUCN（WDPA）体系保护地；其原因在于 WDPA 保护地类别有些只包含 1 个个别单元，而美国保护地体系类别称谓众多，某些类别依据管理目标可能归类于 IUCN 其他管理类别，仅称谓不同，这些个别类别因此未纳入美国保护地体系框架。

美国国家公园与保护地分系统概况表 [1]　　**表 5-1**

分系统	管理部门	类别名称	IUCN 归类	数量
联邦层面－独立系统				
国家公园系统 National Park System	国家公园管理局 National Park Service（NPS）	国家公园 National Parks	Ib / II / V	49
		国家战场 National Battlefields	III	3
		国家军事公园 National Military Parks	III	2
		国家历史公园 National Historical Parks	III / V	9
		国家历史遗迹 National Historic Sites	III / V	15
		国家湖滨 National Lake shores	V	4
		国家纪念碑 National Memorial	III	3
		国家遗址 National Monuments	III / V	40

1　UNEP–WCMC，IUCN. Protected Planet：The World Database on Protected Areas（WDPA），September 2020，Cambridge，UK：UNEP–WCMC and IUCN[EB/OL]. [2020–12–21]. https://www.protectedplanet.net/country/USA.

续表

分系统	管理部门	类别名称	IUCN 归类	数量
联邦层面－独立系统				
国家公园系统 National Park System	国家公园管理局 National Park Service（NPS）	国家保护区 National Preserves	V	9
		国家保留地 National Reserves	V	1
		国家游憩区 National Recreation Areas	V	5
		国家河流 National Rivers	Ib / V	2
		国家风景步道 National Scenic or Historical Trails	V	9
		国家海岸 National Seashores	V	8
		国家原野、风景河流及沿河路 National Wild and Scenic Rivers & Riverways	V	6
		其他类别 Other Designations	未知	未知
国家森林系统 National Forest System	国家森林署 United States Forest Service（USFS）	国家森林 National Forest	V / VI	18
		国家风景研究区域 Scenic-Research Area	V	1
		国家原野及风景河流 National Wild and Scenic River	V	1
		国家游憩区 National Recreation Areas	V	7
		国家狩猎庇护区和野生物保护区 National Game Refuges and Wildlife Preserve Areas	IV	1
		国家火山纪念地 National Volcanic Monument	V	1
		国家自然地标 National Natural Landmark	V	13
		国家鱼类孵化地 National Fish Hatchery	V	1
国家野生动植物庇护系统 National Wildlife Refuge System	鱼和野生生物署 Fish and Wildlife Service（FWS）	国家野生动植物庇护区 National Wildlife Refuge	IV / V	554
		水禽养殖区 Waterfowl Production Area	IV	1549
		国家鱼类孵化地 National Fish Hatchery	V	5
		国家自然地标 National Natural Landmark	V	3
		国家历史游径 National Scenic or Historic Trails	VI	1
国家景观保护系统 National Landscape Conservation System（National Conservation Lands）	土地管理局 Bureau of Land Management（BLM）	国家保护地 National Conservation Areas	V	18
		国家纪念地 National Monuments	V	2
		国家历史游径 National Scenic or Historic Trails	III / V	3
		原野及风景河流 National Wild and Scenic Rivers	V	4
		荒野地 Wilderness Area	Ib	210
		荒野科研地 Wilderness Study Area	Ib	474
		国家游憩区 National Recreation Areas	V	1

续表

分系统	管理部门	类别名称	IUCN 归类	数量
联邦层面－独立系统				
海洋保护地系统 Marine Protected Areas	国家海洋与气象局 National Oceanic and Atmospheric Administration（NOAA）& 美国内政部 U.S. Department of the Interior	海洋保护区 Marine Protected Area	Ia/ III / IV / V	24
国防部保护区	国防部工程部队 Department of Defense，Corps of Engineers	军事保护区 Military Reservation	V	2
联邦层面——联合系统				
国家荒野地系统 National Wilderness Preservation System	NPS/USFS/BLM/FWS[1]	荒野 Wilderness（BLM）	Ib / V	33
		荒野 Wilderness （FWS）	Ib	8
		荒野 Wilderness （FS）	Ib	405
		荒野 Wilderness （NPS）	Ib	53
		荒野地 Wilderness Area	Ib	280
		荒野研究区 Wilderness Study Area	Ib	519
原野风景河流系统 National Wild and Scenic Rivers System	NPS/FWS/USFS/BLM/ 州政府	国家原野河流 National Wild and Scenic River	V	4
		国家风景河流 National scenic riverway	V	9
		国家河流 National River	Ib / V	2
国家步道系统 National Trails System	NPS/BLM/FWS/非政府组织 NGO	国家风景步道 National Scenic or Historic Trails	V	14
		国家历史步道 National Historic Trails	未知	19
国家纪念地系统 National Monuments	NPS/BLM	国家自然纪念地 National Monuments	III / V	42

1　四个部门对于国家荒野地系统的管理有所交叉，许多保护地由两个部门联合管理，此处列出的保护地数量并未排除联合管理造成的重复计算。

续表

分系统	管理部门	类别名称	IUCN 归类	数量
联邦层面——联合系统				
国家自然研究区 Research natural area	USFS/BLM/FWS	国家自然研究区 Research natural area	Ia / V	460
联邦层面——国际类别				
世界遗产公约 World Heritage Convention[1]	UNESCO	世界自然遗产 World Natural Heritage	—	24
		世界文化遗产 World Culture Heritage		
		世界文化和自然混合遗产 World Mixed Cultural and Natural Heritage		
重要湿地公约 Wetlands of International Importance（Ramsar）	UNESCO	国际重要湿地 Wetlands of International Importance	—	18
人与生物圈计划 UNESCO-MAB Biosphere Reserve	UNESCO	生物圈保护区 Biosphere Reserve	—	6
州层面				
州立公园系统 State Park System[2]	州政府	州立公园 State Park	III / IV / V / VI	558
		州立森林 State Forest	Ib / III / V / VI	265
		州立自然保护区 State Nature Preserve	V	46
		州立自然区域保护区 State Natural Area Reserve	V	66
		州立游憩区 State Recreation Area	Ia/Ib/ III / IV / V / VI	578

1 UNEP-WCMC 和 IUCN 对保护地的统计并未纳入世界文化遗产，此处根据 UNESCO 公布的世界遗产名录进行了补充：UNESCO. World Heritage List[EB/OL]. [2020-12-21]. http://whc.unesco.org/en/list/.

2 美国州层面的保护地类别非常多，除了表格列出的主要类别外，还有 State Buffer Preserve，State Conservation Area，Station Conservation Land，State Forest Nursery，State Game Land，State Habitat Area，State Historical Park，State Land，State Multiple Use Area，State Natural Area，State Natural Site，State Owned Tidal Lands，State Range Area，State Research Area，State Resource Management Area，State Seabird Sanctuary，State Trust Lands，State Unique Area，State University Managemed Area，State Wayside，State Wildlife Area，State Wildlife Management Area，State Wildlife Reserve 等：UNEP-WCMC，IUCN. Protected Planet：The World Database on Protected Areas（WDPA），September 2020，Cambridge，UK：UNEP-WCMC and IUCN[EB/OL]. [2020-12-21]. https://www.protectedplanet.net/country/USA.

续表

分系统	管理部门	类别名称	IUCN 归类	数量
州层面				
州立公园系统 State Park System	州政府	州立保护区 State Preserve	V	68
		州立海洋公园 State Marine Park	V	31
		州立历史公园 State Historical Park	III	1
		州立野生物保护区 Wildlife Preserve	III /V	27
		州立荒野 State Wilderness	Ib	1
		州立关键栖息地 Critical Habitat Area	V	14
		州立猎物庇护所 State Game Sanctuary	V	2
		州立历史遗迹 State Historic Site	III	22
		州立保留地 State Reserve	V	8
		州立保护地 State Preserve	V	68
		州立游步道 State Trail	V	1
		州立公园道 State Park Trail	III	2
		州立野生动植物庇护区 Wildlife Sanctuary	III /V	40
		州立原野风景河流 State Wild or Scenic River	V	34
		其他	未知	未知
地方层面和私人保护地				
私立保护地 Private Protected Area	非政府组织 NGO/ 个人土地所有者 individual landowner	私人保留地 Private Reserve 私人保护地 Private Conservation 私人娱乐或教育地 Private Recreation or Education	未知	未知

5.3　联邦层面四大管理分系统

美国国家公园与保护地体系与美国土地管理体系息息相关。美国政府和国防机构管理约 6.4 亿英亩土地，占其国土面积 28%；其中，美国农业部森林署、内政部土地管理局、鱼和野生生物署和国家公园管理局这四大部门机构管理着 95% 联邦土地资源（表 5-2），这四大部门所管辖土地与各类自然资源的开发、保护和利用密切相关；其余的政府土地由国防部或其他政府部门管理。由于国防土地管理严格，有些管辖区域已成为某些濒危动物的最后栖息地[1]。

美国四大机构管理的土地面积[2] **表 5-2**

管理机构	土地面积（百万英亩）	占联邦土地百分比（%）
国家森林署	192.9	30
土地管理局	244.4	38
鱼和野生生物署	89.2	14
国家公园管理局	79.9	13

在美国联邦层面的国家公园与保护地若干分系统中，有同一部门管辖的独立系统，如国家公园系统、国家森林系统（含国家草原）、国家野生物庇护系统、国家景观保护系统、国家海洋保护区系统等；也有跨部门联合管理系统，如国际荒野保护系统、国家荒野与风景河流系统；此外还包括如生物圈保护区等国际保护地系统。

5.3.1 国家森林署（USFS-NFS）

国家森林署（United States Forest Service，简称 USFS）——国家森林系统（National Forest System，简称 NFS，图 5–1）

图 5–1 NFS 标志
来源：USDA Forest Service. Home Page[EB/OL]. [2021-06-05]. https://www.fs.usda.gov/.

1891 年美国国会通过森林保护区法（建立法），1897 出台基本管理法案，建立管理森林类保护地系统，1905 年美国农业部下属的国家森林署（United States Forest Service，简称 USFS）正式成立，国家给予农业部秘书处管理国家森林保护地的权力。1974 年，《森林和牧场可持续资源规划法》（Forest and Rangeland Renewable Resources Planning Act）将“国家森林系统”纳入章程[3]。该法案定义国家森林系统（National Forest System，NFS）是：“由美国农业部国家森林署管理的和为管理而命名的联邦所有权森林、草场等相关土地单元构成的国家巨型系统（表 5–3），这些相关单元包括国家森林（National Forest，NF）、购置单元（Purchase Unit，PU）、国家草场（National Grassland，NGL）、土地利用项目（Land Utilization Project，LUP）、实验森林区（Experimental Forest，EF）、牧场实验区（Experimental Range，ER）、指定实验区（Experimental Area，EA）和其他陆域、水域以及土地上的资源（Other

1 Federal Land Ownership：Overview and Data R42346[R/OL].Congressional Research Service，2020[2020.12–21]. https://fas.org/sgp/crs/misc/R42346.pdf.

2 同 1.

3 NELSON M P. An Amalgamation of Wilderness Preservation Arguments (199s)[M]//Callicott J B，Nelson M P. The great new wilderness debate. University of Georgia Press，1998:154–198.

Area，OTH）（表 5–4，表 5–5）”[1]。

国家森林署（USFS）是美国国家森林系统管理部门，其主要职能是管理户外游憩、牧场、林场、水域和野生物，并维护系统的持续产出。美国《森林牧地更新资源规划法》和《国家森林管理法》要求森林署制定 50 年远景规划、每 10 年对其国土所有森林资源状况作一次评估、每 5 年更新项目和管理政策、每年递交项目执行评估报告，并要向美国国会递交报告以制定财政预算。

美国国家森林系统构成[2]　　**表 5-3**

名称		数量（个）	面积（英亩）	占系统百分比
国家森林		154	188 400 613	97.6
国家牧场		20	3 832 585	2
其他	土地利用计划	110	760 871	0.4
	购置土地			
	研究实验基地			
	其他			

国家森林署管理单元类别及定义[3]　　**表 5-4**

类别	定义
国家森林 National Forest	以永久保护国家森林为目标而建立的单元
购置单元 Purchase Unit	农业部长批准和以前由国家森林保护委员会根据《星期法》（Weeks Law）批准获得的单元
国家草场 National Grassland	根据《岸头—琼斯农场租用法》第三条（Title III of the Bankhead-Jones Farm Tenant Act）由农业部长指定并由美国农业部永久持有的单元
土地利用项目 Land Utilization Project	农业部长根据《岸头—琼斯农场租用法》第三条（Title III of the Bankhead-Jones Farm Tenant Act）建立的保护和利用单元
研究和实验区 Research and Experimental Area	农业部长为森林和草场研究和实验保留及定义的单元
国家保护区 National Preserve	为保护科学、风景、地质、水文、野生动植物（包括鱼类）、历史、文化和游憩价值建立的，提供多种利用方式和在资源可再生的条件保持可持续生产的单元
其他地区	除上述之外的国家森林署建立的区域

1　BSUMEK P K. Conservation biology，postmodern theory，and rhetoric in" the great new wilderness debate"：A case study in environmental rhetoric，the rhetoric of science，and public argument[J]. Dissertation Abstracts International，2003,64–09（A）：3136.

2　Land Areas of the National Forest System[R/OL]. Washington，DC：USDA Forest Service，2019[2020–12–21]. https://www.fs.fed.us/land/staff/lar/LAR2019/FY2019_LAR_Book.pdf.

3　同 2.

2019 年国家森林系统单元数量及面积（单位：英亩）[1] **表 5-5**

类别	数量	森林系统内面积	其他面积	总面积
国家森林	154	188 400 613	37 254 286	225 654 899
购置单元	58	390 848	1 527 024	1 917 873
国家草场	20	3 832 585	621 504	4 454 089
土地利用项目	7	284	1 365	1 649
研究和实验地区	17	66 184	8 245	74 428
其他地区	28	303 555	12 677	316 232
合计	284	192 994 069	39 425 101	232 419 170

除上述一般类别外，美国国家森林系统还包括以下几个特殊类别（National Forest System Special Designated Areas），森林署分 9 个区进行管理（表 5–6）。

美国森林署管理单元类别及定义[2] **表 5-6**

类别	释义
国家森林荒野地区 National Forest Wilderness Areas	由国会指定的国家荒野保护系统（National Wilderness Preservation System）的一部分地区
国家森林原始地区 National Forest Primitive Areas	国家农业部森林署最高长官指定的原始地区。它们以和国家荒野地一样的方式管理，根据研究决定是否成为国家荒野保护系统的一个组成部分
国家荒野及风景河流 National Wild and Scenic River Areas	国会指定的国家荒野及风景河流系统（National Wild and Scenic River System）的一部分
国家游憩区 National Recreation Areas	国会建立的保护和管理公共户外游憩机会的区域
国家风景研究区域 Scenic-Research Area	国会建立的可供利用和娱乐并保护和鼓励科学研究某些海洋首领地（ocean headlands）区域
国家狩猎庇护区和野生生物保护区 National Game Refuges and Wildlife Preserve Areas	总统或国会指定的保护野生物的地区
国家纪念地区域 National Monument Areas	包括通过公告宣布的或被国会指定作为国家纪念地的历史地标，历史和准历史建筑和其他具有历史和科学价值的事物所在地区

1 Land Areas of the National Forest System[R/OL]. Washington, DC: USDA Forest Service, 2019[2020–12–21]. https://www.fs.fed.us/land/staff/lar/LAR2019/FY2019_LAR_Book.pdf.

2 同 1.

需要注意的是，美国国家森林系统的某些类别和单元并不属于保护地范畴，如某些历史性国家纪念地，历史建筑；类别中的有些单位的全部面积属于国家森林系统，而有些则不是。最典型的如荒野地，由四大部门共管，但大部分面积由国家森林署管理。

以上列表包括的类别名称是国家森林系统官方指定的，但还有一些非官方类别名称，如国家火山纪念地（National Volcanic Monument Areas）、国家保护区域（National Protection Areas）、国家历史区域（National Historic Areas）、特殊管理区（Special Management Areas）、国家植物科学区（National Botanical Areas）、游憩管理区（Recreation Management Areas）、风景游憩区（Scenic Recreation Areas）、国家森林无公路区（Roadless Areas）、木材保护区等。很多类别与官方类别有重复，如国家森林无公路区（Roadless Areas）一般包括4种地区级荒野地、机构管理的无公路区和无保护的无公路区。有些类别在每个州甚至每个单位的名称都有差别，如National Game Refuges and Wildlife Preserves里有National Game、Game Preserve、Game Refuge、Wildlife Preserve等名称。美国国家公园与保护地体系中普遍存在的类别名称多样化问题。

所有国家森林系统管理区域的资源由国家森林署根据1960年出台的《多元可持续利用生产法案》（Multiple-Use Sustained-Yield Act，1960）以及1976年的《国家森林管理法案》（National Forest Management Act of 1976）及其修订案进行管理。前者规定建立国家森林的目的包括户外游憩、牧场、伐木、水域保护和野生动植物保护；后者对国家森林长期规划及其涉及的公众参与等事宜作出规定，要求对森林及山地生态系统管理进行整体性规划，并辅助实施，此项法案于1998年修订，2000年重新印发[1]。在这些土地和资源管理规划指导下，整个国家森林系统里的不同区域可能有不同利用方式及保护强度，而很大一部分地域实际上都处于被保护状态。例如，国家森林署特殊管理区域中的一个细分类别是国家狩猎庇护区和野生生物保护区（National Game Refuge or Wildlife Preserves），总共有21个场点，绝大多数在美国东部地区，它们在一些国家森林内部为野生生物栖息地提供额外保护[2]。

国家森林署的使命是维持国家森林和草场的健康、多样性和多产性，以满足当代人与子孙后代需求。国家森林署的价值观是[3]：

（1）服务。相互之间，为美国人民，为这个星球。

（2）相互依存。所有事物，人与自然，社区与同事，过去、现在与未来。

（3）保护。必要时进行保护；适当时进行保存；需要时进行恢复，并始终进行明智管理以便多次使用和享受。

---

1 WILLIAMS G W. the USDA Forest Service-the First Century[Z/OL]. Washington，DC：USDA Forest Service Office of Communication，2005. https://www.fs.usda.gov/sites/default/files/media/2015/06/The_USDA_Forest_Service_The First Century.pdf.

2 NELSON M P. An Amalgamation of Wilderness Preservation Arguments (199s) [M]//B C J，MP N. The great new wilderness debate. University of Georgia Press，1998:154-198.

3 USDA Forest Service. About the Agency[EB/OL]. [2020-12-21]. https://www.fs.usda.gov/about-agency.

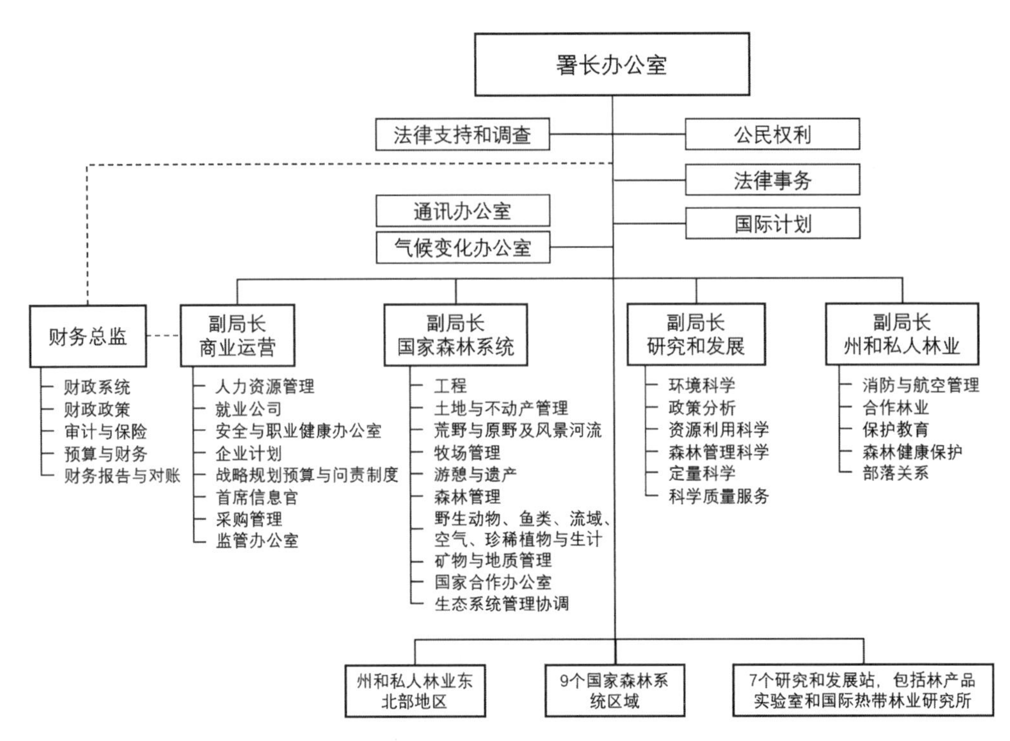

图 5-2　美国农业部—森林署组织结构图
来源：译自 USDA Forest Service. Field Guide to the Forest Service: Chapter 2 DRAFT[EB/OL]. USDA Forest Service, 2014[2021-06-05]. https://www.fs.usda.gov/Internet/FSE_DOCUMENTS/stelprd3813392.pdf. 图 3.

（4）多样性。人与文化；视角与想法；体验与生态系统。

（5）安全。在身体上、心理上和社交上各个方面安全。

美国国家森林署的组织结构如图 5-2 所示。

5.3.2　土地管理局（BLM）

（Bureau of Land Management，简称 BLM，图 5-3）

土地管理局管辖着 41% 的联邦政府土地，虽然其主要职能是土地置换，但仍肩负着其他重任。土地管理局在自然资源保护和利用方面的职责是“保护其科学、风景、历史、生态、环境、空气和大气、水资源、人类学价值的品质，并在自然状态下保护和保留公共开放地带，为野生物和驯养动物提供食物和栖息地，提供户外游憩和人类居住使用”[1]。

1　U.S. Department of the Interior，Bureau of Land Management. The Federal Land Policy and Management Act of 1976，as amended[Z/OL]. Washington，DC：U.S. Department of the Interior，Bureau of Land Management，Office of Public Affairs，2016[2020-12-21]. https://www.blm.gov/sites/blm.gov/files/AboutUs_LawsandRegs_FLPMA.pdf.

图 5-3　BLM 标志
来源：U.S. Department of the Interior Bureau of Land Management. Our Mission[EB/OL]. [2021-06-05]. https://www.blm.gov/about/our-mission.

图 5-4　FWS 和 NWRS 标志
来源：U.S. Fish & Wildlife Service. Home[EB/OL]. [2021-06-05]. https://www.fws.gov/.Wiki Commons. NWRS Logo[EB/OL]. [2021-06-05]. https://commons.wikimedia.org/wiki/File:NWRS_Logo.png.

游憩与荒野地是多功能土地使用的重要部分，大多数土地是开放式游憩利用，集中在 1266 个区域，约占土地管理局所辖范围的 15%[1, 2]。土地管理局还有责任向国会提供潜在荒野地资源，以增补法定荒野地。

土地管理局规划和管理的依据是美国《联邦土地政策和管理法》。

5.3.3　鱼和野生生物署（FWS-NWRS）

鱼和野生生物署（Fish and Wildlife Service，简称 FWS，图 5-4）——国家野生动植物庇护系统（National Wildlife Refuge System，简称 NWRS，图 5-4）

联邦政府参与鱼和野生生物保护始于 1871 年，商业部下属渔业署成立后，1885 年农业部建立生物名录局，1933 年并入内政部，最终结合成为美国鱼和野生动物署。1903 年，在罗斯福总统指令下，美国第一个野生生物庇护所在佛罗里达 Pelican 岛建立；1934 年《鱼和野生生物协作法》授权联邦水文资源机构可获得水资源项目有关土地以保护野生生物；1962 年《庇护区游憩法案》授权购买游憩用地以及缓冲地带（购买基金由 1965 年陆地和水域保护基金法规定）；1964 年《荒野法》和 1973 年《濒危物种法》都对该系统产生了重要影响[3]。1966 年《国家野生动植物庇护系统管理法案》（基本法）建立国家野生动植物庇护系统。

1　Bureau of Land Management. BLM National Data[EB/OL][2020-12-21]. https://blm-egis.maps.arcgis.com/apps/webappviewer/index.html?id=6f0da4c7931440a8a80bfe20eddd7550.

2　Bureau of Land Management. What we manageme[EB/OL][2020-12-21]. https://www.blm.gov/about/what-we-manage/national.

3　NELSON M P. An Amalgamation of Wilderness Preservation Arguments (199s) [M]//B C J, MP N. The great new wilderness debate. University of Georgia Press, 1998:154-198.

国家野生生物庇护区是美国鱼和野生生物署定义的保护地。国家野生动植物庇护系统则是为保护植物和动物栖息地而管理的陆地和水域网络，其基本职能是动植物保护，但也允许其它使用，如狩猎、捕鱼、游憩、伐木及放牧等；其管理有时比国家公园更严格。野生动植物庇护政策和指南可在 USFWS 庇护区手册中找到。该系统有 4 个管理目标：保存、恢复濒危物种，永葆候鸟资源，保护庇护区内的生物多样性，提供生态环境欣赏，理解人类在其中的机会，以及开展与庇护区首要目的兼容的游憩活动。鱼和野生生物署为每一个庇护区制定管理规划。

鱼和野生生物署管辖着联邦政府 14% 的土地，面积达 8920 万英亩，至 2019 年底，建立了 567 个国家野生生物庇护区，总面积达 8741 万英亩[1]，目前鱼和野生生物管理局约有 7660 万英亩管辖土地位于阿拉斯加，占总面积的 86%[2]。约有 353 万英亩土地拥有双重管理体制：土地由鱼和野生生物署管理，但隶属于其他机构和个人。此外，鱼和野生生物庇护系统还包括 211 个水禽养殖区（需与拥有土地的农场主协商管理）、4 个国家纪念地区域和 49 个野生生物协调区单元（通常由州野生生物机构与联邦鱼和野生生物署达成协议来管理，鱼和野生生物署不直接参与）。在此系统中，共有 831 个单元，分属于 9 个区；尚有 82 个法定荒野地分布于 66 个庇护所中[3]。

国家野生动植物庇护系统分为以下不同类别（表 5–7），最大部分是国家野生生物庇护区，占系统总面积的 98%，并且有 85.9%的庇护区系统土地分布在阿拉斯加的 16 个庇护区。除庇护区外，该系统还包括水禽养殖区、野生动物协调区和部分国家纪念地区域。

野生生物庇护区系统[4] **表 5-7**

分类	定义	数量
国家野生生物庇护区 National Wildlife Refuge	国家野生生物庇护系统中除协调区和水禽养殖区的所有单元	567
国家纪念地区域 National Monument Areas	位于国家野生生物庇护区边界之外的 4 个海洋国家纪念地区域中的庇护区系统土地、浸没土地及水域	4
水禽养殖区 Waterfowl Production Area	任何已属于候鸟狩猎和保护标记法管辖，或根据其他权威机构和管理政策纳入国家野生生物庇护体系的湿地或壶穴地区。考虑到土地权属因素，水禽养殖区按照 201 个郡分别统计	211
野生生物协调区 Coordination Area	任何在国家野生生物庇护体系下，依照国家和地方鱼与野生生物管理署合作协定管理的所有单元	49

1 Statistical Data Tables for Fish & Wildlife Service Lands[R/OL].Fish and Wildlife Service，2019[2020-12-21]. https://www.fws.gov/refuges/land/PDF/2019_Annual_Report_Data_Tables（508-Compliant）.pdf. 官方表格统计面积除 FWS 拥有的土地外还包括了租赁土地、其他机构拥有的土地，不能直接使用，表中数据为扣除了这部分后面积。

2 Federal Land Ownership：Overview and Data R42346[R/OL].Congressional Research Service，2020[2020.12-21]. https://fas.org/sgp/crs/misc/R42346.pdf.

3 同 1.

4 同 1.

除野生生物庇护区系统外，鱼和野生生物署还管理着野生生物研究中心、国家鱼类孵卵系统（National Fish Hatchery System，简称 NFHS）。国家鱼类孵卵系统成立于 1871 年，初始目的是养殖可食用鱼以替代规模逐渐减少的野生本土鱼类。但是 150 年来角色已发生转变，现在其主要责任是帮助恢复《濒危物种法案》列出的物种、恢复本地水生种群、减轻由于联邦水利工程导致的鱼类减少，以及为印第安部落和国家野生生物庇护区提供鱼类。该系统现由 82 个机构组成，包括 66 个国家鱼类孵卵处、7 个鱼类技术中心和 9 个鱼类健康中心[1]。此外，运动、钓鱼和划船合作委员会（THE SPORT FISHING AND BOATING PARTNERSHIP COUNCIL）也参与该系统的管理工作。

美国野生生物资源管理主要由鱼和野生生物署负责，但同时，鱼和野生生物署也与联邦、州、地方和私人机构及组织合作管理某些野生生物管理区和合作区。许多联邦法令赋予鱼和野生生物署一个重要角色，即关于非其管辖领地的鱼和野生生物资源管理。由此，鱼和野生生物署在保护和恢复湿地栖息地中起到重要作用，也影响国防部等其他政府机构的管理战略。

5.3.4 国家公园管理局（NPS）

国家公园管理局（National Park Service，简称 NPS）——国家公园系统（National Park System，简称 NPS，图 5–5）

美国国家公园系统是自然资源保护系统中最广为人知的系统，1872 年，它建立了世界上第一个国家公园——黄石国家公园，从此开辟了保护自然环境和满足公众欣赏自然需求的途径。目前，它管辖了 12%（近 8000 万英亩）的联邦土地，408 个单元[2]。

美国国家公园基本职能是为公众保护、保留和解说国家自然、文化和历史资源，建立开放公园系统，满足公众户外游憩需求，使公众得到享受和愉悦。

图 5–5 NPS 标志
来源：National Park Service. The Symbol of the National Park Service[EB/OL]. [2021-06-05]. https://www.nps.gov/cabr/blogs/the-symbol-of-the-national-park-service.htm.

美国国家公园系统管理单元类型划分最细致，分为 3 个广义的类型（自然型、历史型和游憩型），20 种类别，分 12 个区管理，包括国家公园、国家遗址、国家游憩地、国家海滨、国家湖滨、国家历史遗址、国家战场等，其中 62 个为国家公园[3]，细分的主要单元类型如表（表 5–8）。截止到 2020 年 7 月 29 日，共包含 419 个单位，覆盖全部 50 个州、哥伦比亚特区和美属领地，系统总面积超过 34.3 万 km^2，约占国土面积的 3.5%，其中“国家公园”62 处[4]。据

1 U.S. Fish & Wildlife Service. National Fish Hatchery System[EB/OL]. https://www.fws.gov/fisheries/nfhs/index.html.

2 Federal Land Ownership: Overview and Data R42346[R/OL].Congressional Research Service, 2020[2020.12-21]. https://fas.org/sgp/crs/misc/R42346.pdf.

3 National Park Service. About us-National Park System[EB/OL]. https://www.nps.gov/aboutus/national-park-system.htm.

4 同 3.

2015 年统计，“国家公园”面积为 $21.1km^2$，约占系统总面积的 61.7%[1]。

美国国家公园系统一览表[2] 表 5-8

类别	定义	数量[3]
国家战场 National Battlefields		11
国家战场公园 National Battlefield Parks		4
国家战场遗址 National Battlefield Site		1
国家军事公园 National Military Parks	以上这 4 个名称用于与美国军事历史有关的地方	9
国家历史公园 National Historical Parks	它以人文景观为主，把一些具有历史意义的地方纳入进来加以保护，供人参观游览。通常有比较大范围，其内容也比国家史迹地丰富得多。美国考古、文物古迹保护等方面业务都由国家公园管理局负责	58
国家历史遗迹 National Historic Sites	一些有历史纪念意义的地方，范围较小，内容也不及国家历史公园丰富	76
国际历史遗迹 International Historic Sites	有关美国与加拿大历史的一个地方	1
国家湖滨 National Lake shores	虽然任何一个水质清洁的湖区都可能设为国家湖滨，但现已建立的 4 个，都位于大湖地区	3
国家纪念碑 National Memorial	通常主要用于有纪念意义的场地，但它们也不一定需要场地或建筑来表现其历史主题	31
国家遗址 National Monuments	主要是保留那些小的具有国家意义的资源，通常比国家公园小得多，也没有国家公园那样丰富的多样性。国家纪念地所包含的内容较多，可用于很大的自然保留地、历史上的军事工事、历史遗迹、化石场地以及自由女神像等	85
国家公园 National Parks	一般都远离城市，多以自然景观为主，资源丰富，有着大面积的陆地或水体，以便有助于给资源提供充分的保护。可供人们进行一段时间的游览、度假	62
国家公园路 National Park ways	当公路经过令人感兴趣的风景地段时，可在公路的两侧设置国家公园路，让人悠闲地驾车通过，以便欣赏风景。这种路不许高速驾驶	4

1 Office of Communications and the Office of Legislative and Congressional Affairs National Park Service. The National Parks：Index 2012–2016[M]. Washington, DC：U.S. Government Publishing Office, 2016.

2 National Park Service. About us–National Park System[EB/OL]. https://www.nps.gov/aboutus/national-park-system.htm.

3 NOSS R F. Wilderness—Now more than ever[J]. Wild earth, 1995,4 (4)：60–63.

续表

类别	定义	数量
国家保护区 National Preserves	1974年，Big Cypress and Big Thicket被批准为第一个国家保护区。这种类型的保护地首先是为了保护某些资源。	19
国家保留地 National Reserves	这是一种比保护区小的保护地，可能交由当地或州当局来管理。	2
国家游憩区 National Recreation Areas	国家公园系统中最早的游憩区，由联邦政府的另外机构将水库周围一些地方联系起来而组成的。国家公园管理局根据合作协议管理这类区域。现在已扩展到其他一些可用于游憩的陆地及水体，甚至包括城市中心一些比较重要的地方。	18
国家河流 National Rivers	主要是保护那些没有筑坝、开渠或其他改变的自由流动的小河、溪流。要保护这些河流的自然状态。这些区域，可以提供徒步旅行、划独木舟、狩猎等户外活动的机会。	5
国家荒野、风景河流及沿河路 National Wild and Scenic Rivers & River ways	荒野河流看上去只有很少的人类活动痕迹，是自由流动的，除通过小径之外通常很难接近。风景河流仍保持比较原始的岸线，但通过公路可以到达。被指定为荒野风景河流系统中的每一条河流，其管理机构的任务就是保护或增强它的特色，任何游憩使用都必须与保护相协调。	10
国家风景步道 National Scenic Trails	通常是穿过优美景观地区的长距离的蜿蜒小径。这些小路穿过的大多数是国家公园系统中受保护的地方，以及在国家历史中有可纪念的人物、事件、重要活动的地方。一些考古的线路，把印第安人的历史文化与美国现代生活联系到了一起。历史的区域，通常都保存有或恢复了反映它们在过去一段时期中最有历史意义的东西。	3
国家海岸 National Seashores	建于大西洋、太平洋海岸。在保护自然价值的同时，可开展水上游憩活动。	10
其他类别 Other Designations	如白宫、威廉姆斯王子森林公园等特殊地区	11
合计 Total Units		423

美国国家公园体系类别有3点需要注意：

（1）并不是所有体系里的单元都是保护地，某些历史型的国家纪念地就不属于保护地，如，自由女神纪念地。

（2）在统计中，德纳里国家公园和保护区被算作两个单元；莫台尔炮台国家纪念地因被认为是森姆特国家纪念地的一部分而不作为1个独立单元。

（3）除系统内单元外，国家公园管理局还给国会授权的几个“相关区域”提供技术和财政支持。

美国国家公园系统对系统内所有保护地进行土地利用分区和子分区。分区具有弹性，一般分为自然区域、历史区域、发展区域和特殊利用区域；自然区域可再分为荒野/荒野研究区、环境保护区、杰出自然特征区和自然环境区。该系统内不同类别保护地的准确定义各不相同，不同类别之间可能有相似或重叠；一般性法规没有对这些类别做出细致定义，同一类别的不同场地，管理限制和规定也差别很大。

建立国家公园管理局的两大目标可以总结为：

其一，在其管辖范围内保护有风景、自然和历史价值的实物以及野生动植物；

其二，这些地区向公众开放并提供娱乐。

平衡这两大目标是美国国家公园管理局发展的基本动力，使其在联邦其他自然资源管理部门中独树一帜。在初始目标指引下，美国国家公园管理局蓬勃发展，根据 2018 财年统计，国家公园管理局共有员工约 21065 万人，包括非季节性全职员工 18000 人、季节性全职员工 2316 人、非全职员工 749 人，此外还有 302106 名志愿者共志愿服务 7233550 小时，创造了超过 1.78 亿的价值。当年全美国家公园共接待游客 3.18 亿人，创造就业岗位 32.9 万个，向国家经济输出 401 亿元[1,2]。

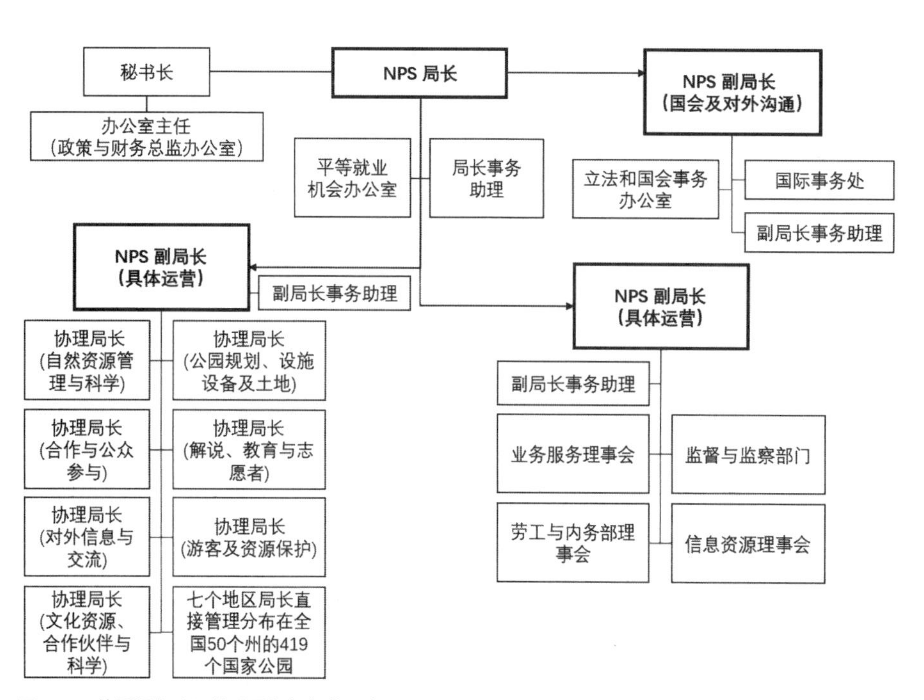

图 5-6　美国国家公园管理局组织机构示意图

来源：吴亮，董草，苏晓毅，庞磊．美国国家公园体系百年管理与规划制度研究及启示 [J]. 世界林业研究，2019, 32 (06)：84-91. 图 1.

随着发展壮大，国家公园管理局扮演的角色越来越多：多种文化与游憩资源保卫者、环境运动倡导者、世界公园和保护组织领导者、美国开放空间保护先驱等。国家公园管理局资金使用也由强调服务游客及满足需求转变为投资保护、调查、监测和研究自然资源。国家公园管理局分为 1 个总部（下设几个国家计划）、7 个分部以及各公园管理局（图 5-6）[3]。

（1）行政管理方面处室，主要负

1　The U.S. Office of Personnel Management. Federal Workforce Data[EB/OL]. (2020-06-30) [2020-12-21]. https://www.fedscope.opm.gov/.

2　National Park Service. Region Statics-The Economic Impact of All National Parks: 2018[EB/OL]. (2019-10-08) [2020-12-21]. https://www.nps.gov/orgs/1651/ner-by-the-numbers.htm#CP_JUMP_5734190.

3　吴亮，董草，苏晓毅，庞磊．美国国家公园体系百年管理与规划制度研究及启示 [J]. 世界林业研究，2019，32 (06)：84-91.

责资金及预算、员工发展、采办、合同、资产管理、小商业管理、学院、信息及通讯等业务。

(2) 专业管理方面处室，主要负责战略计划、土地、远期规划、设计及建设、政策等（包括丹佛事务中心）等业务。

(3) 公园运行及教育方面处室，主要负责解说及教育、特许权管理、巡逻人员管理、工程与维修、游人安全、环境卫生、荒野管理、危险物及探险小道管理、青年人项目管理等业务。

(4) 自然资源及科学方面处室，主要负责自然资源、空气质量、水资源、矿产等方面的管理，地球科学等业务。

(5) 文化资源及合作方面的处室，主要负责准许权管理、协助河流和小道及保护区管理、国家项目报告、国家注册、协助国家考古、少数民族语言、国家战场保护、公园文化资源保护等业务[1]。

国家公园管理局政策和指南分管理政策、局长指令和操作手册 3 个层面：涉及国家公园规划制定与审批的部门包括华盛顿办公室（Washington Office，WASO）、规划领导组与项目咨询委员会（Planning Leadership Group，Program Advisory Committee）、地区办公室（Regional Offices）和丹佛规划设计中心（Denver Service Center，DSC）。其中，华盛顿办公室副主管主要负责为每个公园前期制定总体管理规划时提供指导方向，公园规划与专题研究部门项目主管受华盛顿办公室副主管直接管辖，领导国家公园规划。丹佛规划设计中心内部规划部门是参与国家公园规划的主要机构，尤其是在宏观规划层面，其最主要的工作就是制定总体管理规划及相关规划，同时提供相应技术支持与宣传资料。丹佛设计中心职员有风景园林师，生物、生态、地质、水文、气象以及经济学、社会学和人类学等各方面的专家[2]。

5.4 联邦土地管理特别体系

目前，美国有 3 个来自不同土地管理机构的特别土地管理体系，即国家荒野地保护系统、国家荒野型和风景型河流系统与国家步道系统。建立这些特别系统是为了统一保护分散于不同管理机构的特殊资源，资源管理权仍隶属于各自土地管理机构；其规模发展需由国会审批，州级系统则可由州政府审批。

1 CALLICOTT J B. A critique of and an alternative to the wilderness idea[J]. Environmental Ethics, 2003: 437-443.

2 NELSON M P. An Amalgamation of Wilderness Preservation Arguments (199s) [M]//B C J, MP N. The great new wilderness debate. University of Georgia Press, 1998:154-198.

5.4.1 国家荒野地保护体系（NWPS）

图 5-7 NWPS 标志
来源：Wild South. Would You Like To Be a Wilderness Ranger?[EB/OL].(2016-08-10)[2021-06-05].https://wildsouth.org/rangersignup/.

(National Wilderness Preservation System，NWPS，图5-7)

国家荒野地保护系统在美国保护地体系中别具特色。早在 1832 年，美国拓荒艺术家 George Catlin 就建议政府建立维护自然荒野保护区；1924 年，New Mexico 的 Gila 成为第一个法定荒野地；1964 年，美国国会通过《荒野地法案》（Wildness Act，1964）并建立荒野地保护系统。该法案将荒野地定义为：指不受人类活动干扰的自然地域，并保持着其自然原始属性；拥有远离尘嚣或进行简单质朴而自由休闲娱乐活动的良好环境；面积大于 5000 英亩或足够面积，使对其进行保护和在不造成损害条件下加以利用具备可行性；可能同时具有生态学、地质学或其他自然科学价值和教育、景观或历史价值。"人类在此只是一个到访者"，孤寂感是荒野地最基本的游憩价值。

在美国，目前大约有超过 11168 万英亩土地被国会立法指定为荒野地，占联邦公共土地的 17% 和全美国土陆地面积的 5.1%。美国的荒野地单元有 840 个，分布在 45 个州，另外有 5 个州没有荒野地[1,2]。美国大部分荒野地在阿拉斯加，占荒野地保护系统总面积的 52%，约 10709 万英亩（43.3 万 km^2）的荒野地位于美国西部的 13 个州（含阿拉斯加州和夏威夷州），占荒野地总面积的 95.9%[3]；4.1%的荒野地在西经 100 度以东，其中近一半在两个地区：佛罗里达 Everglades 国家公园和明尼苏达边界水上独木舟区荒野（the Boundary Waters Canoe Area Wilderness）；东北地区荒野最少。美国荒野地管理机构及数量概况见表 5-9。

1 Federal Land Ownership：Overview and Data R42346[R/OL].Congressional Research Service，2020[2020.12-21]. https://fas.org/sgp/crs/misc/R42346.pdf.

2 Wilderness Connect University of Montana. Wilderness Connect For Practitioners-Summary Reports[EB/OL]. https://wilderness.net/practitioners/wilderness-areas/summary-reports/default.php.

3 美国人口调查局定义的西部范围，包括了 13 个州，具体的州和州内荒野地面积如下：蒙大拿州 3501 千英亩、怀俄明州 3067 千英亩、爱达荷州 4795 千英亩、华盛顿州 4484 千英亩、俄勒冈州 2507 千英亩、科罗拉多州 3734 千英亩、犹他州 1819 千英亩、新墨西哥州 1972 千英亩、亚利桑那州 4512 千英亩、内华达州 3448 千英亩、加利福尼亚州 15348 千英亩、阿拉斯加州 57757 千英亩、夏威夷州 147 千英亩，共计 107091 千英亩：BUREAU U S C. Census Regions and Divisions of the United States[EB/OL].(2013-09-21)[2020-12-21]. https://web.archive.org/web/20130921053705/https://www.census.gov/geo/maps-data/maps/pdfs/reference/us_regdiv.pdf.
Wilderness Connect University of Montana. Wilderness Connect For Practitioners-Summary Reports[EB/OL]. https://wilderness.net/practitioners/wilderness-areas/summary-reports/default.php.

荒野地管理机构和数量概况表（至2020年初）[1] 表5-9

机构	单元数量	面积（百万英亩）	占荒野地面积百分比
土地管理局	260	10.0	9
森林署	448	36.7	33
鱼和野生生物署	71	20.7	19
国家公园管理局	61	44.3	40
总计	840	111.7	100

NWPS官网提供按管理部门或者直接根据名称查询荒野地[2]，荒野地规划与管理依循1964年《荒野地法案》，除在法案之前已经设立的荒野地外，其后每一处荒野地必须通过国会单独法令批准才能加入国家荒野保护系统。荒野保护地设立过程如图5-8所示。

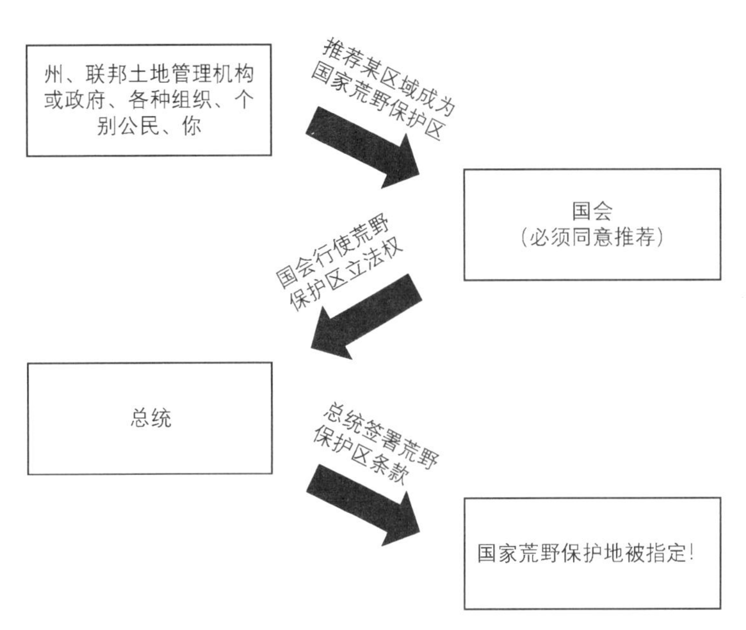

图5-8 荒野地设立过程图

来源：译自Wilderness.net. Wilderness Designation-How Wilderness Becomes Wilderness[EB/OL]. [2015-12-04]. http://web.archive.org/web/20151204161149/http://www.wilderness.net/index.cfm?fuse=NWPS&sec=designation.

虽然国家荒野保护系统由国会建立，新的荒野地需经国会批准加入到系统中，但美国没有一个统一的机构行使国家荒野保护系统管辖权，管辖权分散在美国国家公园管理局、国家森林署、土地管理局以及鱼和野生生物署四大土地管理部门。土地管理局管理38%的联邦土地和9%的荒野地，鱼和野生生物署管理14%的联邦土地和19%的荒野地，森林署管理30%的联邦土地和33%的荒野地，国家公园管理局管理13%的联邦土地和40%的荒野地。森林署管理的荒野地单元数最多，公园署管理的荒野地总面积最大[3,4]。四大国土管理机构被赋予管理美国国家荒野地保护系统的职责。虽然每个机构承担特定管理任务，但它们都成功找到了完成荒野地管理目标独立任务的方法。所有这些荒野地管理机构都受《荒野地法案》的一般性引导和指示。虽然某些情况下也遵循其他荒野地法令，但《荒野地法案》把各机构的荒野地系统规划、实施和监测组织起来。

1 Wilderness Connect University of Montana. Wilderness Connect For Practitioners-Summary Reports[EB/OL]. https://wilderness.net/practitioners/wilderness-areas/summary-reports/default.php.

2 Wilderness Connect. Wilderness Areas of the United States[EB/OL]. [2020-12-21]. https://umontana.maps.arcgis.com/apps/webappviewer/index.html?id=a415bca07f0a4bee9f0e894b0db5c3b6.

3 同1.

4 Federal Land Ownership: Overview and Data R42346[R]. Congressional Research Service, 2020.

图 5-9　NWSRS 标志
来 源：Wikimedia Commons. US-National Wild And Scenic Rivers System-Logo[EB/OL]. [2021-06-05].https://commons.wikimedia.org/wiki/File:US-NationalWildAndScenicRiversSystem-Logo.svg.

5.4.2　国家荒野型和风景型河流系统（National Wild and Scenic Rivers System，NWSRS，图 5-9）

美国在 1968 年根据《荒野及风景河流法案》（Wild and Scenic Rivers Act）建立了国家荒野及风景河流系统，旨在保护那些仍在自由奔腾的河道。纳入该系统的国家河流及它们紧邻的环境，拥有非常杰出的风景、游憩、地质、生物、历史、文化和类似价值，应保持它们的自然流动状态，并为人类当代及后代利益和享用而保护。国会宣称：在国家河流合适地段建造水坝及其他构筑物的国家政策需由另一项政策来补充，即：应保持其他被选河流或河段自然流动状态，并保护其水质，以及满足其他关键国家保护目的。每条河流流向不同，其管理规划也是特定的，自然风景河流的真正目的不是限制河流使用发展使其保持原生状态，而是保存每条河流的特性。任何游憩活动必须与保存目标相一致。

美国国家荒野及风景河流系统中的一些河流属于联邦土地，有些属于州。法律规定该系统应包括河流经州属土地部分。这些河道被划分为 3 个等级：

（1）荒野型河道：这些河流或河段无人工蓄水，不被截流，通常只有步行小径可达，流域或岸线呈原始状态和风貌，水质未被污染，代表美国原始遗迹。

（2）风景型河道：这些河流或河段无人工蓄水，不被截流，岸线和水域大部分尚处于原始状态，通常位于未开发地区，但部分地区有公路可达，靠近道路（车道）。

（3）游憩河道：这些河流和河段业已有公路、铁路可达，某些河岸已经被开发，水体被蓄水截流或分流。

荒野、风景和游憩河道的分类标准见表 5-10。

荒野、风景和游憩河道分类标准　　表 5-10

发展区	荒野河道	风景河道	游憩河道
水资源发展	无水坝	无水坝	部分现存水坝或改变 现存对河流筑坝、改变或其他修改，只要使河流能维持总体自然状况就是可接受的
岸线发展	• 本质上是原始的，很少或没有人类活动迹象 • 少数不显眼的、特别是具历史或文化价值的建造是可以接受的 • 有限制的驯化家畜牧或干草卷是可以接受的 • 很少或没有曾砍伐木材迹象没有正在进行中的木材砍伐	• 大部分是未经发展的没有显著人类活动迹象 • 有小的社区群落或分散的住宅或农场构造物是可以接受的 • 放牧，干草生产或耕作是可以接受的 • 过去或现有伐木迹象是可以接受的，只要使岸边森林维持自然状态	• 部分发展。有人类活动明显迹象。 • 成片居住发展区和有一些商业设施是可接受的 • 土地可能全部用于农业和林业开发 • 过去或现在有伐木迹象

续表

发展区	荒野河道	风景河道	游憩河道
可达性	• 除步行基本不能达到 • 河流区域内没有道路、铁路或其他供车辆进出设施。几条通往河流区域边界道路是可接受的	• 可以通达各处 • 道路有时可以通达河流或在河上架桥。可以有较短的明显的或较长的不明显的道路或铁路	• 由道路或铁路可以方便地达到 • 在河流一侧或两岸的平行的道路或铁路以及桥梁和其他河流构筑物是可以接受的
水质量	达到或超过联邦标准或联邦通过的关于美学、鱼和野生物生存环境和与水直接接触的游憩（游泳）相关州立标准，除非该要求超越了自然状况	自然和风景河流法案没有做出标准的描述。1972 年《联邦水质量控制法案修正案》已做出全国性规定，所有国内河流都可以用于垂钓和游泳。这样河流水质就不会对风景和游憩河流评价产生阻碍，因为低于此水质标准的河流在河流研究阶段就要求提供水质改善规划以达到联邦或州法定标准	

至 2019 年，荒野型河道总长为 6 469.1 英里，风景型河道总长为 2 981.3 英里，游憩型河道总长为 3 962.1 英里，总计长度超过 13 413.5 英里[1]。

此外，还有一种"国家河流"的类别，国家河流包含国家河流和游憩区（National river and recreation area）、国家风景河流（National scenic river），国家风景河道（National scenic riverway），天然河流（Wild river）等类型，国家河流和游憩区 1964 年审定认可，其余类型在 1968 年《自然风景河流法案》下认可建立。

国家荒野及风景河流系统管理方式类似于国家荒野地保护系统，也统一由国会授权批准，由土地管理局、国家公园管理局、鱼和野生生物署、国家森林署下辖的 4 个理事会机构管理。理事会管辖范围相当广泛，从河流当前状况到未来潜在发展，从国家指令到对政府其他部门和非政府组织技术援助。国家公园管理局为 4 个机构准备一份清单帮助查询河流情况。河流两岸管理隶属于 4 大管理机构之一或一个以上的州政府，其保护地范围每英里不超过 320 英亩（阿拉斯加为 640 英亩）。这些廊道包括各州、县和其他公有土地以及私有土地，土地购买、置换等都受联邦机构限制，但这些地区限制不如荒野地严格，往往会有多用途土地使用；在保护其美学、风景、历史、人类学和科学特质前提下，允许在某些地带建设道路、狩猎、捕鱼和采矿。

5.4.3　国家步道系统（NTS）

美国国家步道系统是（National Trails System，NTS，图 5–10）由 1968 年《国家步道系统法案》建立的风景、历史及游憩步道网络。这些步道满足公众户外游憩需求，提升游憩、欣赏和保护户外

1　Interagency Wild & Scenic Rivers Council. River Mileage Classifications for Components of the National Wild and Scenic Rivers System[R/OL].2019[2020–12.21]. https://www.rivers.gov/documents/rivers-table.pdf.

图 5-10 NTS 标志
来 源：National Parks Traveler. Recent Additions Boost National Trails System By More Than 1,275 Miles[EB/OL]. [2021-06-05].https://www.nationalparkstraveler.org/2020/10/recent-additions-boost-national-trails-system-more-1275-miles.

空气、户外地区和历史资源的质量，鼓励公众进入和市民介入。该法案阐明提供户外游憩机会的必要性，并将步道分为 4 个等级：

（1）国家风景步道系统（National scenic trails，简称 NST）：指 100 英里以上连续、无机动车的路径。它们提供出色的户外游憩机会，并保护重要风景、历史、自然和文化特质，使民众获得愉悦，由国会指定。

（2）国家历史步道（National historic trails，简称 NHT）：纪念具有历史（或史前）重要意义的国家历史场所游览线路，它们必须符合《国家步道系统法案》三大标准，也由国会指定。

（3）国家游憩步道（National recreation trails，简称 NRT）：指靠近或城市中的游憩步道。可以是联邦的、州府的或私有土地，通常由州政府和私有地所有者协定，《国家步道系统法案》授权，由农业部或内政部颁发指定的区域或地区现有步道。

（4）连接步道和支道：通往其他步道，或隶属于其他道路。

除特殊情况，国家步道系统一般禁止机动车通行。国家步道系统主要由国家公园管理局、土地管理局和国家森林署 3 大机构共同管理。美国国家步道系统概况见表 5-11。

美国国家步道系统概览表[1, 2] 表 5-11

名称	建立年代	长度（英里）	管理机构
Appalachian NST	1968	2 180	NPS
Pacific Crest NST	1968	2 650	USDA-FS
Continental Divide NST	1978	3 100	USDA-FS
Oregon NHT	1978	2 000	NPS
Mormon Pioneer NHT	1978	1 300	NPS
Lewis and Clark NHT	1978	4 900	NPS
Iditarod NHT	1978	2 400	BLM
North Country NST	1980	4 600	NPS
Overmountain Victory NHT	1980	330	NPS
Ice Age NST	1980	1 000	NPS

1 Pacific Crest Trail Association. America’s National Trails System[EB/OL]. [2020-12-21]. https://www.pcta.org/our-work/national-trails-system/.

2 American Trials. National Recreation Trials[EB/OL]. [2020-12-21]. https://www.americantrails.org/national-recreation-trails.

续表

名称	建立年代	长度（英里）	管理机构
Florida NST	1983	1 300	USDA-FS
Potomac Heritage NST	1983	700	NPS
Natchez Trace NST	1983	95	NPS
Nez Perce （Nee-me-poo） NHT	1986	1 170	USDA-FS
Santa Fe NHT	1987	900	NPS
Trail of Tears NHT	1987	5 043	NPS
Juan Bautista de Anza NHT	1990	1 200	NPS
California NHT	1992	5 665	NPS
Pony Express NHT	1992	1 800	NPS
Selma to Montgomery NHT	1996	54	NPS
El Camino Real de Tierra Adentro NHT	2000	404	NPS & BLM
Ala Kahakai NHT	2000	175	NPS
Old Spanish NHT	2002	2 680	NPS & BLM
El Camino Real de los Tejas NHT	2004	2 580	NPS
Captain John Smith Chesapeake NHT	2006	3 000	NPS
Pacific Northwest NST	2009	1 200	USDA-FS
Arizona NST	2009	800	USDA-FS
New England NST	2009	215	NPS
Star-Spangled Banner NHT	2008	560	NPS
Washington-Rochambeau Revolutionary Route NHT	2009	680	NPS
Nation Recreation Trails（总数量约 1300 条）		总长超过 28 000	NPS USDA-FS BLM FWS USACE 或各级政府和非营利组织
Side and Connecting Trails（共 6 条）			

注：USACE（United States Army Corps of Engineers）为美国陆军工程部队，隶属于美国陆军部。

美国国家步道系统的管理模式和国家荒野及风景河流的管理模式相类似。系统中的风景步道和历史步道由国会批准建立，由政府有关土地管理的职能部门管理，有些步道由多个部门共同管理。而游憩步道管理要求相较低一些，由其他各级政府管理。

5.5 其他层面的保护地

5.5.1 州层面保护地

每个州都有州立公园系统，美国最早的州立公园是纽约州在1883年建立的尼亚加拉大瀑布保护区，随后该州于1892年设立阿德隆达克公园[1]。1907年，威斯康星州制定州立公园系统规划，为威斯康星州立公园系统提供指南，并提议新增4个州立公园[2]。截至2016年，美国共有10336个州立公园，总占地面积7.28万km^2，包含11种类别，如州立公园、州立休闲区、州立森林、州立自然区域和历史区域等[3]。为促进和发展美国州立公园系统，发挥其自身作用以及对国家环境、遗产、健康和经济做出重要贡献，美国还建立了州立公园主管协会（The National Association of State Park Directors）。该协会由来自50个州及美属领地的州立公园管理者组成，为各州搭建交流和培训平台[4]。

每个州都至少有一个保护地管理机构，它常常作为联邦层面上的州级行动代表分支机构。所有50个州通过建立公园和其他保护地开展保护动植物群及其栖息地方面的协作项目。许多州立机构都与如土地管理局和国家森林署这些重要联邦保护地机构达成合作意向。

相比国家公园系统，州立公园面临更严重的资金危机，1990～1991年间，很多州立公园由于财政预算缩减而被迫关门[5]。

5.5.2 地方层面保护地

在美国，不同郡、城市、大都市当局，区域公园、城镇、土壤保护区和其他单位管理着不同

---

1 维基百科．List of New York state parks[EB/OL]．(2020-12-12) [2020-12-21]．https://en.wikipedia.org/wiki/List_of_New_York_state_parks.

2 Wisconsin Department of Natural Resources. Wisconsin State Parks through the Years[EB/OL]. [2011-05-21]. https://web.archive.org/web/20110521104750/http://dnr.wi.gov/org/land/parks/Centennial/.

3 桂玲莉，袁春雷．美国州立公园系统规划模式与经验借鉴[J]．世界林业研究，2019,32（03）：101-105.

4 America' s State Parks. About Us-Get to Know America's State Parks[EB/OL]. [2020-12-21]. https://www.stateparks.org/about-us/.

5 NELSON M P. An Amalgamation of Wilderness Preservation Arguments (199s) [M]//B C J, MP N. The great new wilderness debate. University of Georgia Press, 1998:154-198.

种类的地方层面保护地。这些保护地有的只比野餐区或游戏场稍大，而另一些占据相当大面积的自然区域。如菲尼克斯亚历山那南山公园／预留地（South Mountain Park/Preserve）是美国最大的市政公园之一，占地 65km²，内有一条超过 80km 长的游步道[1]；施密茨保护区公园（Schmitz Preserve Park）占地 21.5hm²，是西雅图市拥有并管理的保护地，以古老森林为特色[2]。

5.5.3 私人层面保护地

许多非政府组织（NGOs）负责保护地的获得和管理。由于联邦或州郡保护地有关政府机构没有能力在短期内购置某些土地建立保护地，经济实力强且具有政治影响力的非政府组织就购置土地、卖给政府，其中最有名的是自然保护委员会（Nature Conservancy，简称 TNC）。始建于 1951 年的 TNC 已经参与美国 50 个州和世界上 79 个国家和领地的保护项目，保护的土地在全球已超过 50 万 km²[3]。TNC 创立了一个 50 州自然遗产网络系统，这个系统开创其自身保护先例，并且也被大多数州立机构和逐渐增多的联邦机构所采用。2019 财年，TNC 总收入超过 10.5 亿美元，其中接近 6 亿美元来自民间捐赠；同年，TNC 发布一项拯救世界海洋的大胆计划，希望在未来 5 年内筹集 4000 万美元慈善基金，并通过向 20 个国家发行蓝色债券，解锁 16 亿美元可持续收入来保护世界上 400 万 km² 对生物多样性至关重要的海洋栖息地，使当前世界受保护海洋面积增加 15%[4]。同样具有重要地位的还有公有土地信托（Trust for public land），仅次于 TNC 的最大、最活跃的土地获取机构；该组织自 1972 年成立以来保护并将接近 5000 个场所共计超 1.5 万 km² 的土地转为公有，创造了近 500 个公园、运动场和花园[5]。

还有一个关系到保护地所有权或管理权的大型市民组织是国家奥度邦协会（the National Audubon Society），它拥有或租赁很多庇护地。在私人土地保护还有很多其他组织参与，尤其是保护基金会、土地信用联盟、野鸭保护会和鳟鱼保护会。土地信用联盟（Land Trust Alliance）共同管理着一个巨大区域。这块土地或是被全部拥有，或是享有地役权，土地所有者或自愿，或为了报酬，或为了某种形式的发展或使用交出权力。公有－私有合作在美国保护历史上占有中心地位，比如

---

1 City of Phoenix. South Mountain Park/Preserve[EB/OL]. [2020-12-21]. https://www.phoenix.gov/parks/trails/locations/south-mountain.

2 维基百科. Schmitz Park (Seattle) [EB/OL]. (2018-01-03) [2020-12-21]. https://en.wikipedia.org/wiki/Schmitz_Park_(Seattle).

3 The Nature Conservancy. About us-Who We Are[EB/OL]. [2020-12-21]. https://www.nature.org/en-us/about-us/who-we-are/.

4 The Nature Conservancy. Newsroom-The Nature Conservancy's Audacious plan to save the world's oceans[EB/OL]. [2020-12-21]. https://www.nature.org/en-us/newsroom/the-nature-conservancy-s-audacious-plan-to-save-the-world-s-ocea/.

5 The Trust for Public Land. the Power of Land for People 2020—2025[Z/OL]. National Office of Trust for Public Land: San Francisco, CA.[2020.12.21]. https://www.tpl.org/sites/default/files/Strategic_Plan_12.23.pdf.

the Boone、Crockett Club、the Sierra Club。国家鱼和野生物基金会（The National Fish and Wildlife Foundation）是国会于1984年为培养合作而建立的一个非营利组织，利用国会拨出的基金作为种子基金，按照私人所占比例支持合作伙伴。至2019年，基金会已经支持超过18600个项目，并且在与其他组织合作中在栖息地保护和保育方面产生61亿美元的影响[1]。

5.6 国家公园规划体系

美国是世界上最早开展国家公园规划实践的国家，对世界各国国家公园有着不可忽视的影响。美国国家公园的规划是切实保护公园内资源与环境、合理开发建设、科学管理公园内一切活动的综合部署和基本依据；帮助确定哪些类型的资源条件、哪些方式的游憩体验及管理行为方式，能够最有效地保护资源并完整地留给子孙后代。美国国家公园的管理规划，很好地体现了规划与管理二者相辅相成的关系。公园管理规划具体阐释了需要达到和保持未来理想状况的方法、行动、时间计划和资源分配情况（包括人力、财力和设施），反映了公园管理者和利益相关者对未来理想状况决策的实施策略[2]。

5.6.1 发展阶段

美国对国家公园规划的关注约始于1910年，真正意义上公园全面规划始于20世纪30年代。20世纪30～60年代这一时期，国家公园规划强调物质形态和视觉景观，注重概念与设计，解决的主要问题是怎样建设国家公园，而非如何管理；在具体工作中体现为严守公园边界，规划团队以景观建筑师为主体。早期的国家公园规划都只是规划人员的实践，批准的规划至少在向感兴趣的公众公示之前并无外人知晓[3]。在该发展阶段，风景游憩地规划与管理理论迅速发展（如游憩机会序列理论 Recreation Opportunity Spectrum，简称ROS），规划体系的架构日趋完善，国家公园的规划有了较为系统的理论指导。

由丹佛规划设计中心全权负责的国家公园规划始于20世纪70年代，20世纪七八十年代是美国国家公园综合行动计划阶段[4]。1978年，美国国会通过了要求每个公园准备总体管理规划的国家公园与游憩法（National Parks and Recreation Act），形成以总体管理规划（General Management Plan

---

1 National Fish and Wildlife Foundation 2019 Annual Report[J/OL].National Fish and Wildlife Foundation. https://www.nfwf.org/sites/default/files/2020-05/nfwf_annual_report_2019.pdf.

2 EAGLES P F J, MCCOOL S F. Tourism in National Parks and Protected Areas Planning and Management[M]. Oxon, UK: CABI Publishing, 2004: 77.

3 RETTIE D F. Our National Park System – Caring for America's Greatest Natural and Historic Treasures [M]. Urbana, Chicago, USA: University of Illinois Press, 1995: 106.

4 杨锐.美国国家公园规划体系评述[J].中国园林，2003（01）：45-48.

of U.S. National Park，简称 GMP）为主导的更为系统的规划决策体系。这一时期的国家公园规划在内容上开始以资源管理为规划的主要对象，解决的主要问题由如何开发建设变为如何管理，规划成果也相应地体现为由总体管理规划全面控制，引进公众参与机制，使多方案比较成为规划的常态。此外科学家尤其是生态学家要加入规划决策过程，使规划更加注重行动计划及其可能产生的影响。但规划依旧主要关注公园边界内的事务，没有与周边社区的发展综合起来考虑，自然与人文资源在空间上的连续性未能得到重视。

20 世纪 90 年代至今的决策体系阶段是美国国家公园规划的又一次变革。这一时期，国家公园规划开展的层次性极为受重视，从目标规划到实施细节都要综合考虑，总体管理规划的制定年限延长。美国国家公园管理局机构重组，决策权更多下放到基层的国家公园，决策模式更为有效。上述两点变化也直接导致规划成果的变化，规划成果被具体规范为不同层次的、解决不同问题的总体管理规划、项目规划、战略规划、实施规划、年度执行计划与报告，规划成为基层管理者的工具，而不是强加给他们的样板。可接受的改变限度（LAC）与游客体验与资源保护理论（VERP）的引入促进了对规划的科学监测，综合考虑资源保护与游憩利用是该阶段规划的一大进步。公众参与、多方案比较和多学科专业人员介入使规划决策队伍进一步得到加强。规划的科学性与逻辑性有了极大程度的提升，并且不再为公园边界严格限制，而是综合考虑公园边界内外的事务，以实现区域共同发展的目的。

美国国家公园管理规划体系经历了多个阶段的发展与转型过程，积累了大量经验，持续影响着世界各国国家公园的规划、管理与发展。由聚焦荒野地，到关注开发建设与旅游管理对环境造成的不可逆影响，美国国家公园的管理规划始终与政治、社会和经济的发展与时俱进。

5.6.2 规划依据

完善而成熟的法律体系是美国国家公园规划体系的重要依据，美国国家公园规划是对该法律体系的回应[1]。

成文法主要包括《国家公园管理局基本法》（Organic Act，1916）、各国家公园授权法（Enabling Legislation），以及《荒野地法》（Wildness Act，1964）、《原生自然与风景河流法》（Wild and Scenic River Act，1968）、《国家风景和历史游路法》（National Scenic and Historic Trails Act，1968）等单行法。《国家公园管理局基本法》是美国国家公园最早和最重要的成文法，规定了国家公园管理局基本职责。由于随着国家公园体系发展及种类多样化，许多国家公园单位授权与基本法精神相抵触，美国国会于 1970、1978 年修订基本法。授权法为每一个国家公园体系单位（Park

1 陈耀华，侯晶露．美国国家公园规划体系特点及其启示——以美国红杉和国王峡谷国家公园为例[J]. 规划师，2019，35（12）：72–77.

Units）单独设立，可能是成文法或者美国总统令[1]；针对性强，明确规定该国家公园的边界、重要性及其他适用内容，是管理该国家公园的重要依据，如《黄石公园法》，由此形成一园一法的体系。《荒野地法》《原生自然与风景河流法》《国家风景和历史游路法》是针对各类别资源的单行法，涉及国会、联邦与州之间的资源合作管理模式。成文法只规定"能做什么"和"不能做什么"，不涉及"怎么做"。

《国家环境政策法》（National Environmental Policy Act，NEPA，1969）不是针对国家公园体系规划而制定，但它要求联邦政府机构在规划和决策过程中对政府行为进行环境影响评价，使国家公园管理局的决策结合考虑联邦各项法律和参与决策制定过程，从而对国家公园周边土地和资源管理拥有更多发言权和影响力。并且，美国国家公园总体管理规划基本按照NEPA提供的一套环境规划内容而制定。

国家公园管理局部门将规章细化成文法相关内容，回应"怎么做"，也是管理国家公园体系的依据。此外，联邦法律《清洁空气法》（The Clean Air Act，CAA）、《濒危物种法》（The Endangered Species Act）、《国家史迹保护法》（The National Historic Preservation Act）等，是国家公园管理局管理公园内部事务和解决公园边界内外冲突的依据和有力工具[2]。

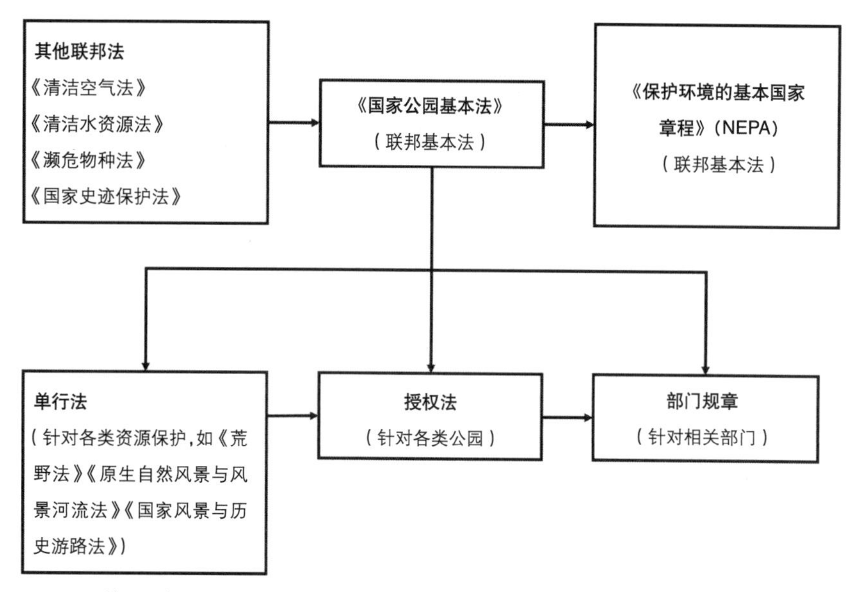

图5-11　美国国家公园立法体系图
来源：顾越天，张云路，李雄．美国国家公园建设与管理经验对我国的启示[J]．中国城市林业，2020，18（05）：61-65．图1

国家公园管理局还为所有公园单位制定了管理政策，而公园单位主管人员在区域办公室正式授权下，可以设置针对性的行政命令和指导（如营业时间、季节性开放日期等），作为国家公园管理局管理政策的补充[3]。

总体上，美国国家公园法律体系可分为国家公园基本法、授权法、单行法、部门规章、管理政策和行政指令等层次；各个层级、类别的法律之间横向协调、纵向关联（图5-11），构成美国规划和管理多类别国家公园的依据[4]。

1　余俊，解小冬．从美国国家公园制度看我国自然保护区立法目的定位[J]．生态经济，2011（3）：172-175．

2　杨锐．美国国家公园的立法和执法[J]．中国园林，2003（05）：64-67．

3　陈耀华，侯晶露．美国国家公园规划体系特点及其启示——以美国红杉和国王峡谷国家公园为例[J]．规划师，2019，35（12）：72-77．

4　顾越天，张云路，李雄．美国国家公园建设与管理经验对我国的启示[J]．中国城市林业，2020，18（05）：61-65．

5.6.3 规划体系现状

美国国家公园规划目前依然处于决策体系阶段，以总体管理规划（GMP）为指导的规划体系（图2–4）具有强调层次性、逻辑性强、有据可循、逐步开展等理性特征，很好地体现了规划由宏观到具体逐层深入的连续性。

1. 研究阶段与主题

规划体系包括6个阶段，各阶段研究主题如图5–12所示。

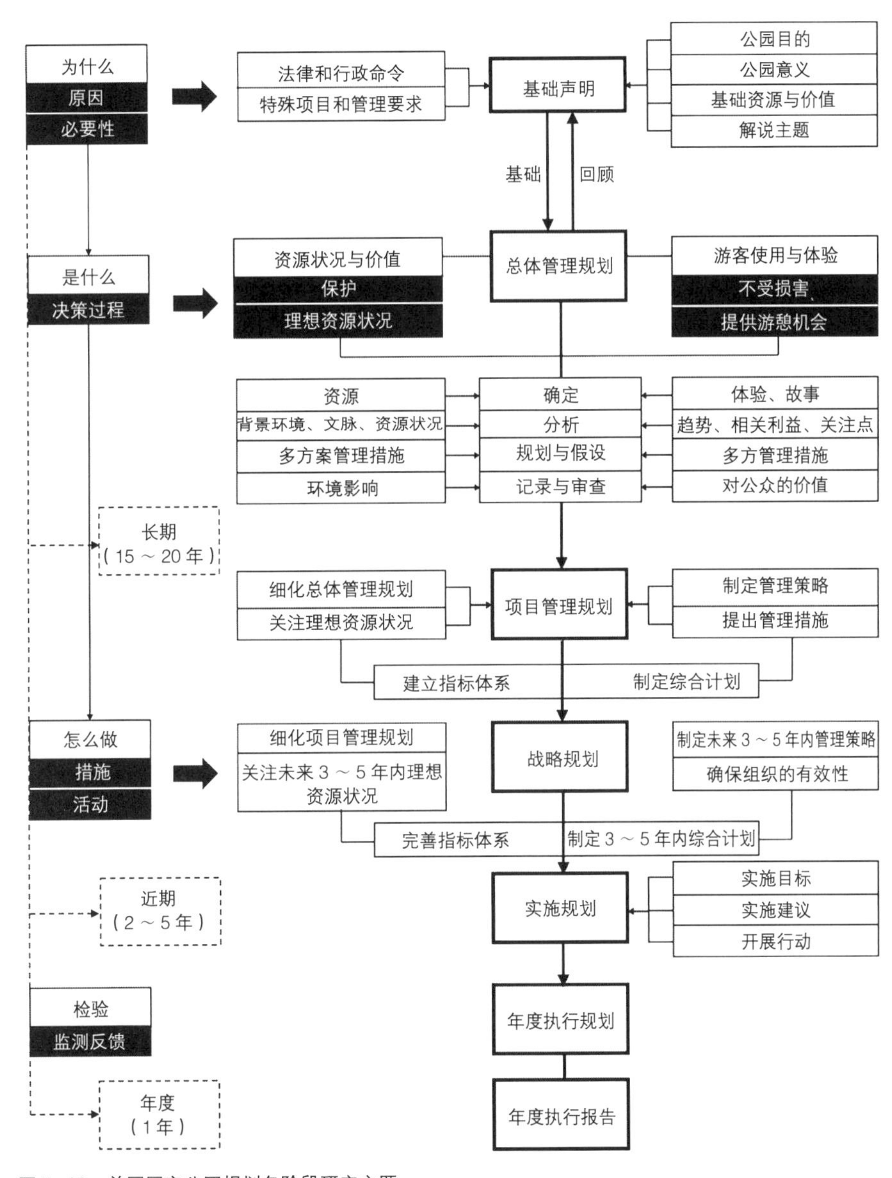

图5–12 美国国家公园规划各阶段研究主题

来源：杨伊萌. 美国国家公园规划研究[D]. 上海：同济大学，2015：22. 图2–2.

（1）基础声明（Foundation Statement）

基础声明是国家公园规划与管理的基础，先行于其他类型的规划。它关注的重点是“设立公园的原因”，即“为什么”的部分。在每个国家公园规划的基础声明中，阐明了公园的目标（park′s purpose）、公园的重要性（park′s significance）、首要的解说主题（Primary Interpretive themes）；明确了面向未来规划和管理的、公园最重要的资源和价值，即：能够体现公园目标与重要性的最根本的资源与价值；同时，规定公园基本管理责任的相关法律与政策的要求。通常，基础声明是公园管理规划的第一部分，但其与总体管理规划的主体内容并不相互重合或替代。

（2）总体管理规划（General Management Plan）

总体管理规划（GMP）由国家环境政策法（National Environmental Policy Act，NEPA）和国家历史保护法（National Historic Preservation Act，NHPA）的第106部分（Section 106）指导，在进行科学的环境影响评估和多方案选择方面有着极为详细的计划。通常与环境影响评估（Environment Impact Assessment，简称EIS）一同开展，对联邦政府行为的环境影响进行评估，包括积极与消极的影响，这一过程即环境评估（Environment Assessment，简称EA）过程。如若发现任何可能会对自然或人文环境造成重大影响的行为，那么就需准备正式的环境影响声明（Environmental Impact Statement，简称EIS）。NEPA要求总体管理规划（GMP）决策必须基于科学信息（scientific information）、充分的信息和分析，同时全面考虑合理的替代方案。

（3）项目管理规划（Program Management Plans）

项目管理规划是总体管理规划（GMP）的后续规划，是一类规划的总称。这类规划为每个项目区域制定和明确最佳的管理策略，以达成总体管理规划（GMP）中要求的资源和游憩体验状况。项目管理规划通常作为定性的总体管理规划（GMP）与定量的战略规划，以及实施规划中规定的具体行动之间的联系桥梁。项目管理规划中的具体规划种类多样，会根据每个公园的独特性制定与调整。国家公园管理局也并未明确给出哪些具体规划属于项目管理规划的类型，但一般来说，综合解说规划（comprehensive interpretive plans）、游客使用规划（visitor use plans）、资产管理规划（asset management plans）等属于项目管理规划范畴。

（4）战略规划（Strategic Plan）

战略规划通常在项目管理规划之后，它用于记录总体管理规划（GMP）中规定的理想资源状况、项目管理规划中提出的策略以及在接下去的3～5年中的优先权情况。战略规划中的信息可体现国家公园管理局在规划管理中的实际收获，满足政府绩效和效果法案（Government Performance and Results Act，GPRA）的要求。

（5）实施规划（Implementation Plans）

实施规划涵盖了多元化的规划主题。依照公园战略规划中规定的理想资源状况与策略的优先顺序，详细阐述具体管理行动如何实现目标。例如，荒野地、栖息地、特殊物种、山洞、垂钓、畜牧、古生物资源、植被、矿产、水资源、综合生态系统、自然资源、昆虫、解说系统等的管理规划都可被认为是实施规划。

（6）年度执行计划及报告

年度执行计划及报告阐释公园每年的具体目标。执行计划包含该年度的工作计划与相应的预算和工作量情况；报告记录了公园为满足年度执行计划的每一步努力，同时分析目标实现或未实现的原因，以供未来的规划修订和执行提供参考经验或教训[1]。

2. 审批部门与程序

涉及国家公园规划制定与审批的部门，包括华盛顿办公室（Washington Office，简称WASO）、规划领导组与项目咨询委员会（Planning Leadership Group，Program Advisory Committee）、地区办公室（Regional Offices）、丹佛规划设计中心（Denver Service Center，简称DSC）（表5–12）。

华盛顿办公室（WASO）：负责公园规划、设施和土地的联合主管，为总体管理规划（GMP）提供指导和监督。在联合主管之下的、负责公园管理和专门研究部门的项目主管，领导国家公园管理局的规划。

规划领导组（PLG）：国家层级的委员会，主要为总体管理规划（GMP）的政策、项目标准和其他WASO项目管理人员提供建议。由华盛顿办公室的项目管理人领导。

项目建议委员会：从属于规划领导组的委员会，由华盛顿项目管理人员和7个负责总体管理规划（GMP）项目的联合地区主管组成。主要为华盛顿项目管理人员提供建议，一年两次对主要政策或基金问题提供建议，同时一年两次更新NPS优先名单。

地区办公室：7个地区办公室分管全美7大主要区域：东北部、首都、东南部、中西部、内陆山区、太平洋西部、阿拉斯加地区。这些办公室负责为其区域内的公园总体管理规划（GMP）向国会要求资金支持，同时负责审查规划草案文件，确保规划质量。

丹佛规划设计中心（DSC）：美国国家公园管理局的内设机构，在制定总体管理规划（GMP）的过程中发挥极其重要的作用。它的主要职责是按照地区办公室的要求制定具体的规划内容，为美国国家公园系统提供全面的规划设计服务[2]；同时，为其他部门提供技术支持、协助华盛顿办公室准备导则等文件。

目前，美国国家公园规划最主要的规划审批程序，集中在总体管理规划（GMP）的制定、通过与投入后续实施规划的过程中，4个部门各司其职，在不同环节参与的程度不同（图5–13）。

---

1 National Park Service. Program Standards Park Planning[S]. USA：National Park Service，2004.

2 赵智聪，马之野，庄优波．美国国家公园管理局丹佛服务中心评述及对中国的启示[J]. 风景园林，2017（07）：44–49.

参与总体管理规划的主要部门及其职能、责任一览表　　表 5-12

规划领导组和项目咨询委员会（Planning Leadership Group, Program Advisory Committee）	地区办公室（Region）	华盛顿办公室（WASO）	丹佛规划设计中心（DSC）
	为规划筹集资金	建立总体管理规划政策和指导原则	为华盛顿办公室的规划提供项目支持
启动准备规划的要求	确认规划的必要性	排序、协调和分配规划基金	
在总体管理规划开始前收集资源、游客使用和其他相关资料数据	与丹佛中心和（或）外部承包人制定计划或合同	提供并协调华盛顿办公室的政策审查	
指派工作人员担任规划团队成员和学科专家	潜在性地指派工作人员担任规划团队成员和项目主题专家		提供合适的项目管理人员和其他学科专家 提供图形编辑支持
	提供质量控制和保障		可能对其他部门提供技术支持
为总体管理规划设定指导方向	为总体管理规划设定指导方向	为总体管理规划设定指导方向	辅助其他部门为总体管理规划设定指导方向，但主要是承担保证质量、计划和开支的责任
	准备已选定的总体管理规划或监督承包人		准备地区部门要求的总体管理规划
组织公众参与；组织社区和规划参与者的互动	建议与辅助公众参与	与外部各方在系统层面上对公众参与过程和活动进行交流	辅助公园管理人员进行公众参与活动
回顾总体管理规划草案	监测和回顾总体管理规划以确保政策一致性与质量控制	回顾总体管理规划草案文件，包括项目协议，以确保政策的一致性	回顾总体管理规划草案以确保质量控制
（由主管）推荐总体管理规划给地区主管	（由地区主管）批准总体管理规划	提供打印公开文件的工作间隙	
实施已批准的总体管理规划	促进和监测已批准的总体管理规划的实施		

3. 编制程序与成果

在美国国家公园规划的决策性阶段，按照国家环境政策法（NEPA）、国家历史保护法（NHPA）等相关法律的要求，有较为明确的规划步骤和编制程序（表 5–13）。目前，能够体现决策性阶段

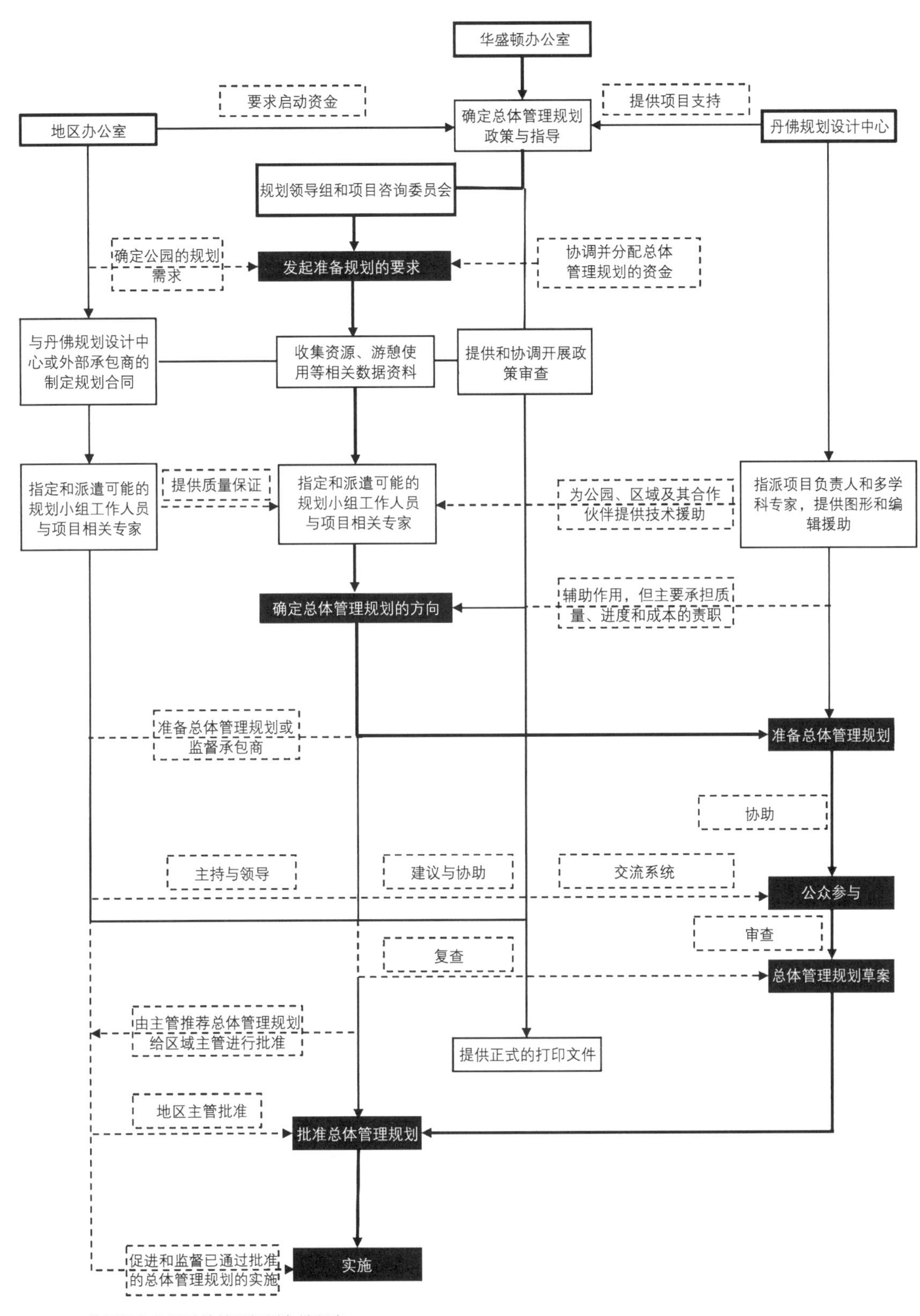

图 5-13　美国国家公园总体管理规划审批程序
来源：杨伊萌 . 美国国家公园规划研究 [D]. 上海：同济大学，2015：26. 图 2-3

的规划主要是总体管理规划（GMP）和环境影响评估（EIA），两者通常同时进行，统一于规划成果中，最终通过的决策性规划成果具有法律效力。总体管理规划与环境影响评估一旦完成即作为该公园的后续项目、战略与实施规划的指导性规划；后续规划中出现的目标、措施等具体内容，都是为达到决策性规划中认可的理想资源状况与游憩体验而制定的。依照国家公园管理指令系统的要求，国家公园的决策性规划批准后，必须严格执行，任何组织和个人不得擅自改变；作为一项长期规划，总体管理规划的决策内容每隔 5 年进行一次修订和更新，结合管理中遇到的实际问题、公园资源和游憩状况的即时变化来调整决策内容，该工作由丹佛规划设计中心全权负责。

美国国家公园决策性规划编制程序　　表 5-13

规划阶段	主体步骤	工作流程	
决策性规划	项目启动 / 确定工作范围	准备项目协议草案	确定项目负责的规划团队
			准备项目议程、工作量和预算
			制定公众参与策略
			准备项目协议
		项目协议通过地方办公室、华盛顿办公室与丹佛规划设计中心的批准	
	公众、机构与合作伙伴范围确定 / 启动数据收集	在联邦公报（Federal Register）上发表正式的意图通知（Notice of Intent）	
		启动环境条件咨询	
		收集并分析游客使用和资源数据	
		准备基础声明	明确公园的目标、意义、首要的主题和基本资源价值
			明确授权与委托
			明确国家公园管理局的法律政策
			分析公园的基本资源价值
		展开公众、机构和合作伙伴范围确定	准备与分发范围确定快讯
			组织公众参与讨论会
			复审与分析公众意见
	多方案规划工作启动	初步制定多方案	制定潜在的管理分区范围
			不同备选方案的概念制定
			多方案概念快讯宣传册准备与分发（可选）
		甄选理想方案	深入分析各方案，描述其对环境造成的影响
			估计每个方案的预算情况
			选定理想方案

续表

规划阶段	主体步骤	工作流程	
决策性规划	准备总体管理规划与环境影响评估草案	在联邦公报上发表可用通报（Notice of Availability）	国家公园管理局为总体管理规划与环境影响评估草案发表可用通报
			环境保护机构（Environmental Protection Agency）为总体管理规划与环境影响评估草案发表可用通报
		总体管理规划与环境影响评估草案公示	开展公众参与讨论会，聆听公众意见与建议
			收集、分析、总结与反馈相关机构与公众的意见建议
	准备总体管理规划与环境影响评估最终方案	国家公园管理局为总体管理规划与环境影响评估最终方案发表可用通报	
		环境保护机构为总体管理规划与环境影响评估最终方案发表可用通报	
	准备决策记录	地区主管签署决策记录	
		在联邦公报上刊登决策记录，在地区报纸上刊登相应通知	
	准备规划的最终汇报	—	
	项目关闭	项目后期评估 / 行政记录归档	
	实施	决策性规划实施	

决策性规划成果有统一的标准要求。每个国家公园的总体管理规划兼环境影响评估是糅合在一起的整套规划文本，在章节顺序和具体内容设置上各有侧重，以总体管理规划的章节编排为准，以明确表达规划流程和因果关系，详见表5-14：

美国国家公园总体管理规划成果　　表5-14

主要部分	具体内容
介绍	概述——总体管理规划的目的、必要性
	简要历史——总体管理规划的启动时间与方式
基础声明	公园的目标——解释为什么要设立该公园
	公园意义——公园的独特性和重要性
	基本阐释的主题——游览者都需要知道有关公园的那些信息
	特殊任务——确认与公园的目标有冲突的特殊协议与法律法令
	国家公园管理局法律有政策要求——管理国家公园系统内所有单元的联邦政府法律、政策和要求概述
	基础资源与价值——因最能体现公园的目标与意义的而必须被保护的资源与价值

续表

主要部分	具体内容
规划 （该部分包含多个可选方案）	概念——阐释公园预期愿景
	管理分区——与公园的目标和基础资源价值相符的地理分区，对资源状况与游客体验保护状况做出合理应对
	理想状况——在每个管理分区内，对理想资源状况和游憩机会进行描述，应具体到对管理、开发、特殊地带进入方式的类型与程度。同时对游客承载力有明确的指示与标准
	边界变更——符合法律规范的边界变更情况及其理由
附录	法律——包括一份公园建立的法律或公告附件
	决策记录（ROD）或未发现重大影响报告（FONSI）——包括被签署的ROD或FONSI
	总体管理规划制定过程总结，包括相关文件
参考文献	在总体管理规划准备过程中提及的文献资源
编制者与顾问	参与编制的人员和其负责领域；充当顾问的人员

环境影响声明的成果应包含表5-15的主体内容。

环境影响评估成果 **表5-15**

主要部分	具体内容
介绍	总述——高度概况的环境影响声明，强调主要结论、争议点以及解决方案
	工作目录——包含所有主要的工作内容
	目的与必要性——明确主要的环境影响因素和非影响因素
规划方案评估	介绍——对每个规划备选方案进行简要介绍
	范围划定——根据环境制约因素以及公园特点划定评估范围
	确定可行方案
	建议采取的措施
	对不实施方案的描述
	剔除不合理方案
	每个备选方案的预算评估
	确定一个最易于实施的方案
	确定一个最有利于环境与资源保护的方案——通常即最可能采用的方案
	总结

续表

主要部分	具体内容
环境影响	受影响环境描述——根据 NEPA 规定，对每一个环境影响专题进行描述，除规定专题外，仅针对可能受到开发或游憩行为影响的部分进行数据收集与描述。
	影响评估——包含影响信息、背景环境、不足的资料信息、可测定的影响因素、影响等级、累积影响、减轻不良影响的措施
	可持续性与长期管理——在每个管理分区内，对理想资源状况和游憩机会进行描述，应具体到对管理、开发、特殊地带进入方式的类型与程度。同时对游客承载力有明确的指示与标准。
磋商与协调	公众参与环境影响评估过程的历史情况
	负责人列表
	接收者列表
	反馈
参考文献	引用文献
	技术用语解释列表
	关键词解释
	附录

在目前的规划体系中，非决策性规划集中体现为项目管理规划、战略规划和实施规划。这 3 种规划是所有非决策性规划分类的统称，并不将决策性规划中的总体管理规划单列出来，也不需要通过华盛顿总部或地方主管的审批，是由丹佛规划设计中心根据基础规划中的规划必要性评估决定需要开展的弹性规划。因此，规划成果以各个公园的具体情况为准，在章节安排和内容没有统一的格式要求。尤其是实施规划部分，由于包含了众多主题的规划种类，在规划标准中无法给出实施规划的统一成果要求和必需的内容。在实际操作中，实施规划是最大程度结合公园场地的具体状况、深入到设计施工环节的规划；因此，这种弹性规划在开展和成果上都具有极大的灵活性。表 5–16 是项目管理规划、战略规划和实施规划成果应包含的主要内容。

非决策性规划内容　　表 5-16

规划阶段	主要部分	具体内容
项目管理规划	理想状况的指标设定	项目专家或学者建立客观的、可测量的指标和目标，以指导思想的资源和游憩体验状况的监测活动。
	制定综合战略	为达到理想的资源和游憩体验状况，提出具体的建议管理策略和措施

续表

规划阶段	主要部分	具体内容
战略规划	管理目标	明确阐述公园未来五年内期望达到的理想资源状况，给出可测量的目标、指标和完成日期
	公园范围内的战略	未来三到五年内的宏观管理计划
实施规划	实施目标	围绕战略规划中的某一个单项管理目标开展
	实施建议	在项目管理规划中的管理建议基础之上制定，目的是达成实施目标
	实施行动	确保资金到位，在 2 ～ 5 年内完成具体实施，达成实施目标

5.6.4 规划体系调整新动向

1. 国家公园管理局工作主题调整

2016 年，美国国家公园管理局迎来其成立 100 周年纪念，这 100 年的发展历程是美国国家公园保护的第一个世纪，也是具有里程碑意义的世纪。在这 100 年中，国家公园管理局将主要精力放在国家公园系统中保护单位的管理与保护，践行了国家公园管理局组织法的核心任务。美国国家公园系统的创立是国家公园管理局保护规划工作的一大创举。该系统包含了诸多美国独特的区域，甚至一些具有争议的地方，公众的积极参与在整个保护的发展过程中塑造和弘扬了整个民族的包容性。该系统激发了美国各社会阶层历史保护的意识，开创了集中体现美国民族价值观的景观管理模式[1]。

在未来发展的第二个世纪中，国家公园管理局设想使其管理和公众参与的典范作用焕发新的生机，推动国家公园和相关项目创造就业的机会、加强地方经济以及支持生态系统服务；充分利用和支持多部门工作人员、公园社区和志愿者网络，将现有的成功形式扩大化；通过公园规划和管理来扩大对社会的贡献。具体来说有 4 大主题：

（1）加强公园与人的联系

不论年龄、国籍、性别、职业，公众群体是国家公园潜在的巨大游客群体，国家公园管理局的工作应扮演使公众认识国家公园、带动地方经济、弘扬爱国主义与民族性的媒介。为此，国家公园管理局将重点首先放在公园与公众的长期互动上，促进游憩、教育、志愿服务等系列活动的开展；其次，加强社区与公园的联系，吸引人们到国家公园中来；同时扩大公园作为健康的户外游憩地的使用功能，为人们的身心健康和社会交流作出贡献；最后，强化公园与人的文化对接，使公众对公园有文化上的认同感。

在管理措施上，体现为自然文化资源普查归档、向青少年开展公园体验活动、开设历史课堂、

1 National Park Service. A Call to Action：Preparing for a Second Century of Stewardship and Engagement[EB/OL].（2014-08-25）[2020-12-14]. http://www.nps.gov/calltoaction/PDF/C2A_2014.pdf.

将社区健身活动与公园游憩活动合并、提倡健康的饮食与生活方式等多种组织形式的调研与活动。

（2）推进教育使命

通过多样化的社区参与合作开展创造性的交流与教育战略。国家公园扮演着重要的教育角色，是帮助公众了解国家最珍贵的遗产、教育国民保护资源的义务的最生动代表。为此，国家公园管理局对自身的定位首先应是教育机构；借助高科技与社会媒介同公众进行交流，提升公众对国家公园的兴趣；与相关教育团体或机构合作，扩大国家公园管理局的教育项目，让国家公园变成最生动的学习园地。

在管理措施上，倡导间接管理措施，如与学校联办户外课堂、运用地理信息等技术建立三维地理网络数据平台、允许人们通过网络或手机访问国家公园信息、完善解说系统、为学生团体到访国家公园提供交通支持等，保证管理效果和游客的体验效果。

（3）保护美国独特的区域

国家公园是广阔的自然与文化资源景观的基石。尽管公园边界范围内的区域，在近百年里得到了有效的保护，但公园边界外的环境已经对国家公园形成了威胁和挑战，综合、全面的保护与管理势在必行。可持续的战略与技术越来越受到公园管理者的重视。为此，对国家公园自然与人文资源的保护，首先是为了提升应对气候变化等环境威胁的能力；在国家公园范围内开展科学研究活动，作为公园规划、决策、教育的基础；完善指标体系和相应的管理策略，并通过与其他土地管理者或利益相关者合作，创造并保持大景观范围内的影响力。

在具体的管理措施上，体现为探索新型资源管理模式、保护大尺度的景观环境、削减每年温室气体的排放量、历史建筑或构筑物再利用、保护夜空环境、评估公园资源的整体状态、提高水质、保护水岸等。

（4）加强专业能力和组织能力

国家公园管理局将组建一支多元化的工作团队以适应社会与环境的飞速变化，在工作中开展系统性地考虑、评估风险和做出决策。这样的团队需具备良好的科学素养，能够有效地合作，并且能够不断应对新的挑战。

在具体的管理措施上，体现为组建有效的团队合作网络、谨慎确定各层级主管的人选、鼓励工作人员探索创新；开展国家公园管理局新任员工培训工作；鼓励员工在管理决策中批判性思考；提升国家公园管理系统的现代化程度，运用最前沿的科学技术手段等。

2. 美国国家公园规划体系框架的调整

随着国家公园管理局工作目标的调整与工作主题的明确，国家公园的规划体系框架也为迎接国家公园管理的第二个百年做出调整和逐渐转型。新的规划体系框架更为全面地涉及公园管理的方方面面，在确定公园发展问题与做出决策方面发挥更大的优势。其调整分为如下几方面：

（1）基础文件（Foundation Document）的出现

截至2016年8月，所有国家公园都需完成基础文件的编制工作。该文件的地位是作为未来每个国家公园规划决策的基本规划，包含对每个公园所需规划的必要性和优先性评估。由基础文件指导的公园规划体系将更加有针对性地对每个具体的国家公园展开规划评估，基础文件中必须包含公园的目标、重要性、资源价值与解说主题，在此基础上，根据公园现状与既有规划情况，评估公园所需的规划类别，因地制宜地提升规划的有效性。

新的规划体系不再强调规划的层级，“基础文件＋所需规划＋监测”逐渐代替原有的强调等级的规划系统。总体管理规划仅在极少部分国家公园中继续制定和使用，它已同其他规划（如土地利用规划、自然资源规划、游径规划等等）等同时隶属于基础文件之下，是39类规划中的一种。在新的规划管理框架中，总体管理规划与其他规划是平等的关系，其本身也有与新框架中的基础文件同名的部分，但两者有细微差别。

（2）规划合集（Planning Portfolio）概念的出现

在国家公园规划工作中引进规划合集的概念，有效灵活地应对每个公园独特的规划需求变化，使公园规划变成“活的文件”（Living Document）。单项管理规划（Unit Management Plan）的出现是满足公园规划需求的重要组成部分，规划文件合集的所有制定，将达成满足公园规划需求的目标。规划合集的另一优势是便于规划修改或调整，可以针对单项规划进行增删、更新等，从而不影响整个规划工作的推进。对总体管理规划的法定要求以及规划监测和评估要求并未废除，而是通过上述新的规划手段实现。

（3）将国家公园管理局负责的其他规划项目纳入公园规划的服务范围，提升国家公园规划的整体能力。在信息共享、资金来源、项目审查等方面最大限度地实现项目间的共享，合理分配不同项目间的资源以满足公园的规划需求，明确不同规划管理工作的职责。这些结合公园规划考虑的项目，包括商业服务项目（Commercial Services Program）、气候变化项目（Climate Change Program）、荒野地项目（Wilderness Program）、资产管理（Asset Management）和合作伙伴会（Partnerships Council）[1]。转型中的新规划体系的宏观架构如图5–14所示。

目前，针对国家公园规划可总结整理出约40种不同种类的具体规划，涉及宏观、中观、微观不同层面。国家公园的具体规划种类仍在持续地完善中，因此难以用一个确凿的数字描述所有的规划种类。每年持续有区域接受入选国家公园的评审，国家公园的数量处于变化中；对于新近成为国家公园的保护区域，需根据其资源特色开展具体规划评估，可能存在出现针对某一地区特点开展的独特类型的规划；对于已纳入国家公园的这些区域来说，基础文件的编制也会重新评估每个公园所需要的规划种类，因此会造成规划种类的持续变化，这种数量上的不确定性也是美国国家公园规划的灵活性、适应性的体现。

目前常见的约40种国家公园内开展的规划可根据两大规划根本任务以及每项规划涉及的具体内容进行分类（表5–17）。

1 National Park Service. Planning for the Future [EB/OL]. http://concessions.nps.gov/docs/AdvisoryBoard/Oct11/CMAB%20Park%20Planning%20Presentation%20.pdf, 2012. p.3.

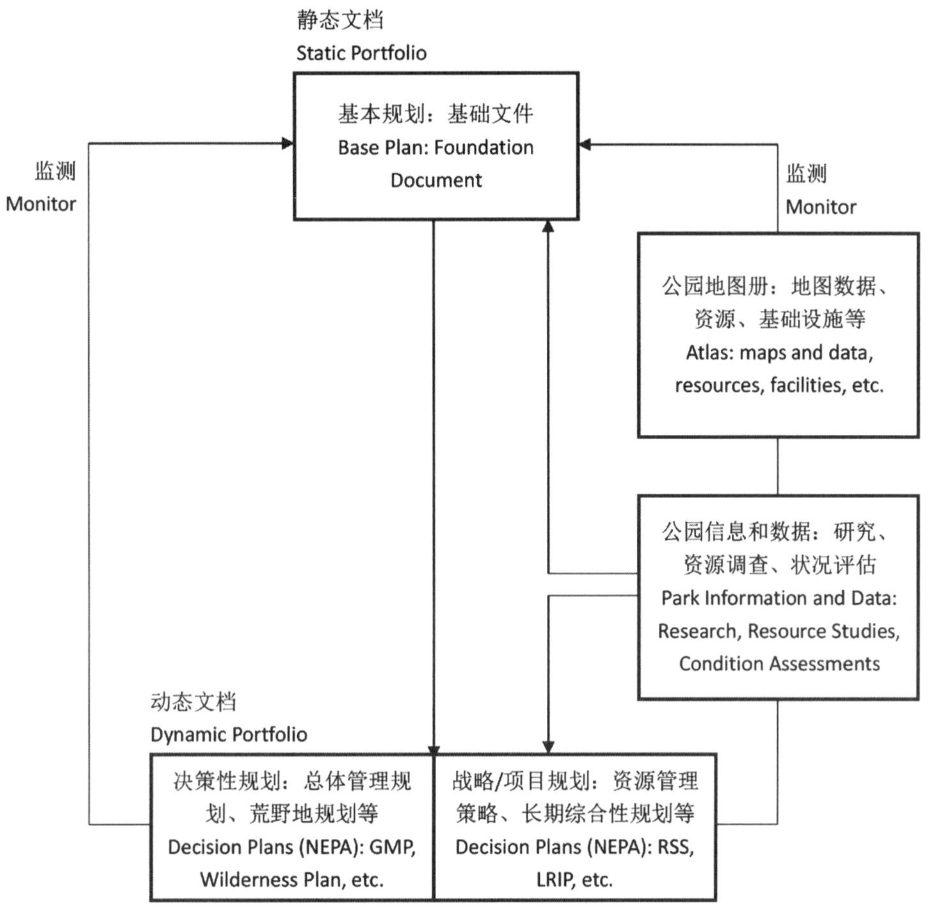

图 5-14　转型中的美国国家公园规划体系
来源：杨伊萌 . 美国国家公园规划研究 [D]. 上海：同济大学，2015：36. 图 2-4

国家公园规划分类表　　表 5-17

规划任务	规划内容	规划名称
保护资源	土地资源	土地保护规划 Land Protection Plan
		废弃矿地复垦规划 Abandoned Mine Land Reclamation Plan
	自然资源	森林防火管理规划 Fire Management Plan
		河流综合管理规划 Comprehensive River Management Plan
		水资源管理规划 Water Resources Management Plan
		昆虫管理规划 Pest Management Plan
		入侵物种管理规划 Invasive Species Management Plan
		植被管理规划 Vegetation Management Plan
		湿地管理规划 Wetland Management Plan
		鱼类与渔业管理规划 Fish and Fishery Management Plan
		应对气候变化规划 Climate Change Scenario Plan

续表

规划任务	规划内容	规划名称
保护资源	自然资源	空气质量管理规划 Air Quality Management Plan
	文化资源	遗址区规划 Heritage Area Plan
		历史保护规划 Historic Preservation Plan
		历史陈设规划 Historic Furnishing Plan
		岩石艺术管理规划 Rock Art Management Plan
		岩画与象形文字管理规划 Petroglyphs and Pictographs Management Plan
		收藏品管理规划 Collections Management Plan
		收藏品贮存规划 Collection Storage Plan
	荒野地	荒野管理规划 Wilderness Stewardship Plan
		畜牧管理规划 Grazing Management Plan
提供游憩机会	游憩体验	游客使用管理规划 Visitor Use Management Plan
		游客服务规划 Visitor Service Plan
	设施运营	长期交通规划 Long Range Transportation Plan
		商业服务规划 Commercial Services Plan
		能源发展影响管理规划 Energy Development Impacts Management Plan
		道路管理规划 Road Management Plan
		游径管理规划 Trails Management Plan
		路旁露营规划 Roadside Camping Plan
		交流基础设施规划 Communication Infrastructure Plan
综合管理		总体管理规划 General Management Plan
		战略规划 Strategic Plan
		场地具体规划 Site Specific Plan
		特殊资源研究 Special Resource Studies
		公园资产管理规划 Park Asset Management Plan
		资源状况评估与应对规划 Resource-specific Condition Assessments and Treatment Plan
		总体发展规划 Master Development Plan
		长期解说系统规划 Long-range Interpretive Plan
		场地发展规划 Site Development Plan
		监测与保护规划 Monitoring and Protection Plan

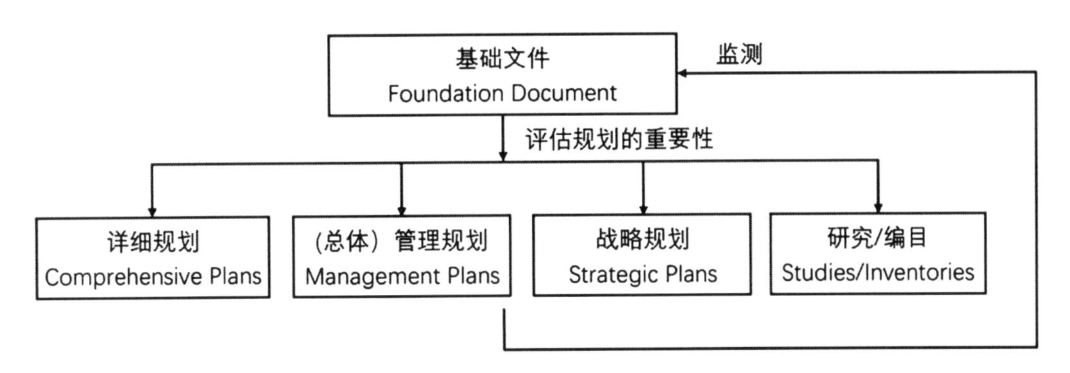

图5-15　美国国家公园规划体系修订框架图
来源：李云，唐芳林，孙鸿雁，刘久俊，闫颜，崔晓伟．美国国家公园规划体系的借鉴[J]. 林业建设，2019（05）：6-12. 图1

总而言之，美国国家公园的规划与管理依然处于总结实践经验与教训，通过不断调整趋向完善的进程中。2016年百年庆典后，针对每个具体公园的基础文件为指导的新规划体系（图5-15）全面推广到美国国家公园规划工作中（表5-18），取代了强调层次性的既有规划体系。国家公园的规划与管理，在时间的掌控、资金的合理分配、规划决策的有效性与可操作性等方面迈上新的台阶。

美国国家公园规划体系现况表　　表5-18

序号	名称	规划内容	规划期限	规划团队	批准主体
1	基础文件	记录了某个公园的目的、重要性、基础资源和价值，以及主要的讲解主题等内容的文件	至少1个管理总体规划的周期（20～30年），期间可进行拓展或修订	国家公园与区域办公室，可由丹佛设计中心提供咨询服务	区域办公室主管
2	总体管理规划	园内资源保护措施、标明开发使用的类型和总体强度、游客承载力、潜在的边界调整等	20～30年；通常每10～15年进行复审	丹佛设计中心	国会
3	战略规划	长远的绩效目标及实现策略、描述设定或修改目标是进行的分析过程、确定公民参与策略，在制订策略计划过程中鼓励相关利益者和社区参与进来、识别出能够对目标的实现产生显著影响的关键外部因素等	5年	丹佛设计中心	区域办公室主管
4	详细规划/专项规划	专注于管理总体规划或战略规划中的个别项目或单个成分，并且可能会详细说明实现规划结果所必需的技术、学科、设备、基础设施、进度安排和资金	因项目而定	丹佛设计中心	区域办公室主管

不论规划如何变化，名称、等级、操作方法如何调整，美国国家公园的两个根本任务自1916年以来一直未变，即着眼于资源保护与游憩机会这两条主线，这也是规划重点。

5.7 经验与教训

美国国家公园与保护地体系在以下几个方面具有突出特点和积累了丰富经验。

5.7.1 科学与经验支撑下的庞大体系

1. 历史悠久，经验丰富

美国是世界国家公园与保护地发展的先驱和世界上最早建立现代意义保护地的国家。1872年黄石国家公园成立是一项历史性突破，是国家作为管理公共生活主导力量、接收土地并予以保护的先例。美国建立国家公园及其他保护地时，世界上同时只有英国、加拿大、澳大利亚等少数几个国家也刚刚起步发展保护地，美国几乎没有其他国家经验可以参考借鉴，很多时候是在自我摸索中前行，因此也累积了许多经验教训，也可以看作是世界保护地发展运动的一个缩影。美国保护地发展历史可以归纳为：萌芽期—启动期—低谷期—兴盛期—平稳期。

（1）萌芽期

1864《宅地法》（Homestead Act）以及1869年第一条横贯美国大陆的铁路建成，加速美国向西部扩张拓展。黄石国家公园法令强调黄石国家公园作为公共性质的公园，是为公众利益和供大众欣赏使用而设立的，置于内政部管辖下。

（2）启动期

19世纪末和20世纪初，美国工业和城市化急速发展，资源和环境受到巨大压力。城市污染情况严重。在此期间，倡导建立保护地尤其是荒野地反映出城市居民对回归自然的向往。美国西部开发的不良影响，也越来越多为人们所注意，某些学者开始倡导建立荒野保护区，保障国家有一些土地永不受人类开发和干扰。这一时期是美国保护地发展第一个高潮。1906古迹法国家纪念地建立、1916国家公园管理局建立、1933国家公园系统完善、国家森林署及国家森林系统建立、1903第一个野生生物庇护区建立等都发生在这一时期。

（3）低谷期

第二次世界大战期间，美国保护地发展陷入低谷。由于国家生产需求增长，许多原有保护地都放开允许垦荒、放牧、石油及矿业开采等政策。

（4）兴盛期

二战后，又是一波保护地发展运动高潮。20世纪60年代，美国相继出台多个设立保护地的关键性法案，包括《荒野地法》（Wildness Act，1964）、《原生自然与风景河流法》（Wild and Scenic River Act，1968）、《国家风景和历史游路法》（National Scenic and Historic Trails Act，

1968）、《国家野生物庇护系统管理法案》（National Wildlife Refuge System Administration Act，1966）等，建立多个重要的保护地系统，美国保护地体系成形于这一时期。

（5）平稳期

土地管理局等部门纷纷加入到发展保护地行列，各部门保护地管理与规划也越来越完善，美国陆续加入了世界遗产、生物圈计划、重要湿地等国际保护地公约。2000年，海洋保护区系统MPA和国家景观保护系统NLCS宣告成立。但在经费、商业开发介入、旅游压力等方面，美国整个保护地体系面临一定压力。

经过多个时期及多次转折，美国国家公园与保护地发展积累了大量经验，深深影响了世界保护地发展进程，许多国家的保护地体系都参照了美国模式和汲取有用经验。

2. 统一指导，具体规划

美国没有统管全国保护地体系的法律，也没有整个保护地体系的整体规划。美国保护地管理机构职责明确，机构下各保护地分系统都有自己的战略部署、管理政策和规划管理指导手册等。几乎每个保护地都有在分系统指导原则下的管理规划，如著名的国家公园规划体系。此外，如荒野地保护系统、风景河流系统、步道系统等与其他分系统有交织的特殊系统，也为其他系统管理部门在规划管理这些特殊类别保护地时提供统一指导。

3. 科学保护，全面考量

由于美国保护地管理机构人员构成来自各方，因此保护地工作相当科学理性，成效卓越，能够考虑到一些十分细致的保护问题，从国家公园管理局对于声、光的保护可见一斑。

美国不仅在陆地上建立许许多多保护地，并且把保护范围伸向了更辽阔的海域。美国沿海人口密集，污染源多且量大，导致海洋生态系统受到破坏。美国成为全球最先开始关注海洋保护和建立海洋保护地的国家之一。在美国的倡导下，IUCN也越来越重视海洋保护。美国海岸线总约3.2万km，陆地1.8万km，岛屿1.4万km，海洋保护地的重要性不言而喻[1]。

4. 联邦统筹，公众参与

为有效管理，美国联邦政府统筹管理联邦层面保护地。但政府也形成公众沟通机制，听取公众意见。如荒野地就可以由公众推荐设立。而在州、地方和私人土地的保护地，公众参与情况就更加频繁。美国保护地体系管理模式，不仅政府在政策、执法、人力资源、财力筹拨中有强大力量，民主投票、公众听证会等对保护地管理也有积极影响。

---

1 WORTMAN M J. Dwellness：A Radical Notion of Wilderness[D]. Tampa. University of South Florida Department of Philosophy，2003.

5.7.2 多系统并行，跨部门协作

1. 类别多样，系统化强

据WDPA统计，美国保护地类别数达483个（包含479个国家保护地类别、1个区域保护地类别、3个国际保护地类别）[1]，美国保护地类别称谓数不胜数。然而，这么多类别管理却没有造成混乱，全有赖于国家多层次、多系统组织方式。而各种类别不论称谓，都有具体管理目标，此点与IUCN保护地类别强调得一致。

首先是分层：分为联邦、州级、地方和私人保护地四层。每一层由对应机构管理。其次是分系统，在联邦层面尤为突出。美国保护地体系由于自身历史沿革，不可能重新按照IUCN分类系统重新分类。但是它的分系统，却有很多与IUCN分类相一致之处。如荒野保护系统对应了IUCN第I类、国家公园系统对应了第II类和第III类、野生物庇护系统对应了第IV类、景观保护系统对应了第V类等。美国保护地分系统形成基本都早于IUCN六大类别体系建立，因此，也可以说美国保护地体系是IUCN类别体系建立的主要参考依据。

美国保护地类别几乎全部纳入分系统中；而分系统都有特定主管部门管理。所以，尽管美国保护地类别名目众多，但管理有条不紊。此外，系统与系统之间有交叉，或是并行系统，或比较特殊；如荒野保护系统、荒野及风景河流系统和步道系统的系统单元都落在不同管理机构中，同时又是如国家公园系统、景观保护系统的一部分，它们的管理模式是在统一系统管理指导下，由具体管理机构管理；管理机构既可以根据自身情况对其制定不同管理方案，又要遵循该系统管理的首要原则。

2. 立法执法，权责清晰

立法执法、权责清晰是保证多系统、多类别的美国保护地体系有效运作的关键因素。美国每个保护地相关管理机构及其管辖的分系统建立，都根据国会制定的基本法案（Organic Act）；每个保护地单元都必须通过国会授权法案（Enabling Legislation）建立[2]。管理机构在法案授权下，对保护地进行管理、制定分系统管理政策和保护地单元管理规划。这个模式充分体现了美国三权分立的政治体制，即国会立法，建立管理机构和保护地；管理机构对其职责范围的保护地系统进行管理；司法部门对其监督。

此外，美国保护地土地权属清晰。美国法律规定，国土资源包括土地、矿产、水、森林和海洋等资源，所有权属于联邦政府、州政府和私人。联邦政府主要负责管理联邦政府所有的土地及其上矿产、森林、水、海岸线3英里以外的海岸及其海底矿产等；州政府主要负责管理州政府所有土地

---

1 UNEP-WCMC. Protected Area Profile for United States of America from the World Database of Protected Areas, December 2020[R/OL].2020. https://www.protectedplanet.net/country/USA.

2 CHAPE S, BIYTH S, FISH L, et al. United Nations List of Protected Areas[Z]. IUCN-The World Conservation Union and UNEP World Conservation Monitoring Centre, 2003.

及其上矿产、水和森林等，沿海各州还管理 3 英里以内的海洋资源；私人土地则由土地所有者自主经营管理。本质上，美国国土资源按照所有权进行分权独立管理。联邦所有的公共土地归内政部土地管理局管理，在全国各地设立派出机构，共有包含联邦、州、县、市四级在内 13 个区域性办公室、58 个地区性办公室、143 个资源区办公室，地方政府无专门土地管理机构，实行集中、垂直的土地管理体制[1]。内政部土地管理局的主要职能是代表国家对城乡土地利用与保护实行统一规划管理；除直接管理联邦政府的土地外，统一管理全国森林、河流、沼泽、珍稀动物、自然保护区和地表以下所有矿产资源、水资源；对各州和私人土地利用行为进行指导、协调和规范；规范全国土地交易行为；管理用于露天娱乐、牲畜放牧、采矿等各种用途的开放空间地区，并负责保护国有土地上的自然、历史等资源。

不同用途的土地又分属不同部门管理，如农地管理与保护归农业部自然资源保护局、印第安人居住地的土地归内政部印第安事务管理局管理、联邦所有的林地归国家森林署管理、城市用地归城市规划委员会管理、军事用地归国防部管理、内政部地质调查局负责全同土地利用的调查工作。从土地资源管理机构及其职能来看，美国联邦所有的土地资源管理按照资源类型，在联邦层次上是一种既集中又分散的管理模式。因此，相应的保护地管理职责落在哪个部门上非常清楚。美国土地权属清晰，便于管理责任落实，也避免了因权属不清而出现其他使用方式进入保护地的情况，更有效地实现保护地管理目标。

在州层面，土地管理模式各不相同。联邦各州具有独立立法、司法和行政权，各州可根据具体情况负责管理州政府所有的土地及其上的矿产、水和森林等国土资源，没有必须遵守的统一管理模式。国会可以通过立法、政策、财政拨款等手段影响州政府国土资源管理。各州建立保护地也需要在各州公有土地上，而私人土地上的保护地则完全属于私人，建立保护地完全出于自愿。

3. 权力下放，技术支持

联邦政府不强力干涉联邦层面以外的保护地，根据土地所属决定管理权属。州署保护地归州政府管理，地方乃至部落都有权自行管理所在地的保护地。

美国历史上曾无情驱逐和杀戮印第安人，但随着文明的进步，美国政府对印第安人采取了相对开明的政策。美国印第安事务局建立印第安保护区，而印第安部落则自行建设管理其领土上的保护地。印第安部落对保护地具有自主权，并且与联邦政府合作。联邦政府具有保护地管理经验的部门机构，如国家森林署、国家公园管理局都给予部落保护地政策及技术支持。印第安保护地不仅保护受人类干扰较少的自然环境，还保护印第安人文化及宗教信仰。

1 约翰·缪尔，郭名倞 . 我们的国家公园 [M]. 长春：吉林人民出版社，1999.

5.7.3 荒野地保护的特色与弊端

美国不仅是世界上第一个建立现代意义国家公园的国家，也是世界首个建立荒野保护地的国家。国家荒野保护系统的建立最能体现美国保护地体系中荒野保护的突出地位。荒野保护实践贯穿了美国保护地体系各个层面。荒野思想在美国启蒙、发展，然后付诸实践，影响整个美国保护地体系发展方向，并对全球保护地发展产生深远影响。

自然保护思想的鼻祖梭罗以抽象的超验主义认识自然，在此基础上审视自然与文明的关系，提出荒野保护思想。他把荒野保护思想提升到哲学层面，他的保护观也是一种环境伦理观。梭罗对自然的认识以及对荒野与文明间关系的论述对被称为“美国国家公园之父”的约翰·缪尔产生重要影响。缪尔的思想具有更浓厚宗教色彩，他肯定自然的权利和价值。但从环境伦理角度讲，他是一个自然中心论者，早年美国国家公园的建立，尤其是优胜美地国家公园建立，与缪尔的努力密不可分。进入 20 世纪，另两位荒野保护先驱阿瑟·坎哈特和奥尔多·利奥波德为推动荒野保护在全美的实践起到至关重要的作用。

荒野思想和荒野保护运动在美国也并非一帆风顺，遇到的最大阻碍就是人类中心主义的资源保护思想和国家追求经济发展而对自然资源的进一步需求。几次建坝之争，如著名的赫奇赫奇之争，最能体现“保持”与“保存”[1]这两股力量的碰撞。不过，荒野保护思想越来越受到公众认同和支持，人类中心论逐渐让步于生态中心论的自然保护主义，利奥波德的生态伦理观广为传播、1964 荒野法案通过以及国会否决回声公园建坝提案等重要事件就是证明。

随着时间推移，美国荒野保护思想日渐成熟，荒野保护实践也越来越科学化、规范化。不仅国家荒野保护地指定和管理有完善立法执法体系支持，每个荒野地保护职能部门也都出台详细法规和政策指导荒野地保护和管理。如，国家公园管理局每年更新“国家公园管理政策”，单辟一章节罗列有关国家公园系统里的荒野管理政策；美国森林署的战略规划也有对荒野地管理的特别指示。

随着大众休闲时代到来，荒野保护的另一个阻力——游憩冲击，变得越来越明显。美国荒野保护系统采取一系列措施控制荒野使用及游憩冲击。从基础的生态研究、游客行为研究到具体办法都有涉及。一些用于资源保护和游憩利用的理论被拿来用于荒野地游憩管理，尤其是 LAC 理论，在荒野规划中应用相当普遍。

在荒野教育方面，美国更是独树一帜，建立从理论到实践，从网络到实地，从管理人员到公众不同层次的教育方式。

荒野地理念在 20 世纪 80 年代到 90 年代遭到很多挑战，荒野地概念被认为引入发展中国家是有害的。许多发展中国家人口众多，开辟不允许人们进入的荒野地忽略了当地居民需求，使这些地方成为富人的旅游目的地，其实就是把资源从穷人转移到富人。古哈（Guha）认为，整个关于“留出”

---

1 保持即 conservation，资源保护主义的直译；保存即 preservation，自然保护主义的直译。

所谓的原始荒野地的理念，都表现了一种新的美国帝国主义计划（既是物质的，也是精神的）[1]。在荒野地保护问题上，不同时代不同背景的学者曾提出过很多种理论，反映了不同态度和价值观。许多传统保护方法体现出对这些定义为荒野地区域的地方性态度和评价。荒野地保护观点包括有自然资源的、药学的、服务的、支持生命的、物理及精神治疗的、文化多样性的、国家性格的、隔离疾病的、自我关注的、内在价值的等30余种观点。在国际层面上，美国、澳大利亚模式的荒野地概念并非适合全球的保护方法，因为土地聚居和所用权历史不一样，对自然的感受和认识也不一样。但是环境危机，特别是生物多样性的消失，却是全球问题。现在，旧的荒野地概念和新的生物圈保护概念之间最大的差异之一就是在保护地内部和周围是否允许相容的居民点和经济活动。荒野地建设和提出“核心区——缓冲区——通廊”的概念，在新的生物圈保护模式中也得到了体现。

1 Clare Palmer，An Overview of Environmental Ethics，Environmental Ethics[M].Qford：Blackwell Published Ltd．2003：27 ～ 28．

第6章

南非国家公园与保护地管理体系

6.1　体系发展与基本框架

非洲是三分之一世界陆地生物多样性的家园和百万物种之洲，但同时，非洲又是生物多样性最受威胁陆地区域之一。与欧洲和北美国家自然保护发展过程不同，非洲大陆曾长期处于西方殖民主义统治及种族隔离制度下，这种政治、社会因素的影响反映到非洲自然保护思想与实践中。南非是自现代意义保护地概念出现后最早一批建立本国保护地的国家之一，也是非洲大陆最早建立保护地体系国家，一个多世纪以来在非洲保护地发展进程中一直居于领导者地位，南非自然保护事业的缘起和发展具有非洲国家代表性。

南非国家公园与保护地体系已有150多年历史，是国际自然保护网络重要组成部分。南非生物多样性位居世界第三，殖民统治入侵南非，掠夺丰富的自然资源是促使其较早建立保护地的主要外因。在当时南非种族隔离政治制度的内因支持下，早期支撑南非建立保护地体系的价值观、理论和管理模式都源自殖民时期西方国家保护贸易主义。北美国家“荒野地”（wilderness）保护理论的殖民主义强权与南非本土原住民生存发生激烈冲突，为了建立保护地，大量原住民被猎杀、驱逐，被迫离开赖以生存的土地。南非最早一批保护地，如乌姆弗罗兹（Umfolozi）保护地，胡鲁胡鲁维（Hluhluwe）保护地，姆德利特什（Mdletshe）保护地及圣卢西亚保护地（St Lucia）等，就是基于狩猎贸易、隔离疾病等“荒野地”观念建立的。这段血腥历史不仅致使兰色雄鹿（Blue buck）、南非斑驴（Equus quagga）等珍稀动物灭绝，而且造成南非社会的地荒、贫穷等严峻问题，突显出南非历史上以西方“荒野地”模式保护自然资源与本土原住民文化保护之间的矛盾。

1990年后独立的南非积极争取和借助国际研究力量支持及加强合作，紧跟国际保护地发展步伐，结合本国国情，在保护理念与实践两方面都有了很大转变和突破。从总结历史教训出发，保护地管理着重解决历史遗留的土地权属问题、原住民生活贫穷和自然资源保护冲突问题。管理模式上，从最初照搬西方及家长式的集中管理转变为合作管理。丰富的自然资源是南非数百万人民生计的有力支撑，对南非经济有重大贡献，但南非生物多样性也是全球最受威胁的国家之一。贫穷仍然是其环境恶化和资源枯竭的主要原因。南非今天面临的最大环境挑战之一就是自身资源可持续管理如何与发展需求相协调。南非政府采取合作管理途径，施行归还土地的改革政策，参与“基于社区的自然资源管理”（Community-Based Natural Resource Management，简称CBNRM）国际项目，并大力发展以自然为本的旅游业（Nature-based Tourism），在保护地融资体制上也下了很大功夫。第五届世界公园大会授予南非“全世界自然和环境保护中心”荣誉，是世界自然保护机构对南非100多年来在跨境保护地项目、国家公园与保护地管理体系等南非自然保护工程闪光点的肯定。据2020年统计数据，不计算私人保护地在内，南非保护地总面积占共计330～360km^2，占国土与领海面积的12%；其中8.63%是陆地保护地（1475个），70个包含一定海域面积的保护地和66个海洋保护地[1]。

1　UNEP-WCMC. Protected Area Profile for South Africa from the World Database of Protected Areas, December 2020[R/OL].2020. https://www.protectedplanet.net/country/ZAF.

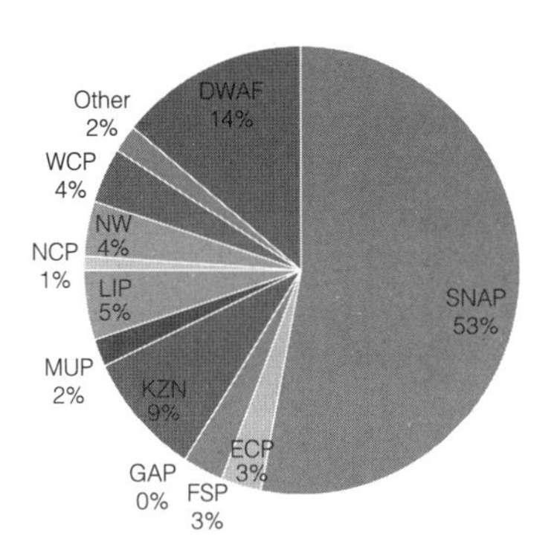

图 6–1　南非法定保护地分布图
来源：FUNDA X N. Conservation Challenges in South Africa[Z]. 2004.

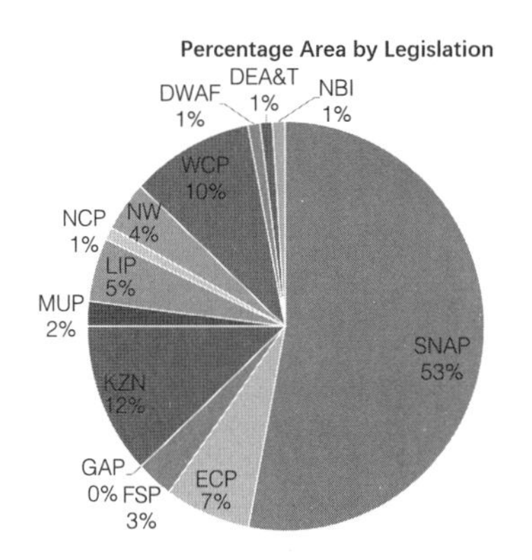

图 6–2　南非保护地管理分布图
来源：FUNDA X N. Conservation Challenges in South Africa[Z]. 2004.

2003 年南非《国家环境管理：保护地法》(National Environmental Management：Protected Areas Act 57 OF 2003)及2004年31号修正法案(National Environmental Management：Protected Areas Amendment Act 31 OF 2004)（简称《保护地法》）明确南非保护地的功能与管理原则："为了保护代表南非生物多样性生态差异的区域及其自然景观和海景；保护区域生态完整性；为了依据国家规范和标准管理保护地；为了各级政府间合作管理和便于公众参与咨询保护地事务；为国家土地、私人土地和公共土地上的保护地提供一个代表性网络；促进为了人民利益的保护地可持续利用"[1]。

依据这个法律，在国家层面，环境、森林和渔业部（Department of Environment，Forestry and Fisheries，简称 DEFF）、旅游局（Department of Tourism，简称 DT）[2]、水务和森林管理局（Department of Water Affairs and Forest，简称 DWAF）、农业部（Agriculture）、文化部（Arts）、科学和技术部（Science and Technology，简称 DACST）、健康部（Health）、贸易和工业部（Trade and Industry）、南非国家公园管理局（South Africa National Parks，简称 SNAP）、国家植物协会（South Africa National Botanical Institute，简称 SNBI）共同负责执行相关法律和政策；在省级层面，各省环境保护部门和农业部门，以及水务和森林管理局各省分支机构负责一系列保护生态多样性的政策和法律实施。南非建立起能够胜任国家和各省市保护生物多样性职责的组织结构[3]（图 6–1、图 6–2）。

《保护地法》规定，南非保护地管理体系框架结构由保护地管理机构和各类别保护地两部分构成。框架结构层级与南非政府中央、省和地方三级政治体制一致：保护地管理机构分为国家级、省／地区级和地方级三个层次（图 6–3）。

1　National Environmental Management：Protected Areas Act 57 of 2003. 2003：1.

2　南非政府部门于 2009、2019 年进行了两次重大改组。2009 年，原南非环境事务和旅游部（Department of Environment Affairs and Tourism，简称 DEAT）拆分为环境事务部和（Department of Environmental Affairs，简称 DEA）和旅游部（Department of Tourism，简称 DT），原国家水体事务和林业部（Department of Water Affairs and Forestry，简称 DWA&F）的林业职能移交至国家农业、林业和渔业部（Department of Agriculture，Forestry and Fisheries，简称 DAFF）。2019 年政府机构再次调整，环境事务部（DEA）与农业、林业和渔业部（Department of Agriculture，Forestry and Fisheries，简称 DAFF）的林业和渔业职能合并，成为现在的环境、森林和渔业部（Department of Environment，Forestry and Fisheries，简称 DEFF），农业、林业和渔业部（DAFF）的农业职能则成为农业、土地改革和乡村发展部（Department of Agriculture，Land Reform and Rural Development，简称 DALRRD）的一部分：
维基百科. Department of Environment，Forestry and Fisheries[EB/OL].（2020–11–22）[2020–12–21]. https://en.wikipedia.org/wiki/Department_of_Environment,_Forestry_and_Fisheries.
维基百科. Department of Agriculture，Forestry and Fisheries（South Africa)[EB/OL].（2020–08–08)[2020–12–21]. https://en.wikipedia.org/wiki/Department_of_Agriculture,_Forestry_and_Fisheries_（South_Africa）.
Department of Environment，Forestry and Fisheries. Overview of the department[EB/OL]. [2020–12–21]. https://www.environment.gov.za/aboutus/department.

3　MBEKI P T. South Africa Yearbook. 2005/06.

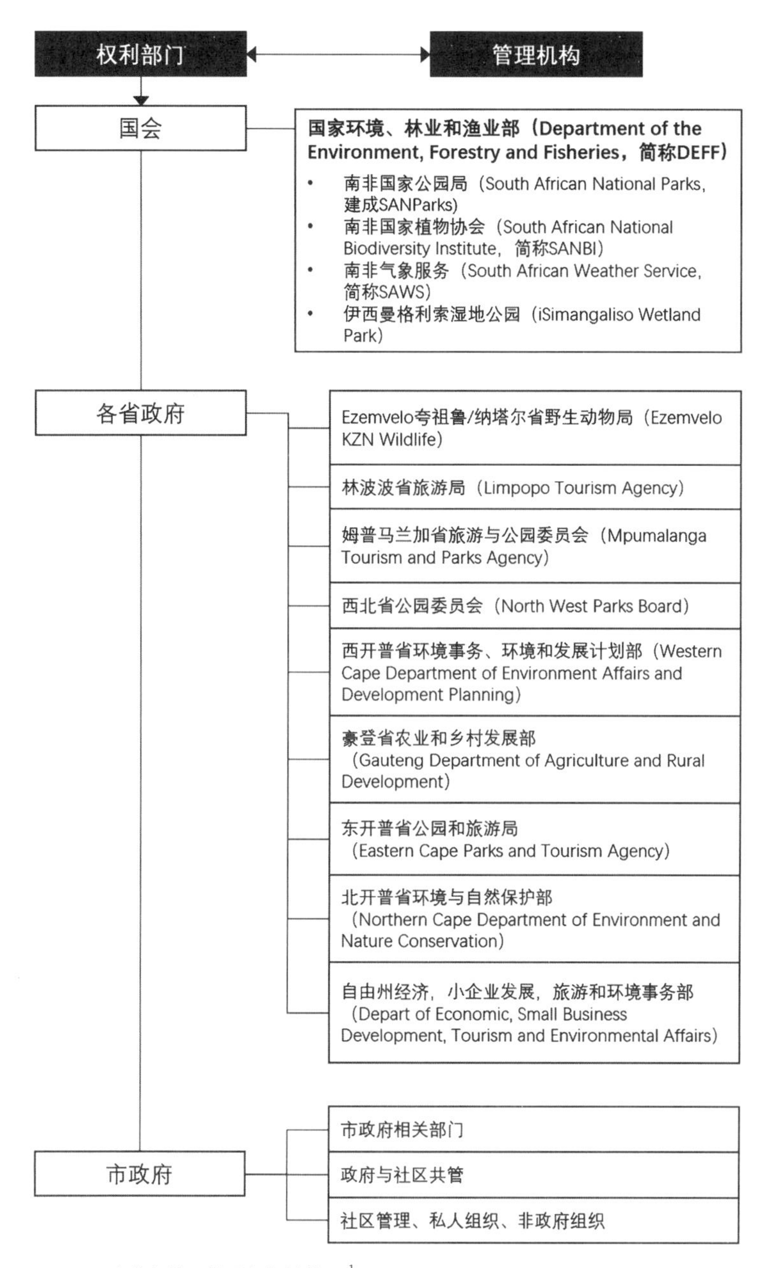

图 6-3　南非保护区管理组织结构图 [1]

1　南非政府部门于 2009、2019 年进行了重大改组，原国家水体事务 & 林业部（Department of Water Affairs and Forestry，DWA&F）的林业职能于 2009 年移交至国家农业、林业和渔业部（Department of Agriculture，Forestry and Fisheries，DAFF），后 DAFF 经再次重组，于 2019 年将林业和渔业职能移交给当前的国家环境、林业和渔业部（Department of the Environment，Forestry and Fisheries，DEFF），各省的政府部门也于近十年间进行了改组：

维基百科 . Department of Water and Sanitation[EB/OL].（2020-04-30）[2020-12-21].https://en.wikipedia.org/wiki/Department_of_Water_and_Sanitation.

South African Government. President Cyril Ramaphosa announces reconfigured departments[EB/OL].（2019-06-14）[2020-12-21].https://www.gov.za/speeches/president-cyril-ramaphosa-announces-reconfigured-departments-14-jun-2019-0000.

与保护地管理机构层级对应的南非保护地类别划分为："国家级保护地（National Protected Areas）""省/地区级保护地（Provincial Protected Areas）"和"地方性的保护区（Local Protected Areas）"，涵盖《保护地法》确定的所有南非保护地类别（表 6–1）。

《保护地法》确定的保护地类别一览表[1~3] 表 6-1

类别名称	定义	法律依据	案例	数量
特殊自然保护地 special nature reserves	高度敏感的，具有突出的或典型的生态系统、地质学或生理学特征和物种的地域，该地域主要是为科学研究或环境监测而管理的保护地，是南非最高级别的国家级保护区	《保护地法》	玛丽安岛（Marion Island），爱德华王子岛（the Prince Edward islands）	2
国家公园 national parks	主要是为生态系统和游憩而管理的保护地。保护生物多样性具有国家或国际重要性的地域、南非有代表性的自然系统、景观地域或文化遗产地、包含一种或多种生态完整的生态系统的地域，防止开发和不和谐地占有、利用破坏地域的生态完整性，为公众提供与环境和谐的精神的、科学的、教育的和游憩的机会，可行的前提下为经济发展做出贡献	《保护地法》	阿多大象国家公园（Addo Elephant National Park），厄加勒斯国家公园（Agulhas National Park）等	22
自然保护地（包括荒野地）nature reserves, including wilderness areas	作为南非国家公园系统的补充，保护重要的自然特征或生物多样性，保护具有科学、文化、历史或考古重要性的区域；为了长期保护地域的生物多样性或保护环境收益和服务，为当地居民提供可持续的自然产品和服务，使如传统消费模式的继续成为可持续的方式；提供以自然为基础的游憩机会和旅游机会	《保护地法》		1391
保护的环境 protected environments	作为特殊自然保护地、国家公园、世界遗产地或自然保护地的缓冲区域，使土地拥有者采取集体行动保护自己土地上的生物多样性和得到合法的承认；保护因为生物多样性、自然特征、具有科学的、文化的、历史的、考古学的或地理学价值、具有优美风景和景观价值或可提供环境收益和服务，与发展关系敏感的地域，保护特殊自然保护区、国家公园、世界遗产地或自然保护区外的特殊的生态系统，确保地域上可持续自然资源利用，控制纳入国家公园或自然保护地的地域的土地利用改变	《保护地法》		40

1 UNEP–WCMC. Protected Area Profile for South Africa from the World Database of Protected Areas, December 2020[R/OL].2020. https://www.protectedplanet.net/country/ZAF.

2 Department of Environment, Forestry and Fisheries. Environmental Geographical Information Systems–South African Protected and Conservation Areas[EB/OL]. (2020–06–30) [2020–08–30]. https://egis.environment.gov.za/.

3 UNEP–WCMC 和 IUCN 对保护地的统计并未纳入世界文化遗产，此表根据 UNESCO 公布的世界遗产名录进行了补充：UNESCO. South Africa–Properties inscribed on the World Heritage List[EB/OL]. [2020–12–21]. https://whc.unesco.org/en/statesparties/za.

续表

类别名称	定义	法律依据	案例	数量
世界遗产地 world heritage sites	保护含有一个或多个特殊的自然或自然 / 文化特征的区域，因其固有的珍稀性、代表性、美学质量或文化意义而具有突出的或独特的价值。主要为保护特殊的自然 / 文化特征而管理的保护区	《世界遗产大会法案 1999》	罗布恩岛（Robben Island）；斯泰克方丹，斯瓦特科兰斯，科罗姆德拉伊的化石遗址（Fossil Hominid Sites of Sterkfontein, Swartkrans, Kromdraai）	10
海洋保护地 marine protected areas	为了可持续利用和管理海洋区域，海洋区内包含有较小的高度保护带，包括海底、底土及上覆水体、周边的湿地、河口、岛屿和其他海岸带土地。长期以来在人与自然的相互作用下已形成一种明显的区域特征，因其固有的珍稀性、代表性、美学质量或文化意义而具有突出的或独特的价值。主要为长期保护和保存具有国家意义的、有代表性的海洋环境，鼓励公众了解、鉴赏和享用这些海洋遗产，并将它们健全地留给后代。通过重建具有经济重要性的储备来保护自然环境和协助管理渔业	《保护地法》		41
特别保护森林区 Special Protected Forest Areas；森林自然保护地 Forest Nature Reserve；森林荒野地 Forest Wilderness		《国家森林法》	—	— 53 12
高山盆地区 Mountain Catchment Areas	为了保护、利用、管理和控制位于高山盆地的区域，以及为应对、处理该地区突发事件提供依据	《高山盆地区法》		16

注：

(1) 南非《保护地法》National Environmental Management Act, Protected Areas Act,（No 57 of 2003），颁布于2003年，2004年修订时新增了两类保护地类型：国家公园（national park）和海洋保护地（marine protected area），后于2009年再次修订，但并未增减保护地类型。

(2) 表中“自然保护地”数量在UNEP-WCMC和南非DEFF编制的Protected Areas and Conservation Areas (PACA)数据库中不一致（PACA报告1387个），本表以UNEP-WCMC报告为准。

(3)《保护地法》定义了“特殊保护森林地（Special Protected Forest Areas)”这类保护地，但目前UNEP-WCMC数据库和南非PACA数据库（发布时间2020.6.30，信息截止日期2020.6.05）都未录入该类保护地。

上表中，特殊自然保护区由国会环境、森林和渔业部（DEFF）宣布建立或撤销某个地域为特殊自然保护地，并指派合适的国家机构、组织和人员管理；国家公园由国会环境、森林和渔业部和南非国家公园局宣布建立或撤销，环境、森林和渔业部指派国家公园局或合适的各级机构、组织和人员管理；由环境、森林和渔业部或省/地区保护地执行委员会宣布建立或撤销自然保护地，指派适合的各级机构、组织和人员管理自然保护地，并与自然保护地管理部门商议后，可以指定自然保护地或自然保护地的一部分地域为荒野地；由国会环境、森林和渔业部或省/地区保护区执行委员会宣布建立或撤销保护的环境，指派适合的各级机构、组织和人员管理保护的环境；由环境、森林和渔业部部长在咨询艺术、文化、科学和技术等部门及所有相关组织代表后，宣布管理世界遗产地权威主体；环境、森林和渔业部部长指定省/地区机构管理海洋保护地；由环境、森林和渔业部授权省/地区机构管理特别保护森林地、森林自然保护地、森林荒野地；

根据环境、森林和渔业部和UNEP-WCMC数据统计，至2020年9月，南非陆地保护区面积达105720km²，国家公园共22个，面积4115074hm²，SANP管理其中的21个，仅有马拉克勒国家公园（Marakele National Park）由南非国家公园局与马拉克勒公园（私人）有限公司[The Marakele Park（PTY）Ltd]联合管理[1,2]。

6.2 三层级管理系统

6.2.1 国家级系统（National Level System）

1. 管理机构

国家层面上保护地管理以国家环境、林业和渔业部（DEFF）为最高主管部门，南非国家公园局（SANP），南非国家生物多样性研究所（SNABI），海洋生命资源基金会（The Marine Living Resources Fund，简称MLRF），圣卢西亚湿地国家公园主管部门（Great St.Lucid Wetland Park Authority，简称GSWPA），国家水体事务&林业部（DWAF）也是该层面管理机构。

（1）国家环境、林业和渔业部（Department of Environment，Forestry and Fisheries，DEFF）

国家环境、林业和渔业部（DEFF）管理着南非社会经济发展中三个相关部分的发展和政策执行：林业、渔业和环境管理。该部门领导南非环境可持续发展，保护国家自然资源，保护和提高环境质量和安全，促进全球可持续发展议程。南非国家公园局（SANParks）、国家生物多样性研究所（SANBI）、南非气象服务（South African Weather Service）和伊西曼格利索湿地公园主管部门

1 Department of Environment, Forestry and Fisheries. South Africa Protected Areas Register-Quick Reports[EB/OL]. [2020-12-21]. https://mapservice.environment.gov.za/par/QuickReports/QuickReports.aspx.

2 NOVELLIE P, SPIES A, TALJAARD J, et al. Marakele National Park-Park Management Plan[Z/OL]. https://www.sanparks.org/assets/docs/conservation/park_man/marakele_approved_plans.pdf.

（iSimangaliso Wetland Park ）这 4 个独立法定机构向环境、林业和渔业部汇报各自管理的情况。环境、林业和渔业部管理着森林自然保护地（Forest Nature Reserve）、森林荒野地（Forest Wilderness）、特殊自然保护地（Special Nature Reserve）、世界遗产地（World Heritage Site）和海洋保护地（Marine Protected Area）。

（2）南非国家公园局（SANParks）是依据《国家公园法》（the National Parks Act，1976）（Act No.57 of 1956）于 1956 年设立的独立法定机构，保护南非所有国家公园的主要机构。"至 2020 年，国家公园局保护的总面积占南非陆地保护地的 54.21%，管理着包括 21 个代表南非最重要生态系统和独特自然特色的国家公园体系"[1,2]。"国家公园局的职责是保护和管理国家公园及根据《保护地法》指派其管理的其他类型保护地"贸易发展和旅游发展（每年有超过 300 万的游客），保护事业发展，以及当地社区参与管理程度是评价国家公园局业绩的主要指标。

（3）南非国家生物多样性研究所（South African National Biodiversity Institute，SANBI）

该机构的前身是国家植物研究所（National Botanical Institute，简称 NBI），成立于 1989 年，由国家植物园和植物研究所合并而成的一个独立的法定组织（图 6–4）。两个前身组织都以保护和研究南非异常丰富的植物区系为目的并皆因在此领域的努力而举世闻名。国家生物多样性研究所（SANBI）总部设于开普敦的科斯腾伯什（Kirstenbosch），拥有遍布全国的花园和研究中心。SANBI 运行环境教育项目，并维护着专门研究南非植物信息的数据库和图书馆[3]。至 2019 年，SANBI 管理着 1 个国家动物园、位于 7 个省的 10 个植物花园和计划成为第 11 个国家植物花园的 Thohoyandou Botanical Garden，以及超过 56000 个动植物种类，它作为国家环境事务部（Department of Environmental Affairs，简称 DEA，现已成为国家环境、林业和渔业部 DEFF）下属的公共实体，管理着作为生物多样性中心的国家植物园和动物园网络，并为国家环境事务部提供基于科学的无价支持，以制定合理的政策决定来保护和保存国家的自然资产。其他的植物花园由所在地市政府管理[4]。SANBI 管理着植物保护地（Botanical Reserve）和植物花园（Botanical Garden）所属的保留地（Conservations Areas）这个保护地类别[5]。

---

1 Department of Environment，Forestry and Fisheries. South Africa Protected Areas Register–Quick Reports[EB/OL]. [2020–12–21]. https://mapservice.environment.gov.za/par/QuickReports/QuickReports.aspx.

2 UNEP–WCMC. Protected Area Profile for South Africa from the World Database of Protected Areas，December 2020[R/OL].2020. https://www.protectedplanet.net/country/ZAF.

3 SANBI. History of SANBI[EB/OL]. [2020–12–21]. https://www.sanbi.org/about/history–sanbi/.

4 South African National Biodiversity Institute. SANBI Annual Report 2018–2019[J/OL]. SANBI Annual Reports，2019[2020–12–21]. https://www.sanbi.org/wp–content/uploads/2019/10/Annual–Report–2018–2019.pdf.

5 植物花园（Botanical Garden）是指根据《国家环境管理：生物多样性法案，2004》第 33 条宣布或被视作宣布成为国家植物园的土地，并且包括根据第 33 条宣布成为现有植物花园一部分的任何土地。1984 年《森林法案》（1984 年第 122 号法案）附表 1 中所述的场所也被视为植物花园。植物花园包括两种类型：植物花园（Botanical Garden）和野生花卉保护地（Wild Flower Reserve）；Directorate Enterprise Geospatial Information Management. PACA database April 1 2013–classification and definition of protected areas and conservation areas[Z/OL].（2020–06–30）[2020–08–30]. https://egis.environment.gov.za/.

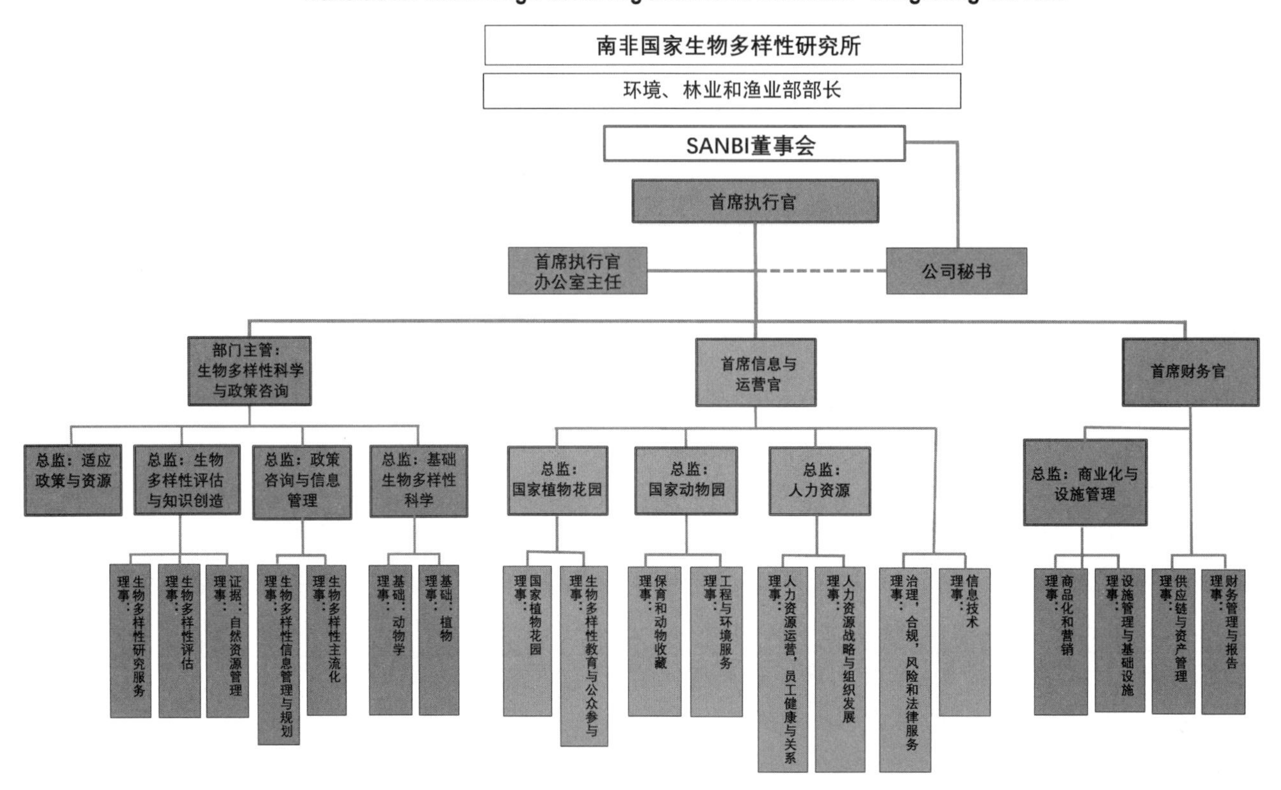

图 6-4　南非国家生物多样性研究所组织结构图
来源：译自 SANBI. Transitional SANBI High Level Organizational Structure – Integrating the NZG[EB/OL].(2019-08-01)[2020-12-21]. https://www.sanbi.org/wp-content/uploads/2019/08/SANBI-structure-integrating-NZG.pdf.

（4）海洋生命资源基金会（MLRF）是依据《1998 海洋生命资源法》（Marine Living Resources Act of 1998）成立的公共实体。该基金组织为管理可持续利用和保护海洋现存资源行动、保护海洋生物多样性行动以及减少海洋污染行动提供资金，以及通过重组海洋业结构扩大资源可接近范围，致力于减少历史上的发展不平衡和促进经济增长。海洋生命资源基金会为海洋保护地和海岸线保护提供经济支持。

（5）伊西曼格利索湿地公园主管部门（iSimangaliso Wetland Park Authority）依据南非《世界遗产保护法》[The the World Heritage Convention Act（49 of 1999）]，于 2002 年 4 月开始承担管理职能。该部门管理目标包括保护伊西曼格利索湿地国家公园的世界遗产价值、发展旅游、发展当地经济和授权当地社区管理。“伊西曼格利索湿地公园主管部门管理夸祖鲁/纳塔尔省北部约 358534hm^2 的海洋和陆地世界遗产地[1]。”其主要业绩包括有效合作管理、成功解决国家公园土地权

1　iSimangaliso Wetland Park Authority. iSimangaliso Wetland Park Annual Report 2018/2019[J/OL].2020（2020-07-06）[2020-12-21]. https://isimangaliso.com/download-file/annual-report-2018-2019/.

属问题、公园基础设施建设、重新引入游乐项目，以及归还大面积林地给旅游和保护事业等。

2. 管理类别

南非国家级保护地系统的保护类别包括[1]：

（1）特殊自然保护区 Special Nature Reserves。

国家公园 National Parks。

（3）自然保护区 Nature Reserve 或保护的环境 Protected Environment，包含两种情况：①由国家机构管理的；②或由于某种原因落入部长权限之中的。

（4）海洋保护地 Marine Protected Area。

（5）高山盆地 Mountain Catchment Areas。

（6）特别保护森林区 Special Protected Forest Areas、森林自然保护区 Forest Nature Reserve、森林荒野地 Forest Wilderness。

南非国家级系统保护地如表 6-2 所示。

国家级系统保护地一览表 表 6-2

管理机构	管理类别	对应的 IUCN 类别	法律依据
国家环境，林业和渔业部（DEFF）	特殊自然保护地（special nature reserves） 海洋保护地（marine protected areas） 特别保护森林区（Special Protected Forest Areas） 森林自然保护区（Forest Nature Reserve） 森林荒野地（Forest Wilderness）	Ia — — — —	《保护地法》 《海洋保护法案》(2004) 《国家森林法》(National Forest Act，1998)
南非国家公园局（SANParks）	国家公园（National Park）	II	《国家公园法》（the National Parks Act,1976）
海洋生命资源基金会（MLRF）	海洋保护地（Marine Protected Area）	—	《保护地法》（2003） 《1998 海洋生命资源法》（Marine Living Resources Act，1998）
国家环境，林业和渔业部（DEFF）授予管理权的、适合的机构，组织或个人	自然保护地（Nature Reserves） 保护的环境（Protected Environment） 海洋保护地（Marine Protected Area） 高山盆地区（Mountain Catchment Areas）	III，IV，V V，VI — —	《保护地法》（2003） 《高山盆地区法》（Mountain Catchement Areas Act，1970）

1 Directorate Enterprise Geospatial Information Management. PACA database April 1 2013–classification and definition of protected areas and conservation areas[Z/OL]. (2020–06–30) [2020–08–30]. https://egis.environment.gov.za/.

系统中共有22个国家公园。

6.2.2 省/地区级系统（Provincial Level System）

在省/地区级保护地系统中，省级保护地（Provincial Protected Area）指自然保护地（Nature Reserve）或保护的环境（Protected Environment），分两种情况：

（1）由省级机构管理的；

（2）或由于其他原因落入省级权限管理之中的。

1. 管理机构

省/地区层面保护地管理机构是各省/地区政府相关部门或政府授权部门或机构。南非有9个省，各省依据宪法赋予的权力设立保护地管理机构，这些机构在南非《保护地法》定义的省级保护地（Provincial Protected Area）基础上，可以根据管理实践的需要设立新的保护地管理类别。省/地区保护地管理机构设立的保护地类别也是南非保护地管理体系的组成部分。省级保护地管理机构也可以管理经国家级机构授予管理权的国家级保护地类别。在某些建立保护地历史较长、保护地管理水平走在前列的省/地区，如夸祖鲁/纳塔尔省和东开普省，还有省级保护地法案，并建立了与IUCN保护地类别的对应。林波波省于2003年出台《林波波环境管理法》（Limpopo Environmental Management Act）确定省级保护地类别，西北省于2017年出台《西北省生物多样性管理法》（North West Biodiversity Management Amendment Bill）确定省级保护地类别，西开普省于2019年发布《西开普生物多样性法案草案》（Draft Western Cape Biodiversity Bill）确定省级保护地类别[1]。

2. 各省/地区保护地管理情况

（1）夸祖鲁/纳塔尔省（KwaZulu–Natal Province）

被称作“南非花园之省”的夸祖鲁/纳塔尔省位于南非东部，紧邻印度洋，是南非最受欢迎的度假胜地。夸祖鲁/纳塔尔省面积仅占南非陆地总面积的7%，但长久以来有近20%的南非人口聚居在该省[2]。

该省是南非最早建立保护地的省，保护地历史悠久，包括闻名世界的非洲最早狩猎保护地贝布里吉（Bainbrige）（2001）。自1845年英国人控制该区域后就建立了南非最早一批自然保护地。很早就驱逐原住民建立了保护地，因此在1994年南非建立民主政权后，该省率先推行归还原住民土

1 Draft Western Cape Biodiversity Bill. 2019.

2 ASHLEY L. Land restitution and protected areas in KwaZulu Natal South Africa: Challenges to implementation[D/OL]. The University of Montana Department of Society and Conservation, 2005:35[2020-12-21]. https://scholarworks.umt.edu/cgi/viewcontent.cgi?article=5836&context=etd.

地的改革，转向与原住民合作管理保护地的模式。1994年夸祖鲁／纳塔尔省合并原有两个管理组织成立新保护地管理机构。1997年，该省颁布《夸祖鲁／纳塔尔省自然保护管理法》（KwaZulu-Natal Nature Conservation Management Act 9 of 1997），1999年又颁布其修订法案。同时，建立省保护地类别与IUCN保护地类别体系的对应。南非保护得最好的海岸原始森林就位于夸祖鲁／纳塔尔省，如杜库杜库海湾（Dukuduku Bay）和科斯海湾（Kosi Bay）原始森林。

现夸祖鲁／纳塔尔省保护地管理机构是Ezemvelo 夸祖鲁／纳塔尔省野生动物局（Ezemvelo KZN Wildlife），负责管理夸祖鲁／纳塔尔省荒野保护地和公共自然保护地，总部位于伊丽莎白皇后公园。该机构管理全省共计120多个保护地[1]。截至2014年，保护地覆盖该省8.7%面积的土地，达8240.3km^2，Ezemvelo计划于2020年提升保护地面积至该省面积的10%（即9469.7km^2）[2]。其保护地管理分为海岸管理、陆地管理、可持续利用管理和狩猎管理几方面[3]。夸祖鲁／纳塔尔省保护地概况见表6-3。

（2）林波波省（Limpopo Province）

林波波省位于南非最北端，是南非的北大门，与博兹瓦纳、津巴布韦和莫桑比克等国接壤。省域范围内有大量乡村，基础设施薄弱，贫困人口集中，发展缓慢[4]。林波波省区域位置使该省建立了跨界公园这类保护地。

林波波省保护地管理机构是林波波省旅游局（Limpopo Tourism Agency）[5]，隶属于林波波省经济发展、环境和旅游部（Department of Economic Development, Environment and Tourism），2008年，全省共计81个省级保护地和其他类别保护地，其中包括不少私人狩猎保护区[6]。截至2013年，林波波省有62个正式保护地，非正式保护地面积561185hm^2 [7]。林波波省保护地概况见表6-4。

1 Ezemvelo KZN Wildlife. About Ezemvelo KZN Wildlife[EB/OL]. [2020-12-21]. http://www.kznwildlife.com/about.html#description.

2 Ezemvelo KZN Wildlife. KwaZulu-Natal Nature Conservation Board trading as Ezemvelo KZN Wildlife Strategic Plan 2015/20[Z/OL]. [2020-12-21]. http://www.kznwildlife.com/Documents/StrategicPlan_2015-20_FinalSignoff.pdf.

3 ASHLEY L. Land restitution and protected areas in KwaZulu Natal South Africa: Challenges to implementation[D/OL]. The University of Montana Department of Society and Conservation, 2005:35[2020-12-21]. https://scholarworks.umt.edu/cgi/viewcontent.cgi?article=5836&context=etd.

4 MBEKI P T. South Africa Yearbook. 2005:13-14.

5 Limpopo Tourism Agency. Limpopo Tourism Agency Annual Report[R].2019[2020-12-21]. http://www.golimpopo.com/files/files/LTA-Annual-Report-2018-2019.pdf.

6 Department of Environmental Affairs, South African National Biodiversity Institute. National Protected Area Expansion Strategy Resource Document[Z/OL]. 2009[2020-12-21].https://www.environment.gov.za/sites/default/files/docs/npaes_resource_document.pdf.

7 DESMET P G, HOLNESS S, SKOWNO A, et al. Limpopo Conservation Plan v.2: Technical Report (EDET/2216/2012) [R/OL].Limpopo Department of Economic Development, Environment & Tourism (LEDET), 2013[2020-12-21]. https://conservationcorridor.org/cpb/Desmet_et_al_2013.pdf.

夸祖鲁／纳塔尔省保护地概况表　　表 6-3

<table>
<tr><th>管理机构</th><th>管理的保护地类别</th><th>相关法律依据</th></tr>
<tr><td rowspan="20">Ezemvelo 夸祖鲁／纳塔尔省野生动物局（Ezemvelo Kwa Zulu-Natal Wildlife）</td><td>荒野地（Wilderness Areas）</td><td rowspan="20">《夸祖鲁／纳塔尔省自然保护管理法》（KwaZulu-Natal Nature Conservation Management Act 9,1997）《夸祖鲁／纳塔尔省自然保护管理修订法案，1999》（KwaZulu-Natal Nature Conservation Management Amendment Act,1999）</td></tr>
<tr><td>科学保护地（Scientific Reserve）</td></tr>
<tr><td>自然保护地（Nature Reserve）</td></tr>
<tr><td>省立公园（Provincial Parks）</td></tr>
<tr><td>游猎保护地（Game Reserve）</td></tr>
<tr><td>重要避难所保护地（Site of Conservation Significant Sanctuary）</td></tr>
<tr><td>自然遗产地（Natural Heritage Site）</td></tr>
<tr><td>地方所有权自然保护地（Local Authority Nature Reserve）</td></tr>
<tr><td>私有自然保护地（Private Nature Reserve）</td></tr>
<tr><td>保护的景观（Protected Landscape）</td></tr>
<tr><td>保护的自然环境（Protected Natural Environment）</td></tr>
<tr><td>自然资源管理地（Conservancy）</td></tr>
<tr><td>生物圈保护地（Biosphere Reserve）</td></tr>
<tr><td>商业性游猎牧场（Commercial Game Ranch）</td></tr>
<tr><td>社区保护地（Community Conservation Area）</td></tr>
<tr><td>控制的狩猎地（Controlled Hunting Area）</td></tr>
<tr><td>森林保护地（Forest Reserve）</td></tr>
<tr><td>海洋保护地（Marine Reserve）</td></tr>
<tr><td>国有森林（State Forest）</td></tr>
<tr><td>湿地公园（Wetland Park）</td></tr>
</table>

来源：参考联合国环境项目世界保护监测中心（UNEP-WCMC）档案，作者绘制

林波波省保护地概况表　　表 6-4

<table>
<tr><th>管理机构</th><th>保护地类别</th><th>法律依据</th></tr>
<tr><td rowspan="4">林波波省旅游局（Limpopo Tourism Agency）</td><td>省级公园（Provincial Park）</td><td rowspan="4">《林波波省环境管理法案，2013》（Limpopo Environmental management Act）[1]</td></tr>
<tr><td>重要生态遗址（Sites of Ecological Importance）</td></tr>
<tr><td>保护的自然环境（Protected Natural Environments）</td></tr>
<tr><td>资源利用区（Resource use areas）</td></tr>
</table>

来源：参考联合国环境项目世界保护监测中心（UNEP-WCMC）档案，作者绘制

（3）姆普马兰加省（Mpumalanga Province）

姆普马兰加省是南非主要旅游目的地之一，城市化和工业化程度高。2009 年数据，该省有 18.1%的土地（13878.92km²）被划定为正式保护地，其中克鲁格国家公园（Kruger National Park）

1 Limpopo Environmental Management Act (No. 7 of 2003). 2003.

占地 915184hm²，占了该省 12% 的土地面积[1]。且大多数保护地位于乡村地区，被大型社区包围，该省保护地管理面临巨大的社区发展压力。

保护地管理机构是姆普马兰加省旅游与公园委员会（Mpumalanga Tourism and Parks Agency），总部位于尼尔斯普鲁特（Nelspruit）[2]。姆普马兰加省保护地概况见表 6–5。

姆普马兰加省保护地概况表 **表 6-5**

管理机构	保护地类别	法律依据
姆普马兰加省旅游与公园委员会（Mpumalanga Tourism and Parks Agency）	保护地（Conservation Area）	
	本土森林保护地（Indigenous Forest）	
	跨境保护地（Trans frontier Conservation Area）	
	植物花园（Botanical Garden）	
	自然保护区（Nature Reserve）	
	高山盆地（Mountain Catchment Area）	
	游猎保护地（Game Reserve）	
	其他保护地（Other Areas）	

来源：参考联合国环境项目世界保护监测中心（UNEP–WCMC）的档案，作者绘制

（4）西北省（North West Province）

西北省保护地管理机构：西北省公园委员会（North West Parks Board）[3]。保护地概况见表 6–6。

（5）西开普省（Western Cape Province）

西开普省位于南非的最南端，是南非主要的旅游目的地之一。西开普省的开普植物王国是世界六大植物王国之一，2004 年由世界遗产委员会正式授予其为南非第六个世界遗产地。该省在发展省级保护生物多样性的战略和行动方面居各省前列。

西开普省保护地管理机构：西开普省环境事务、环境和发展计划部（Western Cape Department of Environment Affairs and Development Planning）下属的“开普自然”部门（CapeNature）[4]。西开普省保护地概况见表 6–7。

1 MORRIS B，CORCORAN B，WWF–SA. Mpumalanga Protected Area Expansion Strategy (2009–2028) [Z/OL]. 2009[2020–12–21]. https://cer.org.za/wp–content/uploads/2010/05/Mpumalanga–Protected–Areas–Expansion–Strategy–2009.pdf.

2 Mpumalanga Tourism and Parks Agency. Overview[EB/OL].[2020–12–21]. http://www.mpumalanga.com/corporate–information/overview.

3 Yes Media. North West Parks Board–Overview[EB/OL].[2020–12–21]. https://provincialgovernment.co.za/units/view/194/north–west/north–west–parks–board.

4 Yes Media. CapeNature–Overview[EB/OL].[2020–12–21]. https://provincialgovernment.co.za/units/view/180/western–cape/capenature.

西北省保护地概况表 表 6-6

管理机构	保护地类别	法律依据
西北省公园和旅游委员会（North West Parks Board）	国家公园（National Park）	《西北省生物多样性管理法案》（North West Biodiversity Management Act，2016）[1]
	世界遗产地（World Heritage Site）	
	游猎保护地（Game Reserve）	
	鸟类避难所（Bird Sanctuary）	
	山地保护地（Mountain Reserve）	
	自然保护地（Nature Reserve）	
	保护的环境（Protected Environments）	
	濒危或受保护的生态系统（Threatened or protected ecosystems）	
	河岸栖息地（Riparian habitats）	
	水生系统（Aquatic systems）	

来源：参考联合国环境项目世界保护监测中心（UNEP–WCMC）的档案，作者绘制

西开普省保护地概况表 表 6-7

管理机构	保护地类别	法律依据
西开普省环境事务，环境和发展计划部（Western Cape Department of Environment Affairs and Development Planning）	国家公园（National Park）	《西开普省生物多样性法案》（Draft Western Cape Biodiversity Bill，2016）[2]
	荒野地（Wilderness Areas）	
	世界遗产地（World Heritage Site）	
	海洋保护地（Marine Protected Area）	
	植物花园（Botanical Garden）	
	自然保护地（Nature Reserve）	
	高山盆地（Mountain Catchments Areas）	
	严格的自然保护地（Strict Nature Reserve）	
	省级保护地（Provincial Reserve）	
	岛屿保护地（Island Reserve）	
	地方性的保护区（Local Authority）	
	私有的保护区（Private Reserve）	
	保护的自然环境（Protected Natural Environment）	
	自然资源管理区（Conservancy）	
	生物圈保护区（Biosphere Reserve）	
	本土森林（Indigenous Forest）	
	国有森林（State Forest）	
	避难区（Sanctuary）	
	其他保护区（Other Areas）	
	生物多样性管理区（Biodiversity Stewardship Areas）	

来源：参考联合国环境项目世界保护监测中心（UNEP–WCMC）的档案，作者绘制

1 North West Biodiversity Management Act，No. 4 of 2016. 2017.
2 Draft Western Cape Biodiversity Bill，2019.

（6）豪登省（Gauteng Province）

豪登省是南非面积最小的省，商业贸易和工业突出。该省保护地管理人员和管理规划均存在能力不足等问题。

豪登省保护区管理机构：豪登省农业和乡村发展部（Gauteng Department of Agriculture and Rural Development）[1]。豪登省保护地概况见表 6–8。

豪登省保护地概况表 **表 6-8**

管理机构	保护区类别	法律依据
豪登省农业和乡村发展部（Gauteng Department of Agriculture and Rural Development）	自然保护区（Nature Reserve）	
	鸟类避难所（Bird Sanctuary）	
	世界遗产地（World Heritage Site）	
	RAMSR 湿地区（RAMSR Wetland）	
	国家公园（National Park）	
	植物花园（Botanical Garden）	

来源：参考联合国环境项目世界保护监测中心（UNEP–WCMC）的档案，作者绘制

（7）东开普省（Eastern Cape Province）

东开普省是南非面积第二大省，在南非生物多样性保护中占有重要地位，是南非拥有生物多样性最多的省和南非最多生态群落的汇合点。2002 年，东开普省颁布了省《保护地法案，2002》（Protected Areas Bill，2002），建立了省保护地类别与 IUCN 保护地类别体系的对应关系。

东开普省保护地管理机构：东开普省公园和旅游局（Eastern Cape Parks and Tourism Agency）[2]。东开普省保护地概况见表 6–9。

（8）北开普省（Northern Cape Province）

北开普省是南非面积最大的省（占南非国土面积的三分之一），自然保护区覆盖了全省很多区域，拥有非洲第一个跨边境游猎公园－卡拉哈瑞．吉姆斯博格国家公园（Kalahari Gemsbok National Park），其中一部分位于博兹瓦纳吉姆斯博格国家公园（Gemsbok National Park）。这个跨边境国家公园也是非洲南部最大的自然保护区域之一，以及世界现存的最大自然生态系统保护区之一。然而省政府对保护事业很少给予支持。北开普省保护地概况见表 6–10。

---

1 维基百科．Gauteng Department of Agriculture and Rural Development [EB/OL]．(2019–05–12) [2020–12–21]. https://en.wikipedia.org/wiki/Gauteng_Department_of_Agriculture_and_Rural_Development.

2 Yes Media．Eastern Cape Parks and Tourism Agency（ECPTA）–Overview [EB/OL]．[2020–12–21]．https://provincialgovernment.co.za/units/view/133/eastern–cape/eastern–cape–parks–and–tourism–agency–ecpta.

北开普省保护地管理机构：北开普省环境与自然保护部（Northern Cape Department of Environment and Nature Conservation）[1]。

（9）自由州（Free State）

“自由州位于南非中部地区，以拥有金矿闻名于世。自由州保护地覆盖的土地仅占全省总面积1.4%（1856.9km²），虽然拥有16个省级自然保护地，但目前只有13处作为保护地进行管理[2]。但这些保护地的面积大多数很小（其中只有5个面积超过10000公顷），保护地的相关数据多为博物馆和大学的机构所有，政府难以获得数据资料”[3]。

自由州保护地管理机构：自由州经济，小企业发展，旅游和环境事务部（Depart of Economic，Small Business Development，Tourism and Environmental Affairs）[4]。自由州保护地概况见表6–11。

东开普省保护地概况表

表 6-9

管理机构	保护地类别	法律依据
东开普省公园和旅游局（Eastern Cape Parks and Tourism Agency）	特殊自然保护区（Special Nature Reserve）	《保护地法案，2002》(Protected Areas Bill，2002)；《东开普省环境管理法案草案》（Draft Eastern Cape Environmental Management Bill，2019）[5]
	荒野地（Wilderness area）	
	自然保护区（Nature Reserve）	
	省立公园（Provincial Parks）	
	保护的自然环境（Protected Natural Environment）	
	具生态重要性的地域（Site of Ecological Importance）	
	控制发展的区域（Limited development Areas）	
	国家公园（National Park）	
	本土森林（Indigenous Forest）	
	游猎公园（Game Park）	
	保护区（Conservancies）	
	合需圈占地（Adequate Enclosure）	

来源：参考联合国环境项目世界保护监测中心（UNEP–WCMC）的档案，作者绘制

1 维基百科．Northern Cape Department of Environment and Nature Conservation[EB/OL].（2020–07–31）[2020–12–21]. https://en.wikipedia.org/wiki/Northern_Cape_Department_of_Environment_and_Nature_Conservation.

2 COLLINS N B. Free State Province Biodiversity Plan：Technical Report v1.0（FSDETEA/BPFS/2016_1.0）[R/OL].Free State Department of Economic，Small Business Development，Tourism and Environmental Affairs，2016[2020–12–21]. https://conservationcorridor.org/cpb/Collins_2016.pdf.

3 No. 57 of 2003：Nation Environment Management：Protected Areas Act，2003.

4 同2.

5 Eastern Cape Environmental Management Bill. 2019.

北开普省保护地概况表　　表 6-10

管理机构	保护区类别	依据的相关法律
北开普省环境与自然保护部（Northern Cape Department of Environment and Nature Conservation）	自然保护区（Nature Reserve）	
	游猎保护地（Game Reserve）	
	跨边境保护地（Trans frontier Conservation Area）	
	跨边境公园（Trans frontier Park）	
	国家公园（National Park）	
	私有的游猎保护区（Private Game Reserve）	

来源：参考联合国环境项目世界保护监测中心（UNEP-WCMC）的档案，作者绘制

自由州保护地概况表　　表 6-11

管理机构	保护区类别	依据的相关法律
自由州经济，小企业发展，旅游和环境事务部（Depart of Economic, Small Business Development, Tourism and Environmental Affairs）	自然保护区（Nature Reserve）	
	植物花园（Botanical Garden）	
	跨边境保护区（Trans frontier Conservation Area）	
	国家公园（National Park）	

来源：参考联合国环境项目世界保护监测中心（UNEP-WCMC）的档案，作者绘制

6.2.3　地方性保护地系统

地方性保护地（local protected area）是指由市政府管理的自然保护地（nature reserve）或保护的环境（protected environment）。

南非地方性保护地类别中私人保护地（Private Protected Areas）数量和覆盖面积均占有相当比重。私有土地所有者在南非生物多样性管理中的角色变得越来越重要。“据 2020 年的数据，南非已有 173455km^2 的土地属于私人保护管理。仅开普敦植物王国（Kirstenbosch National Botanical Garden）一处估计至少有 85% 的生物多样性位于私人土地。大面积私有土地上的私人保护地例子是开普敦省的 Phinda Private Game Reserve，面积达 28622hm^2，权属‘& 超越’组织（&Beyond）和 MUN-YA-WANA 保护组织（Mun-ya wana Conservancy），对应 IUCN 保护地管理体系的类别 II”[1]。由私人实体为保护野生动植物而管理的许多游猎保护区（Game Reserve）也是南非地方性保护地系统中的一个重点。

2003 年在南非德班召开的第五届世界公园大会采纳“私人保护地行动计划”，IUCN 定义“私人保护地”为：“任何面积大小的、具备以下特征的区域①主要为了保护生物多样性而管理；②有或者

1　And BEYOND. Impact Review 2019[J/OL]. 2019[2020-12-21]. https://www.andbeyond.com/resource/beyond-impact-review/impact-review-2019/.

没有获得政府正式承认但都进行保护的；③由个人、社区、合作机构或非政府组织拥有或保护的区域"[1]。

由这个定义延伸出由社区管理的私人保护地，称作"社区保护地"，IUCN 世界保护地委员会（WCPA）和环境、经济及社会政策委员会（CEESP）对"社区保护地"的定义是："拥有重要生物多样性价值、生态作用和文化价值的自然与／或改造过的生态系统的，由原住民、游牧民和当地社区通过习俗的制度或其他有效手段自愿管理的区域"[2]。

在南非，越来越多各种形式的社区保护地建立起来。南非有大面积非政府授权的、为各种不同目的而保护野生生物的土地。由于历史原因，南非有许多大面积属于公有、但同时又具有私人权属的土地，管理这些土地实施双重土地使用权制度。历史上，大多数私有土地是经济作物农场或畜牧业农场。南非在独立和废除种族隔离制度后，原来主要由政府补贴资助的这些农场不再获得政府补贴，重新获得土地的农民利用有利政策和制度环境，培育野生生物补贴生活。一些生态旅游公司购买大片私有土地发展野生动植物和荒野地旅游，从而改变了土地利用的获利模式。1994 年南非共和国成立后，政府进行归还土地改革，在一些案例中，许多失去土地的原住民决心在保护政策下拥有土地。他们开始与原南非国家环境事务 & 旅游部（DEA&T）的官员谈判，签订契约、协议，建立正式为国家法律承认的"契约国家公园（Contractual Nature Park，CNP）"，采取不同方式联合管理保护区。达成这些协议对当地社区利大于弊。因此，契约国家公园对南非保护地体系贡献越来越大。在战略上，通常选择跨界区域和生物多样性热点处建立契约国家公园。

另外，《保护地法》为各级政府官员宣布建立社区保护地提供了有力法律依据。《保护地法》提高了当地社区管理地位，促进实施和完成共同管理协议、咨询过程、授权给当地社区、收益分配和可持续资源使用等。生物圈保护地促使私有土地所有者参与保护合作，但仍需政府更多支持，完善新市级政府管理制度和农村税收制度，以创造更多私人参与管理机会。

6.3　与国际保护网络的关联

南非保护地发端于西方国家殖民主义在自然保护领域扩张的结果，殖民时期建立保护地的思想和管理模式都与欧美国家一致。因此，其保护地体系最初就处于由西方国家主导的国际保护网络中。同时，南非政府一直紧跟国际动态，20 世纪 60 年代环境保护运动、70 年代后强调人与生物圈保护区模式运动、90 年代生物区域规划管理新方向和 1994 年 IUCN 以管理目标为基础的分类体系等国际动向不断冲击、影响着南非保护地体系发展过程。南非是国际自然保护网络重要组成部分，其与国际保护系统建立联系主要有两种方式：成为国际保护事业有关公约签约国，加入国际保护组织或机构、参与国际项目合作；以及与 IUCN 保护地类别体系建立对应关系。

1　JONES B T，STOLTON S，DUDLEY N. Private protected areas in East and southern Africa：contributing to biodiversity conservation and rural development[J]. Parks，2005,15（2）：67–76.

2　同 1.

6.3.1 作为国际自然保护机构和国际项目成员国

1. 南非签署的国际保护相关公约

南非国际保护相关公约概况表　　表 6-12

相关公约名称	概况
保护自然和自然资源的非洲公约（African Convention on the Conservation of Nature and Natural Resources,1968）	自 1998 年至今，南非已有 10 个生物圈保护区，如科杰博格生物圈保护区（Kogelberg Biosphere Reserve），西开普海岸生物圈保护区（Cape West Coast Biosphere Reserve）等[1]
人与生物圈计划（UNESCO Man and the Biosphere，1970）	目前南非有 10 处生物圈保护区（Biosphere Reserve）
RAMSR 公约（Convention on Wetlands of International Importance especially as Waterfowl Habitat,1971）	1975 年南非成为该公约成员国，目前有 26 个 RAMSR Sites，如尼罗谷自然保护区（Nylsvlei Nature Reserve），布莱斯柏克斯佩（Blesbokspruit）等[2]
世界遗产保护公约 (Convention Concerning the Protection of the World Cultural and Natural Heritage,1972)	1997 年 5 月南非签署该公约，迄今已有罗布恩岛，斯泰克方丹，斯瓦特科兰斯，科罗姆德拉伊的化石遗址，马蓬古布韦文化景观等 10 处世界遗产地[3]
世界自然宪章（World Charter for Nature，1982）	南非作为联合国成员国承诺执行该宪章的各项规定
21 世纪议程（Agenda 21,1992）	作为联合国成员国做出履行该文件的承诺
生物多样性公约（Convention on Biological Diversity，1992）	南非于 1994 年 6 月 4 日签署该公约，1995 年 11 月 2 日批准，1996 年 1 月 31 日成为缔约国[4]
联合国海洋法公约（United Nations Convention on the Law of the Sea）	南非于 1997 年 12 月 23 日签署该公约[5]
野生动植物保护和强制法律的协议（Protocol on Wildlife Conservation and Law Enforcement in the Southern African Development Community，SADC，1999）	南非于 1999 年 8 月 18 日签署该协议[6]
新千年非洲保护区德班协议（The Durban Concensus on Africa Protected Areas for The New Millennium，2003）	2003 年 9 月南非签署该协议[7]

1 UNESCO. Biosphere reserves in Africa[EB/OL]. [2020-12-21]. https://en.unesco.org/biosphere/africa.

2 RAMSAR. South Africa Ramsar Sites[EB/OL]. [2020-12-21]. https://www.ramsar.org/wetland/south-africa.

3 UNESCO. South Africa-Properties inscribed on the World Heritage List[EB/OL]. [2020-12-21]. https://whc.unesco.org/en/statesparties/za

4 List of Parties [EB/OL]. [2022-08-15]. https://www.cbd.int/information/parties.shtml

5 UNESCO. Chronological lists of ratifications of, accessions and successions to the Convention and the related Agreements [EB/OL]. [2022-08-15]. https://www.un.org/Depts/los/reference_files/chronological_lists_of_ratifications.htm

6 Protocol on Wildlife Conservation and Law Enforcement [EB/OL]. [2022-08-15]. http://extwprlegs1.fao.org/docs/pdf/mul157537.pdf

7 IUCN. The Durban Consensus on African Protected Areas for the New Millennium [EB/OL]. [2022-08-15]. https://portals.iucn.org/library/sites/library/files/documents/2005-007.pdf

2. 南非参与的国际保护项目

（1）基于社区的自然资源保护管理（CBNRM）。2002 年原南非国家环境事务 & 旅游部（DEA&T）颁布《南非支持基于社区的自然资源管理相关项目修订法律和政策》[An update of laws and policies that support community–based natural resource management（CBNRM）type programmes in South Africa]；2003 年，DEA&T 颁布《南非落实基于社区的自然资源管理导则》[Guildlines for the implementation of community–based natural resource management（CBNRM）in South Africa]。

（2）非洲发展新伙伴计划（NEPAD）

（3）私人保护地行动计划（Private Protected Area Action Plan）；

（4）UNEP–WCPC 加强非洲保护地网络项目（UNEP–WCPC Strengthening African Protected Areas Networks）。

6.3.2 与 IUCN 体系的对接

在 1994 年以前，南非保护地类别已经形成一个体系，尽管由于历史原因，是以一种偶然和不协调方式形成的。1994 年以后，南非政府充分理解和把握 IUCN 保护地体系目的和重要原则，借助 IUCN 保护地新框架指导本国保护地体系发展，并为保护地相关法律和政策提供立法依据。南非陆地保护地数量和类别大量增加，并将海洋保护地纳入保护地体系中；体系管理机构设置灵活地包括私人团体、非政府机构、原住民、社区组织和政府等在内的所有层面管理机构，《保护地法》也明确支持让最合适的个人或组织来管理。在保护地划分中首先根据满足本国和地方实际情况需要的管理目标来确定保护地类别名称，然后对应于 IUCN 六大类别管理目标，将两个体系中目标接近或类似类别及名称相对应。并且，无论是南非参与国际公约或项目产生的保护地类别（如世界遗产地，生物圈保护区等），还是国家级、省级和地方级所有类别都具有同等重要性，全部纳入体系结构中（体系中的层级概念是为了清晰保护地行政管理级别而划分），这一点也与前文提及的 IUCN 类别体系基本原则相符合。

南非参与“UNEP–WCPC 加强非洲保护区网络”项目，由南非科学服务部、南非公园和伊丽莎白港口大学向联合国保护地名录提供本国保护地信息，以及协助建立与 IUVN 保护地管理类别对应。“2003 年，与 IUCN 保护地管理类别相符合的南非保护地分类包括 12 种类别”[1]：

（1）科学保护地（Scientific Reserves）：敏感和不受干扰区域，主要为科学研究、监测和维护遗传资源而保护的区域。

（2）荒野保护地（Wilderness Areas）

1 STOLTON S，DUDLEY N. Suggestions on priority actions to update the WDPA in East and South Africa[Z]. UNEP–WCMC Strengthening African Protected Areas Networks：Draft Working Paper 3，2003:5–6.

（3）海洋保护地（Marine protected areas）

（4）国家公园及与其相当的保护地（National Parks and Equivalent Reserves）

（5）跨界保护地（Transfrontier conservation areas）：跨越边界的区域，包括从国家公园、私人游猎保护区、公共自然资源管理区及狩猎特许区等类别。

（6）生物圈保护地（Biosphere Reserves）

（7）自然和文化纪念地（National and cultural monuments）：具有自然或文化特点，或二者都具备的区域，可以包括植物园、动物园、自然遗产地和其他有保护重要性的区域。

（8）世界遗产地（World Heritage sites）

（9）栖息地和野生动植物管理地（Habitat– and wildlife–management areas）：这类区域容易受到人类干扰，包括保护区（Conservancies），为保护物种栖息地或生物群落的省级、区域或私人保护地，圈养地（Nesting and Feeding Areas）

（10）保护的陆地和海洋景观（Protected land and seascapes）：是为了协调人类和自然相互作用建立的区域，包括根据《环境保护法，1989》[the Environment Conservation Act，1989（Act 73 of 1989]建立的自然环境（Natural Environments），风景景观地（Scenic Landscapes），城市历史景观（historical urban landscapes）

（11）可持续利用地（Sustainable–use areas）：强调保护地可持续利用的区域，普通土地所有者参与管理。

（12）湿地（Wetlands）

跨界保护地、可持续利用地等类别就是南非根据本国国情需要而建立的。

2009 年南非政府对保护地相关法案的解释公文中指出，《保护地法》（2003）未明确使用 IUCN 的类别定义。但是，如果将根据该法案设立的各种保护地类别汇总，它们将累计纳入 IUCN 类别范围中；如果未提及或未纳入 IUCN 类别，明确或相对宽松的类别对应关系如下[1]：

（1）特殊自然保护地（Special Nature Reserves）= IUCN 严格自然保护地类（Strict Nature Reserves，Ia）

（2）国家公园（National Parks）= IUCN 国家公园类（National Parks，II）

（3）自然保护地（Nature Reserves）=IUCN 栖息地 / 物种管理区 / 保护的陆地景观或海洋景观类（Habitat/Species Management Area/Protected Landscape/Seascape，III/IV/V）

（4）保护的环境（Protected Environments）= IUCN 资源管理保护区类（Managed Resource Protected Area，VI）

综上，南非保护地类别与 IUCN 保护地管理类别对应概况如表 6–13 所示。

1 PATERSON A R. IUCN Environmental Policy and Law Paper No. 81–Legal Framework for Protected Areas: South Africa [R/OL].IUCN，2011:21. https://www.iucn.org/downloads/south_africa.pdfhttps://www.iucn.org/downloads/south_africa_1.pdf.

南非保护地类别与 IUCN 保护地管理类别的对应[1,2] 表 6-13

南非保护地类别	对应的 IUCN 管理类别	数量（个）
特殊自然保护地（Special Nature Reserve）	I	2
国家公园（National Park）	II	22
自然保护地（Nature Reserve）	III/ IV/ V	1391
保护的环境（Protected Environment）	VI	40

来源：笔者根据上述方法归类整理

南非与 IUCN 保护地管理类别第 III、IV、V 类对应的保护地数量在本国体系中占很大比重，说明南非保护地人为干预程度高，制定保护地管理目标和方式强调人与自然之间和谐以及资源可持续性利用；同时，也意味着南非保护地管理面临如何解决与这些保护地类别密切相关的贫穷问题，以及文化和自然资源保护与发展相矛盾的严峻挑战。目前 WDPA 数据库中，无任何南非保护地与 IUCN 保护地类别对应的相关信息。

6.4 法律及政策保障

南非历史上一度有十几部与保护地有关的土地管理和生物多样性保护法案。伴随南非保护地发展历程，这些法律和政策不断发展和完善。

国家层面对南非保护地体系发展产生过重要影响的主要法律及政策有：

（1）《土著土地法》（Native Land Act，1913）和《土著托管和土地法》（Native Trust and Land Act，1936），政府为建立起保护地，迫使占南非人口 80%的黑人原住民被迫离开传统聚居地，被安置到面积远远不够原住民定居的小块地域。

（2）《高山盆地法》（Mountain Catchement Areas Act，1970）

《国家公园法》（National Parks Act，1976）是南非国家公园体系建立的依据，并于 1997 年形成修订法案《国家公园修订法案》（National Parks Amendment Act，1997）。

（3）《偿还土地权力法》（Restitution of Land Rights Act，1994）。根据这个法律，凡是 1913 年以来因《土著土地法》等种族歧视和隔离法律而失去土地的个人和社区可以提出偿还土地所有权。

（4）《生物多样性白皮书》（Biodiversity White Paper，1997）奠定南非自然保护中心政策，确定将生物多样性保护作为保护国家自然资源安全和社会发展重要手段的国家政策。

1 UNEP-WCMC. Protected Area Profile for South Africa from the World Database of Protected Areas, December 2020[R/OL].2020. https://www.protectedplanet.net/country/ZAF.

2 PATERSON A R. IUCN Environmental Policy and Law Paper No. 81-Legal Framework for Protected Areas: South Africa [R/OL].IUCN, 2011:21. https://www.iucn.org/downloads/south_africa.pdfhttps://www.iucn.org/downloads/south_africa_1.pdf.

（5）《国家森林法》（National Forest Act，1998）。

（6）《世界遗产公约法》（World Heritage Convention Act，1999）。南非是全球仅有的两个颁布了与《世界遗产公约》相呼应法律的国家之一（另一个是澳大利亚）。该法规定，南非所有世界遗产地必须制定完整管理规划，确保遗产地文化和环境保护及可持续发展。

（7）《保护地法》（National Environmental Management：Protected Areas Act，2003）。该法彻底改变之前由13个机构、11部相关国家法律和9个省法规管理南非保护地，保护地管理因割裂而削弱的局面。这部法律在国家层面整合了《国家公园法》《国家环境管理法》《国家森林法》《世界遗产公约法》《高山盆地法》等历史上颁布的保护地管理相关法案，而不是废弃，并在新法案中明确说明法律适用范围和与其他法律发生交叉或冲突时的适用规定。该法案引入生物多样性保护和生态系统管理概念，成为政策和立法重要目标；提出新的保护地体系，将不同种类保护的环境结合起来，替代原有分散体系，开始以一种简单分类法来登录保护地；法案还赋予原DEA&T部长可以通过购买私人土地所有权获得土地以建立保护地的权力；在建立生物圈保护地经验基础上，以一种新的生态区域方式保护管理（将沿着山脉、河流、湿地、海岸线和其他自然植被的保护地连接成网络）；明确鼓励保护地可以包含私有土地，从而推动基于社区的保护项目开展。

（8）《海洋保护法案》（2004）

（9）《南非落实基于社区的自然资源管理导则》[Guildlines for the implementation of community–based natural resource management（CBNRM）in South Africa，2003]和《南非支持基于社区的自然资源管理相关项目修订法律和政策》[An update of laws and policies that support community–based natural resource management（CBNRM）type programmes in South Africa，2004]，这是原DEA&T重视、鼓励原住民社区参与保护而出台的重要法律，指导可持续发展保护地管理理念落实到切实可操作层面上。

（10）省颁布的法规主要有《夸祖鲁／纳塔尔省自然保护管理法》（KwaZulu–Natal Nature Conservation Management Amendment ACT，1999）和东开普省《保护地法案，2002》（Protected Areas Bill，2002）、《林波波省环境管理法案》（Limpopo Environmental management Act，2013）、《西北省生物多样性管理法案》（North West Biodiversity Management Act，2016）、《西开普省生物多样性法案》（Draft Western Cape Biodiversity Bill，2016）、《东开普省环境管理法案草案》（Draft Eastern Cape Environmental Management Bill，2019）等。

6.5 体系特点

6.5.1 结构层次清晰、有法可依

南非保护地体系包括从国家到地方各层面保护机构和保护类别。在国家、省／地区和地方层面均设有相应级别保护地管理机构，实行政府分级主管。南非政府根据宪法赋予的权力行使职责，对

外代表国家签订有关保护地国际协议等，履行国际义务；对内以国家环境、林业和渔业部（DEFF）代表国会，主要负责国家层面保护地管理，制订法律、政策，把握国家保护地发展方向和原则，以及保护地体系整体运作。

各省／地区政府保护地管理机构负责管理行政职权范围内保护地。只要是国家级管理机构认为合适，经过授权，省级保护地管理机构可以管理位于省内国家级、省级或地方级各类保护地，以及根据各省情况发展、调整保护地类别，新的类别仍归属省级保护地系统，与国家体系保持一致。各省根据宪法赋予的权限可以颁布下属于国家《保护地法》的省级保护地管理法律或政策。

在地方层面上，政府依据法律鼓励非政府组织、私人保护团体和原住民社区参与保护地管理。根据地方需要调整地方性保护地类别。设立地方性保护地以提高对某些区域或物种的保护力度，或与社区建立合作管理模式，这种保护力量的影响力正在不断得到加强。

简洁的层级结构并不意味着简单化管理。《保护地法》明确说明政府应授权给合适的部门、组织和个人管理各级别、各类别保护地，目的是为因地制宜和加强管理有效性，避免保护地因受行政区划、级别等情况限制得不到适宜管理。

与南非保护地管理机构相对应，南非保护区的类别也以这种分层次、简单化的方法整合历史成因复杂、名称多样、不断变化的各种类别，形成统一的国家类别体系，便于各级保护地管理部门识别和管理控制。

南非保护区体系已经形成一个完整、层次清晰的结构，并且《保护地法》作为该体系建构、发展和完善的根本依据及法律保障。

6.5.2 自然保护与可持续发展并重

南非今天面临的最大环境挑战之一是自身资源可持续管理如何与发展需要相协调，贫穷是导致其环境恶化和资源枯竭的主要原因。南非政府和人民充分认识到南非珍贵的自然资源对于国家安全和人民生计的重要性，1997 年颁布《生物多样性白皮书》确定将生物多样性保护作为保护国家自然资源安全和社会发展重要手段的基本国策。2003 年颁布《保护地法》重申这一主题。同时，南非政府强调在国家层面上优先解决贫穷问题和给弱势群体提供机会。没有将保护环境或是解决贫穷、发展经济放在优先位置，而是将环境保护作为发展过程的一个组成部分。政府努力将自然保护和可持续发展并重的管理理念体现在其保护地管理体系机构设置及类别划分上。

在国家层面上，保护地管理最高机构国家环境、林业和渔业部（DEFF）把发展以自然为本的旅游（Nature-based Tourism）作为解决贫困问题和拓宽保护区资金来源重要手段。国际发展部（Department for International Development，简称 DfID）提出“解决贫穷优先的旅游”“Pro-Poor Tourism”战略。实施包括跨界保护地、联合国教科文生物圈保护区、空间发展行动等项目空间规划（Spatial Planning）和缓解贫穷计划、旅游企业计划等能力建设（Capacity Building）项目，为当地社区生计和保护地管理提供规划指导。这些积极探索适合本国国情的举措，反映出南非政府在国家自然保护战略上的可持续发展理念。

在省和地方层面上，依据近年来颁布的《南非落实基于社区的自然资源管理导则》和《南非支持基于社区的自然资源管理相关项目修订法律和政策》，地方政府积极与社区合作管理自然资源。南非保护地体系与IUCN类别体系建立对应关系的1455个保护地中有1391个归属于第Ⅳ类或第Ⅴ类，还有许多因未统计登录而没有获得分类的私人或社区保护地，说明南非政府根据国情在地方层面大力发展社区保护地。这些尚未统计的私人及社区保护地为原住民创造了工作机会，在一定程度上缓解了贫穷，促进了乡村发展。

6.5.3 注重国际、国内多方合作

南非保护地管理体系建立及发展始终依托国际自然保护大背景，依靠国际合作参与保护地合作管理项目，将本国保护地管理类别与IUCN体系对应，全国1611个保护地（包括陆地和海洋）中1455个保护地与国际系统建立起对应关系。各国专家对南非保护地的关注产生了许多研究项目，促进和帮助南非进一步完善其保护地管理体系。南非重视国土边界区域的自然和人文资源保护，其跨界保护地管理创新和经验成为这类保护地的国际范例，如将大象迁移到莫桑比克就是南非领导进行国际保护合作的特别案例。

能够为保护地提供连续不断的资金是南非保护地管理面临的关键问题之一。南非国家公园管理局最早开始着手与私人力量合作战略，从而保证国家公园资金来源不中断，创造工作机会和吸引资金投入。省级保护机构跟随其后，在许多省建立半国营机构联合管理经营保护区。南非在改变保护区融资体制上下了很大功夫，1989年，南非国家公园管理局在理查德斯维德（Richtersveld）争取新的土地进行保护过程中，开始实施国家与社区联合保护战略。1994年后，南非政府将社区保护地作为管理体系重点，不断实践创新。

对外注重交流合作，借助国际保护网络加强本国保护区体系能力建设；对内注重与非政府组织、私营部门、个人及原住民社区合作是南非保护地体系的一个突出特点。

6.6 经验与教训

6.6.1 社区参与管理

南非政府鼓励地方上不同利益方之间，如政府部门，私人部门，地方社区和非政府组织之间形成联盟。1994年《偿还土地权利法》实施后，南非保护地出现越来越多混合地域。社区参与保护地管理项目在发展和实施过程中，对政府而言，可以认为社区参与管理对修正历史政治遗留问题多于真正关心乡村贫困人民的参与。但混合地域促进了政治操作之下优先发展经济，为乡村贫困人民提供了实在的生存机会。

南非社区参与管理经验包括：

（1）允许社区接近从前禁止靠近的自然资源区域；

（2）与社区分享利用自然资源所获得的收入；

（3）使保护能够补偿管理成本和社区发展；

（4）社区参与决策；

（5）承认社区历史上的土地所有权和资源所有权；

（6）努力确保实现收益超过成本和支撑生计的目标。

6.6.2 跨界保护管理

南非国家环境、林业和渔业部（DEFF）的主要目标之一即发展跨界保护地，将其作为一定区域保护和经济发展的机制。

跨界保护地（TFCAs）或“和平公园”是绵延在南非国境线上的大面积区域，并且包含一系列从公共土地到野生动植物管理等各种保护地。在保护理念上，建立 TFCAs 的最初目标是保护被国家边界隔断的生态系统和生物多样性。但近年来，这个概念已拓展为一种结合生态系统保护和社会经济发展的完整模式。这些区域的保护从严格保护野生动植物转向更强调多种方式的资源利用，特别是当地社区的资源利用。建立跨界保护地与和平公园的总体目标是保护生物多样性，同时促进旅游、区域和平、合作及当地社会经济发展。TFCAs 的成功依赖社区参与；反之，TFCAs 也将给当地社区带来获得收益的机会。

1997 年 2 月 1 日，南非成立了“和平公园基金会”，开展建立和管理跨界保护地工作。2000 年 4 月，博兹瓦那总统与南非总统启动非洲南部第一个 Kgalagadi 跨界公园项目。南非边界线上已有 7 个确立的跨界保护区地（Transfrontier Conservation Areas，TFCAs）[1]。南非在建立跨界保护地国家之间的安全和信任、均衡分配国家之间的保护地收益、考虑社区权力和文化环境等方面的保护实践走在非洲前列。

6.6.3 旅游、私营企业与保护地合作

南非丰富的自然和人文资源吸引全世界旅游者，旅游业已成为南非第四大产业。南非政府认识到保护地可持续旅游对于当地社区生计和保护地管理的重要性，把发展自然旅游（Nature-based Tourism）作为解决国家极为重视的贫困问题的重要手段。南非国家旅游部（DT）对旅游发展的期望是以提高全体南非人民生活质量和关心可持续发展利益的方式来管理旅游业。为实现这个目标，国

1 Environmental Resources-Transfrontier conservation areas (TFCAs) [J]. South Africa Yearbook, 2009.9: 10.

家旅游部采取将旅游发展和健康环境管理结合起来的途径，并与创造工作机会，乡村发展和缓解贫穷相联系。

1996年原DEA&T颁布《发展和促进旅游的白皮书》（White Paper on the Development and Promotion of Tourism），注意到私营企业处在促进地方社区参与合伙投资旅游的关键位置，私营企业和地方社区建立合伙旅游投资，向社区说明国家对私营部门的期望，从而实现社区参与合作投资旅游，促进“有责任的和可持续旅游”项目发展（Responsible and Sustainable Tourism）。1997年南非执行“发展，就业和重新分配”的旅游经济政策（Growth，Employment and Redistribution，简称GEAR），强调“旅游应该由政府领导，私营部门驱动，以社区为基础”（DEA&T 1997c），为白皮书提供一个执行框架。2002年3月，原DEA&T完成和颁布“国家有责任的旅游指导方针”（National Responsible Tourism Guidelines），这个指导方针的出台本身即是通过参与过程完成的，其中包括为地方社区优先提供机会的指导方针（DEA&T 2002）。通过这样一种自愿机制，私营企业可以通过展示其“有责任的”企业运营而战胜竞争对手，占据市场优势及通过减少企业管理费用增加利润。政府启用这种机制汇编国家及下属部门符合“有责任的”这项目标的所有企业业绩信息，向公众提供南非发展有责任的旅游产业的报告，展示国家执行白皮书的政策过程。其中一个例子是优先安置野生动植物的决策最终让位于授权重点提高被边缘化的、因历史原因造成的贫穷人民及弱势群体生活的建议。

同时，南非国际发展部（Department for International Development，简称DfID）提出“解决贫穷优先的旅游”“Pro–Poor Tourism”（旅游业产生的净收益是为了解决贫穷）发展机制，强调旅游发展不能剥夺贫困者的机会，不能只是扩大旅游业整体规模。由私营部门管理的土地、自然资源增多与乡村贫穷人口从根本上有关联。“解决贫穷优先的旅游”途径集中引导商业发展类型。南非政府制定一系列激励基于旅游发展的经济发展政策和计划。政府采取的主要行动包括空间规划（Spatial Planning）和能力建设（Capacity Building），每个行动由一系列项目和计划组成。其中，“缓解贫穷计划”（Poverty–Relief Projects）促进社区自产旅游产品的发展和旅游基础设施建设，如道路、信息中心和旅游标识等。“缓解贫穷计划”又细分为产品发展、基础设施建设、能力培训、建立SMMEs[1]，以及商业发展等类别。这类计划在战略上主动解开南非某些区域经济发展的内在束缚，并且成为乡村社区创造经济收入机会的工具。

在管理体制上，南非旅游发展计划日益重视鼓励私营部门有责任地经营旅游企业。私营部门被号召起来通过可持续企业发展运作模式实现国家执行授权管理的政策和缓解贫穷的目标。

在实践中，夸祖鲁/纳塔尔省的Simunye Zulu自然遗产地旅游开发在当地村民和“白Zulu”的共同努力下，不仅建造了具有完全部落村庄特点的生态旅馆及其他设施，创造了十分有趣的生态旅游体验，更重要的是体现了其将生态旅游作为一项有效机制来联合当地社区实现可持续发展的完整

1 “SMMEs”指根据南非《国家小型企业法》（National Small Enterprise Act）定义的小型、中等和微型企业。

理念。南非国家公园温和而持续地改进公园设施和项目，改变单一设施标准和线路局限，提供多种服务设施标准，从而能向公众提供更多选择，当地居民获得更多收益。

整个非洲唯有南非和坦桑尼亚两个国家的有组织旅游未被国外公司垄断经营。南非成功地将国家和私人两股力量融合到自然旅游事业中，为非洲其他国家提供了保护地管理创新经验。20 世纪到访南非的国外游客大量增长，显示出旅游产业和保护地管理机构紧密配合有很大发展潜力。

6.6.4 荒野地管理模式的教训

欧洲国家的殖民主义不仅掠夺南非的自然资源，而且向其输出殖民者的政治、文化意识、价值观念等。反映在保护地领域就是美国荒野地理论对南非传统自然保护地的思想及保护价值观的塑造。

殖民时期的西方保护贸易主义策略使南非动、植物资源成为满足殖民者经济利益和欲望的牺牲品。由于破坏了南非在殖民时期以前的传统自然资源管理制度，导致一些珍稀物种灭绝，这是殖民主义对南非资源“物”的掠夺。而南非当权者以荒野地理论及管理模式建立保护地，则从根本上改变了南非传统的自然价值观，以及人与土地的现实关系。人和自然紧密相连的环境价值观被荒野地理论倡导的“自然不应受人的干扰，要满足自然地域内在价值”等观念所替代。特别是该理论的狩猎、隔离疾病等观点直接影响南非当权者，采取“栅栏和罚金”手段将人与自然资源分离，建立自然保护区域。南非是非洲大陆最早建立荒野地的国家，并且是在其国家保护地体系中发展荒野地。19 世纪 70 年代，南非颁布森林法案（Forest Act），在全国范围内发起建立荒野地保护地运动，大批森林区域被设定为荒野地保护地。

这种保护思想及其管理模式迫使南非大多数黑色人种原住民被限定在边缘地区或很有限的土地上生活，近 800000 人口集中到占国土面积 13%的土地上。原住民不得不依靠掠夺自然资源来获得基本生活物资，给南非社会遗留下影响深远的地荒、贫穷、人口增长等后遗症。民族独立和建立民主政权后的南非，虽然重新认识到传统的人与自然关系及自然保护管理途径具有价值，将自然资源保护和社会可持续发展并举，但“荒野地”管理模式造成的历史局面可能需要几代南非人的努力，才能重建政府、原住民和自然资源之间的协调关系。保护地今天仍然会引发南非人民遭受种族歧视的痛苦回忆，以及被看作是那段痛苦、被驱逐历史的象征。

荒野地理论及其自然资源管理模式使南非人民付出沉重代价，其教训意义深刻。南非的教训证明，在国际层面上，美国模式的荒野地概念并不适合全球所有地区，将开辟不允许人们进入的荒野地理论模式引入到人口众多的发展中国家，会影响当地居民的基本生存需求，保护地管理不能无视国情和民族本土对自然资源的认识。

第7章

英国国家公园与保护地管理体系

欧洲大陆的面积、人口都与我国接近，这里的生物多样性和人文多样性对于全球都有非常重要的意义。一方面作为世界发达地区之一，欧洲在自然保护很多方面都处于世界领先地位，这里有着传统文化与自然景观和谐统一的景观特色，与同为发达地区的北美国家提倡“荒野地”保护模式截然不同；另一方面，由于自然地理、文化背景等方面原因，欧洲各国在自然保护工作上合作的广度和力度，也是其他地区无可比拟的。英国（大不列颠及北爱尔兰联合王国，United Kingdom，UK）作为老牌资本主义国家，在政治、经济、社会、环境等各个方面，在欧洲乃至全球范围都有着举足轻重地位。英国几百年殖民历史，也影响了整个“新世界”的社会与经济体系。从现代保护地发展历史来看，最早一批建立自然保护地的都是英联邦国家或曾经的英国殖民地。可以说，英国在扩大势力范围掠夺资本的同时也将本国文化带到这些地区，其中就包括自然保护思想。

就英国本土而言，从 1014 年卡努特（Canute）国王颁布《卡努特王的森林法》，到 1951 年建立第一个国家公园[1]，至今天积极参与国际与欧洲保护工作，英国一直不断地拓宽自然保护关注范围、加大保护力度。除悠久历史外，在文化景观和社区保护等方面，英国也有着独到认识和方法，“保护”对于英国而言不仅指自然保护，还包括景观保护。IUCN 1994 年分类体系提出之后，曾将欧洲作为一个特别观察区来监测新体系推广情况，其中许多研究机构设在英国，英国卡迪夫大学更专门设有 IUCN 合作机构，该校阿德里安．菲利普斯（Adrian Phillips）教授曾担任 IUCN—WCPA 主席长达 6 年之久。

7.1 体系发展阶段

英国自然保护和景观保护的起源可以追溯到几百年前[2]。英国第一部涉及自然资源保护的法律诞生于 1014 年，并在之后 100 年中经过 3 次修改。1079 年“新森林（New Forest）”被划定为皇家狩猎场，由此成为现存历史最悠久的保护地，苏格兰最古老的保护地则出现在 12 世纪。在之后几个世纪里，皇家和贵族不断在领地上为了满足自身享乐而划出特定保护区域，间接意义上对自然环境和资源起到一定保护作用。19 世纪现代保护地运动兴起之后，英国保护地也迎来了体系化发展。

（1）萌芽期（19 世纪末—20 世纪初）

19 世纪初，拜伦、华兹华斯等英国著名浪漫主义派诗人在作品中纷纷赞美乡村景观，并提到人人都有权利享受到乡村美景。虽然当时自然使用权利仍掌握在贵族和土地主手中，但这些诗篇可以说是对大众景观意识的重要启蒙。到 1884 年，布莱斯（James Bryce MP）发起要求允许大众

1 National Parks UK. History of the 15 UK National Parks-Activity[EB/OL].[2020-12-17]. https://www.nationalparks.uk/app/uploads/2020/10/History-of-the-15-UK-National-Parks-Activity-sheet.pdf.

2 CROFTS R, DUDLEY N, MAHON C, et al. Putting Nature on the Map: A Report and Recommendations on the Use of the IUCN System of Protected Area Categorisation in the UK[R]. United Kingdom: IUCN National Committee UK, 2014.

进入乡间的运动。虽然他们提出的法案没有得到国会通过，但这项运动一直持续100多年，对之后许多保护地出现都有重要影响。到20世纪初期，土地主利益与公众户外活动空间需求之间的矛盾变得激烈[1]。

（2）起步期（20世纪30年代—50年代）

这一时期出现了三种保护运动：呼吁基于科学和生态的自然保护措施、关注工业化对审美的损害，以及劳动人民到农村休闲的需求。在第二次世界大战之前和第二次世界大战期间，这些关切集中在一起，要求立法[2]。1931年英国政府开始考虑建立类似国家公园委员会的机构，在全国范围划定国家公园以满足国民需求，这项建议得到各成员国政府同意，最终于1949年颁布《国家公园和乡村进入法》（National Parks and Access to the Countryside Act）。此法律成为英国依法建立如特殊科研价值保护地（SSSI）、国家自然保护地（NNR）等保护地阶段性标志，以及国家公园（NPs）和杰出自然美景区（AONBs）等英格兰和威尔士类似法定景观保护地清单。SSSI、NNR、NPs和ANOBs等重要国家保护地类别都由这部法律提出。这些保护地一直是许多后续立法的基础，使英国能够履行其国际保护义务至今。此后10年间，英国建立14个国家公园和一些其他类型保护地，并成立相应管理机构，奠定了保护地体系构建基础[3]。保护运动还促进了英国强大的非政府保护组织运动，并持续下来；通过拥有土地和行使政治影响力，帮助保护了许多自然和景观地区。

（3）发展期（20世纪60年代—80年代）

20世纪60 年代，国际上轰轰烈烈兴起环境运动，英国国内自然保护热情也空前高涨，各成员国不断颁布乡村规划法案或野生动植物保护法，保护地数量和类别都快速增长。但另一方面，政府部门特别是农业与林业仍在根据部门需求制定各自的乡村土地政策，片面追求生产率。虽然保护地数量增加，但整体自然资源破坏却在加速。

（4）稳定期（20世纪90年代至今）

英国政府逐步意识到自然保护与乡村政策相融合的重要性。20世纪80年代政府重组和法律调整以及90年代部门内部调整，使保护地拥有更多法律支撑，保护机构也更专业和有针对性。90年代起，英国保护地体系进入平稳发展阶段，这一时期在保护地类别和管理机构上虽然还会有些调整，但整体保护观念和操作模式，都基本保持稳定前进状态。2010年所有成员国都被全英立法所接受建立海洋保护地。

经过漫长时间的发展，英国保护地体系形成今天的格局：同一个保护地类别会有不同单位负责管理，可能是政府机构或非政府机构，也可能是民间组织或慈善团体；同时，一个部门也可

---

1 National Parks UK. History of the 15 UK National Parks - Activity [EB/OL].[2020-12-17]. https://www.nationalparks.uk/app/uploads/2020/10/History-of-the-15-UK-National-Parks-Activity-sheet.pdf.

2 CROFTS R, DUDLEY N, MAHON C, et al. Putting Nature on the Map: A Report and Recommendations on the Use of the IUCN System of Protected Area Categorisation in the UK[R]. United Kingdom: IUCN National Committee UK, 2014.

3 同1.

能负责多种类别的保护地管理。尽管苏格兰与北爱尔兰设立的保护地目标以及主要保护内容都相同，却常常出现与英国其他地区不同的保护地类别名称。此外，由于参与拉姆萨湿地公约（Ramsar Convention）、人与生物圈计划（Man and the Biosphere，MAB）等多个针对特定保护内容的国际公约、合作项目以及欧盟范围内的保护合作项目，英国还有许多应国际或欧洲会议、导则、公约等要求设立的保护地类别。许多非政府组织就把运动与实地保护行动结合起来，成千上万农民和土地所有者通过国家立法参与场地保护，特别是成为SSSI。国际、国内种种因素影响使英国保护地体系整体上分类多、分级多，管理关系复杂。

7.2 分类与管理

7.2.1 分类方法、类别及管理目标

全球保护地数据库（World Database on Protected Areas，WDPA）2020年统计显示，英国现有11837处保护地；其中，国家指定（命名）保护地10426处（占总数的88.08%），（欧洲）区域指定（命名）保护地1250处（占总数的10.56%），国际指定（命名）保护地161处（占总数的1.36%）；陆地保护地覆盖28.74%国土面积，海洋保护地覆盖44.2%国土面积[1]。英国自然保护联合委员会（Joint Nature Conservation Committee，JNCC）官网最新公布，英国有许多不同类型保护地，有些是专门为自然保护而建立，另一些则服务于如自然、景观和游憩等目的，目前分四大类：

（1）国家立法设立的保护地（Protected areas established under National Legislation），包括特殊科研价值保护地（SSSI或ASSI）、国家自然保护地（NNR）。

（2）根据欧盟指令或其他欧洲倡议建立的保护地（Protected areas established as a result of European Union Directives or other European initiatives），包括特别保护地（SAC）、特殊保护地（SPA）。

（3）根据全球协定设立的保护地（Protected areas set up under Global Agreements.），包括拉

1 UNEP-WCMC（2020）. Protected Area Profile for United Kindom of Great Britain and Northern Ireland from the World Data of Protected Areas[DB/OL].（2020-12）[2020-12-17]. https://www.protectedplanet.net/country/GBR#ref1.

WDPA数据（2020年更新）来源有9个数据库：欧洲环境局（EEA）提供的指定区域通用数据库[Common Database on Designated Areas as provided by the European Environment Agency（EEA）,2020]、UK联合国生物圈保护（UK UNESCO-MAB Biosphere Reserves，2020）、联合国世界遗产地（UNESCO World Heritage Sites，2020）、国际重要拉姆萨湿地（Ramsar Wetlands of International Importance，2020）、自然2000（Natura 2000，2020）、UK海洋保护地（UK Marine Protected Areas，2020）、OSPAR海洋保护地网络（OSPAR Marine Protected Areas Network，2020）、UK私人保护地（Privately protected areas of the UK，2020）和苏格兰西部海洋保护地（West of Scotland Marine Protected Area，2020）；由于用于评估保护地覆盖率的方法和数据来源不同，以及用于测量一个国家或领土陆地和海洋面积的底图不同，统计数字可能与各国正式报告的统计数字有所不同；并且，如果一个国家保护地和基于区域有效措施的保护地信息由多个机构管理，各机构向不同级别提供的信息不一致，则国家一级的统计数据也可能与通过WDPA生成的统计数据不同。保护区的数据收集不同要求背景下进行的，将不可避免影响结果的一致性。

姆萨湿地（Ramsar Sites）。

（4）海洋保护地（Marine Protected Areas）。这些类别可以重叠，例如，海洋保护地包括国家和国际设立的保护地，一个陆地或海洋保护地也有可能同时符合上述四个类别[1]。JNCC 分类与 WDPA 统计分类思路总体一致，即按照国际－欧洲－国家三个层次划分，不同之处在于 JNCC 将海洋保护地单列。

JNCC 曾将英国保护地分为受法律保护的自然保护地（Sites Designations that Protect the UK's Natural Heritage Through Statute）和其他自然保护地类别（Other Natural Heritage Conservation Designations in the UK.）两大类，前者即指依据专门法律或国际公约建立的保护地，或在提出保护类别之后又制定专项保护法律的保护地类别；其他自然保护地类别则是依据会议或政府要求建立、但并没有专项保护法律的保护地。以法律依据为分类方式对于了解哪些保护地类别是参照明确法律条例建立很有帮助，不足之处在于无法反映保护地类别的系统性、层次性。国际保护区领域著名学者凯文．比肖普（Kevin Bishop），阿德里安．菲利普斯和琳达．沃伦（Lynda Warren）曾提出将保护地分为国际性、欧洲性、英国、国家性等四类分类方式，分类顺序按照保护地建立时依据的法律或会议、公约适用范围的广度排列[2]。这种分类方式层次清晰，但由于是在 1994 年 IUCN 分类体系出台后提出，当时目的是参照 IUCN 保护地类别体系对英国有一个概括介绍，之后并没有进一步详细阐述，对于 20 世纪 90 年代后期迅速发展的英国保护地体系以及 2003 年公园大会后全球保护地事业发展没有进一步跟进。

本章结合上述分类方式对英国保护地类别进行阐述，即按照依据法律／公约适用范围，从国际、欧洲、英国国家、成员国四个层面和海洋保护地进行分析（英国海外领地超出本文研究范围，不作分析）。其中以生态系统、生物多样性保护为基本管理目标的保护地类别，从国际性、欧洲性到英国国内保护地类别，保护地保护内容的重要性和保护力度逐级下降，但国家性与成员国这两类保护地之间与保护强度的高低没有必然联系。以游憩、景观保护为主要管理目标的保护地类别的适用范围广度与其保护地服务对象广度相对应。

1. 国际层面保护地类别

英国国际性保护地主要是依据国际公约／宣言建立，或是被国际保护组织认定为世界自然遗产或文化遗产的保护地。这些保护地类别在其他国家也可以找到，属于全球普遍适用的类型，包括由联合国教科文组织认定的世界遗产（World Heritage）和世界地质公园（Geoparks），根据“人与生物圈计划”下建立的生物圈保护地（Biospere Reserves），在《拉姆萨公约》下建立的“湿地保护区

1 JNCC. UK Protected Areas[EB/OL]. (2019-07-29) [2020-12-17]. https://jncc.gov.uk/our-work/uk-protected-areas/.

2 BISHOP K, PHILIPS A, WARREN L. Protect for ever? Factors shaping the protected area policy[J]. Land Use Policy, 1995, 12 (4): 292-293.

(Ramsar Sites)”等。此类型保护地的概念及状况分别为:

(1)世界自然或文化与自然混合遗产 World Heritage Sites (natural or mixed)

1972 年联合国教科文组织(UNESCO)制定了《世界遗产公约》,用于保护具有突出价值的文化遗产和自然遗产。1992 年 ICOMOS 又提出文化景观定义,与之前的自然遗产、文化遗产共同构成世界遗产。目前英国共 32 处世界遗产,其中包括 4 处世界自然遗产,1 处世界文化与自然混合遗产[1]。

(2)拉姆萨湿地保护区(Ramsar Site, Wetland of International importance)

根据 1971 年在伊朗签署的《关于特别是作为水禽栖息地的国际重要湿地公约》(简称《湿地公约》),英国自 1976 年开始划定湿地保护区。早年的湿地保护区大多为保护水鸟而划定,面积较小,近年湿地保护区则关注更多类型的湿地保护。目前英国共有 175 处拉姆萨湿地保护区(Ramsar Sites),覆盖 1 283 040 公顷国土面积[2];其中有 151 处具有国际重要性的拉姆萨湿地保护区[3]。

(3)人与生物圈保护区(UNESCO–MAB Biosphere Reserves)

“人与生物圈计划”简称 MAB,是 UNESCO 科学部门于 1971 年发起的一项政府间跨学科大型综合性研究计划。生物圈保护地(Biosphere Reserves, BR)是根据“世界生物圈保护地网络章程框架”而设立的非法定保护地,是 MAB 核心部分,生物圈保护地网络是监测长期全球生物圈变化的重要保护地类别。欧盟成立 EuroMAB2000,负责协调欧盟国家生物圈保护地。英国 UK MAB 国家委员会由环境、食品与乡村部(Department for Environment Food and Rural Affairs, Defra)、威尔士自然资源部(Natural Resources Wales, NRW)、林业委员会(Forestry Commission)等相关保护单位专家组成[4],负责国内生物圈保护地评选。目前英国共有 7 处保护地被列入生物圈保护地[5]。

(4)世界地质公园(Geoparks)

地质公园是以其地质科学意义、珍奇秀丽和独特的地质景观为主,融合自然景观与人文景观的自然公园,由 UNESCO 于 2000 年开始评选,入选的地质公园则共同组成世界地质公园网络(GGN)。截至 2020 年 7 月,GGN 共有 44 个成员,英国有 8 处世界地质公园(含 1 处跨境地质公园)[6]。在

---

1 UNESCO. United Kindom of Great Britain and Northern Ireland – Properties inscribed on the World Heritage List (32) [DB/OL].[2020-12-17]. https://whc.unesco.org/en/statesparties/gb.

2 Ramsar Sites Information Service. Explore by fliters: United Kindom of Great Britain and Northern Ireland[DB/OL].[2020-12-17]. https://rsis.ramsar.org/ris-search/?f%5B0%5D=regionCountry_en_ss%3AEurope&f%5B1%5D=regionCountry_en_ss%3AUnited%20Kingdom%20of%20Great%20Britain%20and%20Northern%20Ireland.

3 UNEP-WCMC (2020). Protected Area Profile for United Kindom of Great Britain and Northern Ireland from the World Data of Protected Areas[DB/OL]. (2020-12) [2020-12-17]. https://www.protectedplanet.net/country/GBR#ref1. 由于用于评估保护地覆盖率的方法和数据来源不同,以及用于测量一个国家或领土陆地和海洋面积的底图不同,统计数字可能与各国正式报告的统计数字有所不同。

4 UNESCO. UK Man and the Biosphere Committee[EB/OL].[2020-12-22]. http://www.unesco-mab.org.uk.

5 UNESCO. Biosphere reserves in Europe & North America[DB/OL]. (2019-06) [2020-12-17]. https://en.unesco.org/biosphere/eu-na.

6 UNSCO Global Geoparks. List of UNESCO Global Geoparks[DB/OL].[2020-12-17]. http://www.unesco.org/new/en/natural-sciences/environment/earth-sciences/unesco-global-geoparks/list-of-unesco-global-geoparks/.

WDPA 数据库和 JNCC 对英国国际层面保护地的分类中都没有世界地质公园，但 IUCN–UK 指出，英国率先保护重要地质和地貌特征区域，通过地质保护审查将这些区域作为 SSSI，并将世界地质公园纳入 WCPA–英国保护地评估平台以及合规声明（WCPA UK Protected Areas Assessment and Panel and Statements of Compliance）中[1]。

2. 欧洲层面保护地类别

欧洲层面保护地主要是在欧盟或欧洲理事会公约、条例要求下建立起来的保护地，这些保护地类型在欧盟或欧洲范围内普遍适用。包括特别保护地（Special Areas of Conservation，SAC）、特殊保护地（Special Protection Areas，SPA）、社区保护地（Sites of Community Importance，SCI），此类保护地概念及基本状况分别为：

（1）特别保护地（SAC）

《欧盟栖息地条例（EU Habitats Directive）》要求在欧洲范围内建立高级别保护地，用于保护条例中提到的具有欧洲重要意义的 200 种栖息地类型和 1000 种动植物[2]，英国拥有其中的 78 种栖息地类别和 43 个重要物种。在英格兰和威尔士（包括近领海）以及苏格兰（保留事项）和北爱尔兰（例外事项）有限范围内的《2017 年栖息地和物种保护条例》（修订版）、《苏格兰 1994 年保护（自然栖息地和 c.）法规》（修订版）、《北爱尔兰 1995 年保护（自然栖息地和 c.）法规》（修订版），以及《2017 年英国近海海洋生境和物种保护条例》规定下，英国政府及各下属行政部门必须建立一个重要的高质量保护地网络和指定 SAC；已被欧盟通过但尚未被本国列入保护地的 SAC，暂时成为 SCI；与之相关的还有两种准类别，即已经向欧洲委员会申报但尚未通过审批的准特别保护地（Candidate SAC，cSAC），已经向英国政府申请但尚未上报至欧洲委员会的预备特别保护地（Possible SAC，pSAC）。被相关机构认定具备 SAC 资格但尚未获得政府认定的地区则是潜在特别保护地（Draft SAC，dSAC）。根据 JNCC2019 年 10 月份统计数据，英国共有特别保护地（SAC）656 处，包括 SAC、SCI 和 cSAC，覆盖面积达 13 485 177hm^2。SACs 与特殊保护地（SPA）是英国对“伯尔尼公约（Bern Convention）翡翠保护地网络”的重要贡献，被称为特殊保护区（ASCIs）[3]。

---

1 CROFTS R，DUDLEY N，MAHON C，et al. Putting Nature on the Map：A Report and Recommendations on the Use of the IUCN System of Protected Area Categorisation in the UK[R]. United Kingdom：IUCN National Committee UK，2014：4，10.

2 European Commission. The Habitats Directive：Council Directive 92/43/EEC of 21 May 1992 on the conservation of natural habitats and of wild fauna and flora[EB/OL]. (2020–09–14) [2020–12–17]. https://ec.europa.eu/environment/nature/legislation/habitatsdirective/index_en.htm.

3 JNCC. Special Areas of Conservation – overview [DB/OL]. (2020–02–07) [2020–12–17]. https://jncc.gov.uk/our-work/special-areas-of-conservation-overview/#latest-changes-to-the-sac-network.

（2）特殊保护地（SPA）

SPA 是英国鸟类保护地。根据欧盟野生鸟类保护地条例（EC Directive on the conservation of wild birds（79/409/EEC），鸟类特殊保护地是对稀有和珍稀鸟类进行严格保护的地区。英国自 20 世纪 80 年代中期开始划定鸟类特殊保护地（SPA），并在英格兰、苏格兰和威尔士 1981 年《野生动物和乡村法》（修订版）、《2010 年保护（自然栖息地）条例》（修订版）、1985 年《野生动物（北爱尔兰）法令》、1985 年《自然保护和游憩用地法令》、1995 年北爱尔兰《保护（自然栖息地，&c.）（北爱尔兰）法规》（修订版），2017 年《英国近海地区近海海洋生境和物种保护条例》，以及其他与土地和海洋使用有关立法下设立 SPA；已经进行考察但尚未公示的此类保护地称为准鸟类特殊保护地（potential SPA，pSPA）[1]；到 2019 年 3 月，英国共有 275 处 SPA（不包括 2 处海外领地的），6 处 pSPA（2015—2018 年），面积达 3 760 717hm²。[2]

此外，欧洲委员会于 1965 年颁布一个奖励性保护地类别——欧洲示范保护地（European Diploma Site），以奖励良好保护对欧洲具有重要意义的自然遗产地区。入选的保护地可以是国家公园、自然保护地或自然景观保护地。入选后，保护地管理机构需每年向欧洲委员会提交年度报告，如保护地质量下降或受到严重破坏，欧洲委员会可以随时取消其示范资格。欧洲委员会每 5 年对欧洲范围符合条件的保护地进行重新评选。英国曾据此类保护地 A 类（Category A）示范保护地 2 处和 C 类（Category C）示范保护地 3 处，现已纳入本国四大类保护地类别。

（3）生物基因保护地（Biogenetic Reserves，BR）

生物基因保护地（BR）是 1973 年欧洲委员会欧洲部长会议提出，在《关于欧洲生物基因保护网络第 76（17）号决议》[Resolution 76（17）on the European network of biogenetic reserves] 和《关于欧洲生物基因保护地网络规则第 79（9）号决议》[Resolution 79（9）concerning the rules for the European network of biogenetic reserves] 下设立的，概念源自《伯尔尼公约》（Bern Convention，1979），由英国政府 1982 年签署的该公约促进了欧洲生物基因保护地网络的成立。生物基因保护地（BR）旨在保护欧洲重要动植物和自然区域，尤其是荒地和干草地。英国保护地必须首先是 SSSI 或指定的其他类别保护地才能获得生物基因保护地资格[3]。截至 2020 年，英国有 5 处生物基因保护地，苏格兰 2 处[4]，威尔士 3 处[5]。

1 JNCC. Special Protected Areas – overview [DB/OL]. (2020-12-03) [2020-12-17]. https://jncc.gov.uk/our-work/special-protection-areas-overview/.

2 JNCC. Special Protected Areas – overview [DB/OL]. (2020-12-03) [2020-12-17]. https://jncc.gov.uk/our-work/special-protection-areas-overview/#latest-changes-to-the-spa-network.

3 Lle. Biogenetic Reserves Natural Resources Wales [DB/OL]. [2020-12-21]. http://lle.gov.wales/catalogue/item/ProtectedSitesBiogeneticReserves/?lang=en.

4 NatureScot. Biogenetic reserve [DB/OL]. (2018-03-20) [2020-12-21]. https://www.nature.scot/professional-advice/protected-areas-and-species/protected-areas/international-designations/biogenetic-reserve.

5 GOV.UK. Find open data. [DB/OL]. [2020-12-21]. https://data.gov.uk/data/map-preview?e=-3.96282619&n=52.86603632&s=52.82262296&url=http%3A%2F%2Flle.gov.wales%2Fservices%2Fwms%2Fnrw%3F&w=-4.00949824.

（4）《保护东北大西洋区域及其资源公约》海洋保护地 [Marine Protected Area（OSPAR）]

《OSPAR 公约》是 15 个政府（比利时，丹麦，芬兰，法国，德国，冰岛，爱尔兰，卢森堡，荷兰，挪威，葡萄牙，西班牙，瑞典，瑞士和英国）与欧盟合作保护东北大西洋海洋环境的机制。OSPAR 始于 1972 年《奥斯陆反倾倒废弃物污染海洋公约》，1974 年《巴黎公约》将其范围扩大到涵盖陆地海洋污染源和近海工业。这两个公约在 1992 年《OSPAR 公约》中进一步统一、修订和扩展。1998 年通过了关于生物多样性和生态系统的新附件，以涵盖可能对海洋造成不利影响的无污染人类活动。现 OSPAR 秘书处设在英国伦敦，OSPAR 委员会正在推动在东北大西洋建立一个管理良好的海洋保护地网络。英国 JNCC 和其他法定自然保护机构评估英国水域现有海洋保护地（根据欧洲和国家保护立法指定的），并确定适合提名为 MPA（OSPAR）的海洋保护区。因此，英国 MPA（OSPAR）构成现有英国保护地全部或部分，达到平均高水位（或苏格兰平均高水位泉）；共 313 处，包括特别保护地（Special Areas of Conservation，SACs）（包含海洋部分的）；特殊保护地（Special Protection Areas，SPAs）（包含海洋部分的）；海洋保护区（Marine Conservation Zones，MCZs）和自然保护海洋保护地（Nature Conservation Marine Protected Areas，NCMPAs）[1]。

（5）社区重要场所（栖息地条例）[Site of Community Importance（Habitats Directive），SCI]

社区重要场所（SCI）由《欧洲委员会栖息地条例（European Commission Habitats Directive）（92/43/EEC）》定义为在其所属生物地理区域或地中，为维护或良好恢复自然栖息地类型或物种保护做出重大贡献的，或大大促进自然 2000（Natura 2000）保护地网络连贯性，以及或者极大有助于维护有关生物地理区域内生物多样性的场所。社区重要场所（SCI）由欧盟成员国向委员会提议，一旦获得批准，便可以由成员国指定为特别保护地（SAC）。英国现有 660 处社区重要场所（SCI）[2]。

3. 英国国家层面保护地类别

国家层面保护地类别一般指英国政府依据国家法案或各成员国根据中央政府同一部法律，或者分别制定类似法律设立的类别名称相同的保护地。主要包括：特殊科研价值保护地（Sites of Special Scientific Interest 和 Areas of Special Scientific Interest）、国家自然保护地（National Nature Reserves，NNR）、国家公园（National Parks）、自然保护区（Nature Reserve，NR）、国家优美风景保护区（Area of National Beauty，AONB）及国家风景区（National Scenic Area）、海洋保护区（Marine

1 GOV.UK. UK OSPAR Marine Protected Areas [EB/OL]. (2019-07-01) [2020-12-21]. https://data.gov.uk/dataset/877b9876-d875-44e5-8165-d6b02be6498d/uk-ospar-marine-protected-areas.

2 UNEP-WCMC (2020). Protected Area Profile for United Kindom of Great Britain and Northern Ireland from the World Data of Protected Areas [DB/OL]. (2020-12) [2020-12-17]. https://www.protectedplanet.net/country/GBR#ref1.

Conservation Zones，MCZs）和自然保护海洋保护地（Nature Conservation Marine Protected Areas，NCMPAs）[1]，以及森林公园／林地公园（Forest Parks/Woodland Parks）。需要说明的是，被列入英国国家保护地体系的类别与下文叙述的成员国保护地类别之间，在保护力度、立法机构权利的高低、保护区管理机构权力大小等方面并不存区别。之所以分成这两大类，主要是针对保护地类别名称适用的范围而言。WDPA 与 JNCC 对英国国家（指定命名）保护地类别及数量的统计差异较大，下面仅说明其中基础性的和范围广的保护地类别概念和基本情况。

（1）特殊科研价值保护地（Sites of Special Scientific Interest 和 Areas of Special Scientific Interest）

SSSI是英国现地自然保护法规的基本组成部分，包括国家自然保护地（NNR）、拉姆萨湿地（Ramsar sites）、特别保护区（SPA）和 SAC 等大多数法定自然／地质保护地都是在 SSSI 基础之上建立的。SSSI 最初是由《国家公园和乡村进入法 1949》（National Parks and Access to the Countryside Act 1949）建立的，目前，SSSI 法律框架则由各成员国的法案组成，包括由英格兰和威尔士提供的《野生动物和乡村法 1981》（Wildlife and Countryside Act，1981），该法案于 1985 年、2000 年（Countryside and Rights of Way Act，2000）得到实质性修订；苏格兰的《自然保护（苏格兰）法案 2004》[Nature Conservation（Scotland）Act，2004] 和北爱尔兰《自然保护与土地便利设施令（北爱尔兰）1985》[Nature Conservation and Amenity Lands（Northern Ireland）Order，1985]；SSSIs 也受《水资源法 1991》（Water Resources Act，1991）及相关法律保护[2,3]。

根据法律赋予各成员国国家自然保护机构（CNCB）的职责，将因植物、动物、地质、地貌或地理特征而值得特别关注的任何土地指定为 SSSI，主要为了保护英国最好的动植物和地理地质资源而划定。同时，SSSI 也是英国国内保护地与国际保护地类型接轨的重要类别，所有被划定为国际保护地的地方，要先划定为 SSSI。如果已经划为其他类型的保护地，也要转为 SSSI。在北爱尔兰，这类型保护地被称为 ASSI，有 394 处[4]。SSSI（ASSI）与国家自然保护地（NNR）同为英国国内自然保护力度最高的保护地。截至 2020 年 7 月，英国有 SSSI 共 6622 处[5]，其中英格兰 SSSI 共 4124 处，总面

---

1 JNCC. UK Protected Area Darasets for Download [EB/OL].（2019-05-02）[2020-12-21]. https://jncc.gov.uk/our-work/uk-protected-area-datasets-for-download/.

2 Wikipedia. Site of Special Scientific Interest[DB/OL].[2020-12-21]. https://en.wikipedia.org/wiki/Site_of_Special_Scientific_Interest.

3 NATURAL ENGLAND. Designated Sites View[DB/OL].（2020-12-17）[2020-12-17]. https://designatedsites.naturalengland.org.uk/ReportConditionSummary.aspx?SiteType=ALL.

4 Department of Agriculture，Environment and Rural Affairs. Areas of Special Scientific Interest[DB/OL]. [2020-12-17]. https://www.daera-ni.gov.uk/protected-areas.

5 UNEP-WCMC（2020）. Protected Area Profile for United Kindom of Great Britain and Northern Ireland from the World Data of Protected Areas[DB/OL].（2020-12）[2020-12-17]. https://www.protectedplanet.net/country/GBR#ref1.

积达 1 096 619.14hm^2,[1] 威尔士有 1000 多处[2]，苏格兰有 1422 处，占苏格兰陆地面积的 12.6%[3]。

（2）国家自然保护地（National Nature Reserves，NNR）

国家自然保护区根据《1949 年国家公园和乡村进入法案（National Parks and Access to the Countryside Act，1949）》、《野生动物与乡村法 1981》（Wildlife and Countryside Act，1981）和北爱尔兰《1965 年适宜土地法 [Amenity Lands Act（Northern Ireland），1965]》设立，其作用是为保护英国最重要的自然和半自然陆地和海岸生态系统，在保护物种和栖息地的同时，为科研机构提供一定研究机会[4]。截至 2020 年 7 月，英国全境约 300 处国家自然保护地，其中威尔士有 76 处；苏格兰 43 处[5]；英格兰 229 处[6]，覆盖面积 93 912.08hm^2，接近国土面积的 0.7%[7]，北爱尔兰 12 处[8]。

（3）国家公园（National Parks）

英格兰和威尔士依据《国家公园和乡村进入法》（1949）设立国家公园，苏格兰则依据自己制定的《国家公园（苏格兰）法》[National Parks（Scotland）Act，2000]。1995 年英国《环境法》（Environment Act，1995）[9] 明确了英国国家公园的角色：国家公园是为了保护和加强乡村景观的同时，促进公众对乡村景观的享受而设立。在英格兰和威尔士的国家公园管理目标中还包括促进国家公园内社区居民的社会经济福利，苏格兰的国家公园则有责任促进自然资源的可持续利用，以及带动乡村社区经济社会的可持续发展。到 2018 年底，英国共有 15 处国家公园，其中英格兰 10 处、苏格

1 NATURAL ENGLAN. Designated Sites View – SSSI Condition Summary[DB/OL].（2020-12-17)[2020-12-17]. https://designatedsites.naturalengland.org.uk/SiteList.aspx?siteName=&countyCode=&responsiblePerson=&DesignationType=SSSI.

2 Natural Resources Wales. Types of protected areas of land and sea[EB/OL].[2020-12-18]. https://naturalresources.wales/guidance-and-advice/environmental-topics/wildlife-and-biodiversity/protected-areas-of-land-and-seas/types-of-protected-areas-of-land-and-sea/?lang=en.

3 NatureScot. Sites of Special Scientific Interest[EB/OL].（2020-08-03）[2020-12-18]. https://www.nature.scot/professional-advice/protected-areas-and-species/protected-areas/national-designations/sites-special-scientific-interest.

4 Natural Resources Wales. National Nature Reserves[EB/OL].[2020-12-18]. https://naturalresources.wales/guidance-and-advice/environmental-topics/wildlife-and-biodiversity/protected-areas-of-land-and-seas/national-nature-reserves/?lang=en.

5 NatureScot. National Nature Reserves[EB/OL].（2019-07-02）[2020-12-18]. https://www.nature.scot/professional-advice/protected-areas-and-species/protected-areas/national-designations/national-nature-reserves.

6 NATURAL ENGLAND. All NNR condition summary[EB/OL].（2020-12-18）[2020-12-18]. https://designatedsites.naturalengland.org.uk/ReportConditionSummary.aspx?SiteType=NNR.

7 GOV.UK. National Nature Reserves in England[EB/OL].（2020-06-26）[2020-12-18]. https://www.gov.uk/government/collections/national-nature-reserves-in-england.

8 Department of Agriculture, Environment and Rural Affairs. National Natural Reserves Digital Datasets[DB/OL].（2019-10-29）[2021-06-05]. https://www.daera-ni.gov.uk/publications/national-nature-reserves-digital-datasets.

9 Wikipedia. National parks of the United Kindom[DB/OL].[2020-12-21]. https://en.wikipedia.org/wiki/National_parks_of_the_United_Kingdom.

兰 2 处、威尔士 3 处[1]，分别覆盖了英格兰 9.31%、威尔士 19.93% 及苏格兰 5.37% 的土地[2]。

（4）国家优美风景保护区（Area of Outstanding National Beauty，AONB）和国家风景区（National Scenic Areas）

AONB 是英国最早依法建立的保护地类型之一，英格兰和威尔士最早根据《国家公园和乡村进入法》（1949）创建 ANOB，其后《乡村和道路权法》（2000）进一步加强对 ANOB 的监管和保护；并且，英国政府在《国家规划政策框架》（2012）中规定 ANOB 和国家公园在规划景观决策时具有同等地位。北爱尔兰最初依据《适宜土地法（北爱尔兰）》（1965）设立 ANOB（Ni），后来依据《自然保护和适宜土地令（北爱尔兰）》（1985）。ANOB 主要目的是保护优美自然风景及其野生动物、地质地貌、文化遗产等重要景观价值。同时 AONB 管理机构有责任在景观保护的同时，保证保护地内农业、林业和乡村社区社会经济发展。ANOB 是英格兰，威尔士或北爱尔兰的乡村地区，目前英国共有 46 个 AONB[3]，其中英格兰 34 处，北爱尔兰 8 处，威尔士 5 处。

苏格兰设立类似保护地类别——国家风景区（National Scenic Areas，NSA）代替 AONB[4]，主要目标是保护苏格兰优美自然风景并强化具有国家重要意义的自然风景，体现苏格兰特色景观。国家风景区偏重对不同土地使用类型构成的多样性景观保护。苏格兰共有陆地和海洋国家风景区（NSA）40 处[5]。

（5）海洋保护区（Marine Conservation Zones，MCZs）、自然保护海洋保护地（Nature Conservation Marine Protected Areas，NCMPAs）

海洋保护区是依据英国《海洋和沿海进入法》（Marine and Coastal Access Act，2009）设立的保护地[6]，目的是保护环英吉利海峡“蓝带”中具有国家重要性、稀有或受威胁的栖息地和物种。截至 2019 年，环英格兰水域有 91 处 MCZ[7]，威尔士 1 处 MCZ[8]。从 2015 年开始设立至 2016 年末统计，北爱尔兰依据《海洋和沿海进入法》（Marine and Coastal Access Act，2009）、《野生动物

1 National Parks UK. YOUR NATIONAL PARKS[EB/OL].[2020-12-18]. https://www.nationalparks.uk/parks/.

2 National Parks UK. LEARNING RESOURCES ABOUT NATIONAL PARKS[EB/OL].[2020-12-21]. https://www.nationalparks.uk/students/whatisanationalpark.

3 GOV.UK. Areas of Outstanding natural beauty (AONBs): designation and management[EB/OL]. (2018-06-18)[2020-12-21]. https://www.gov.uk/guidance/areas-of-outstanding-natural-beauty-aonbs-designation-and-management.

4 Wikipedia. Area of Outstanding Natural Beauty[DB/OL].[2020-12-21]. https://en.wikipedia.org/wiki/Area_of_Outstanding_Natural_Beauty.

5 NatureScot. National Scenic Areas[EB/OL]. (2020-05-18) [2020-12-19]. https://www.nature.scot/professional-advice/protected-areas-and-species/protected-areas/national-designations/national-scenic-areas.

6 Wikipedia. Marine Conservation Zone[DB/OL].[2020-12-21]. https://en.wikipedia.org/wiki/Marine_Conservation_Zone.

7 GOV.UK. Marine conservation zone designations in England[EB/OL]. (2019-05-31) . https://www.gov.uk/government/collections/marine-conservation-zone-designations-in-england.

8 Natural Resources Wales. Marine protected areas[EB/OL].[2020-12-21]. https://naturalresources.wales/guidance-and-advice/environmental-topics/wildlife-and-biodiversity/protected-areas-of-land-and-seas/marine-protected-areas/?lang=en.

和自然环境法（北爱尔兰）》[The Wildlife and Natural Environment Act（NI），2011]和《海洋法（北爱尔兰）》[The Marine Act（Northern Ireland），2013]建立了5处MCZ[1]。纳入WDPA数据库的英国MCZ共计99处[2]，与上述JNCC统计略有出入。

苏格兰为加强海洋保护地网络，指定了等同MCZ的保护地类别——自然保护海洋保护地（Nature Conservation Marine Protected Areas，NCMPAs）共计18处[3]；WDPA统计截至2019年，英国共有30处NCMPA[4]。

（6）乡村公园（Country Parks）

乡村公园是根据《英格兰和威尔士1968乡村法案》（Countryside Act 1968）及《苏格兰1967乡村法案》（Countryside（Scotland）Act，1967）而设立的保护地（在北爱尔兰乡村公园无法律依据），最基本的目标是为人们在乡村环境中提供游憩和休闲活动场所，为那些不一定想去更广阔乡村的游客提供一个可享受非正式氛围的公共开放空间，且不像城市公园。因此，乡村公园通常位于建成区附近或边缘，很少在乡村地区[5]。大多数乡村公园由地方当局管理，1968年的《乡村法案》建立了乡村公园这一类别并就其应提供的核心设施和服务提供了指导，但并未授权指定乡村公园，因为地方政府有权决定是否认定一个称为乡村公园的保护地。法律对乡村公园没有自然保护方面要求，但是许多乡村公园都处于半自然地区，开展的游憩活动也都处于自然环境中，因此乡村公园对于构成地方自然保护网络也具有一定作用。英格兰和威尔士约有250处乡村公园[6]，苏格兰有40处[7]，北爱尔兰有7处[8]。由于20世纪70～90年代之间地方政府对乡村公园的重视不够，乡村公园的质量下降，对地方居民的游憩服务目标体现也不够[9]。

（7）森林公园／林地公园（Forest Parks/Woodland Parks）

森林公园是英国林业委员会（Forest Commission）为了公众游憩目的而设立的保护地，林业委员会负责管理英格兰、苏格兰和威尔士境内森林，因此森林公园也是在英国全境都可以找到的保护地类别。林地公园与森林公园类似，但面积上较小，同时距离聚居地更近。与之类似的还有森林自然保护区（Forest Nature Reserves）。截至2020年2月统计，英国原始林地面积约1 507 105 hm^2，

---

1 Department of Agriculture, Environment and Rural Affairs. Marine Conservation Zones[DB/OL].[2020-12-21]. https://www.daera-ni.gov.uk/articles/marine-conservation-zones.

2 https://www.protectedplanet.net/country/GBR#ref1.

3 https://www.nature.scot/professional-advice/protected-areas-and-species/protected-areas/marine-protected-areas/nature-conservation-marine-protected-areas.

4 https://www.protectedplanet.net/country/GBR#ref1.

5 https://naturenet.net/status/cpark.html.

6 同5.

7 https://www.nature.scot/professional-advice/protected-areas-and-species/protected-areas/local-designations/country-parks.

8 https://www.daera-ni.gov.uk/news/new-facilities-enhance-visitor-experience-ness-country-park.

9 http://www.countryside.gov.uk/LAR/Recreation/country_parks/index.asp.

其中英格兰有914 095hm²，苏格兰有442 611hm²，威尔士有150 399hm²。[1]

UK成员国（Sub-UK）保护地类别

指在UK某一成员国或某地区出现的保护地类别，依据成员国国家法律而设立。其中部分“等同”类别指成员国制定类似法律而设立、管理目标类似、但在各成员国没有统一名称的保护地类别。成员国级别保护地类别有地方自然保护区（Local Nature Reserves和Local Authority Nature Reserves）、地区公园（Regional Parks）、景观保护区（Area of Great Landscape Value，AGLVs）、地质保护区（Geological Conservation Review Sites，GCR）、地球科学保护区（Earth Science Conservation Review Sites，ESCR）、遗产海岸（Heritage Coasts）、海洋监测区（Marine Consultation Areas）、国家信托保护区（National Trust）、海洋敏感区（Sensitive Marine Areas）、地区重要地理地貌保护地（Regionally Important Geological and Geomorphological Sites，RIGS）、地方野生动物保护地（Local Wildlife Sites）等。

由于各成员国政府可以自行设立保护地类别，各种类别执行情况参差不齐，下面仅说明部分保护地数量多、范围广的保护地类别概念和基本情况。

（1）地方自然保护区（Local Nature Reserves和Local Authority Nature Reserves，LNR和LANR）

地方自然保护区由地方政府相关机构依法划定，其设立目的是为进行自然保护、为科学研究和教育提供机会或提供与自然近距离接触机会。地方自然保护区较国家自然保护区（NNR），属于保护具有地方重要价值、力度较低的自然保护地，但LNR和NNR对于系统性自然保护具有同样重要作用。截至2019年，英国共有1809处地方自然保护区[2,3]。

（2）国家信托保护区（National Trust）[4]和苏格兰国家信托保护区（Scotland National Trust）[5]

负责英格兰、威尔士和北爱尔兰的国家基金与苏格兰国家基金都是独立慈善机构，都拥有大量的土地，在文化保护、建筑保护和自然遗产保护等方面是英国最有影响力的慈善机构。1907年《国家基金法案》和1935年《苏格兰国家基金条例》规定，基金的财产不可以出售或抵押。它们在海岸、乡村、遗址遗迹地区设立有多处保护地，同时国家基金还推出了多项积极的环境政策，对自然保护也起到一定的作用。

---

1 Forestry Commison. Woodland ecological condition executive summary[R/OL]. (2020-02) [2020-12-19]. https://www.forestresearch.gov.uk/tools-and-resources/national-forest-inventory/what-our-woodlands-and-tree-cover-outside-woodlands-are-like-today-8211-nfi-inventory-reports-and-woodland-map-reports/.

2 UNEP-WCMC. Protected Area Profile for United Kindom of Great Britain and Northern Ireland from the World Data of Protected Areas[DB/OL]. (2020-12) [2020-12-17]. https://www.protectedplanet.net/country/GBR#ref1.

3 GOV. UK. Local nature reserves: setting up and management[EB/OL]. (2014-10-02) [2020-12-19]. https://www.nationaltrust.org.uk.

4 National Trust. Home[Z/OL].[2020-12-19]. https://www.nts.org.uk.

5 National Trust for Scotland. Home[Z/OL].[2020-12-19]. https://www.nationaltrust.org.uk.

（3）地区重要地质地貌保护区（Regionally Important Geological and Geomorphological Sites，RIGS）

根据当地标准确定的具有地区重要性的地质地貌保护区是除SSSI等具有法律地位的地质地貌保护地以外最重要的地质地貌保护地类别。由地方政府根据当地情况划定具有地方、国家或区域重要性的地质地貌保护这类保护地，并将之作为物质对象，通过《城乡规划法》（1990）确定的规划体系管理。该类保护地不像SSSI或ASSI享有法定管理的保护，英国政府《国家规划政策9：生物多样性和地质保护（ODPM，2005）》将RIGS作为区域或地区保护地类别。[1]RIGS在各成员国的称呼并不统一，如在苏格兰称为GCR/RIGS，因而数量难以确定。

（4）地方野生动物保护区（Local Wildlife Sites）

尽管地方野生动物保护区（LWS）不是任何法定的保护地，但它在地方范围内对野生动植物具有重要性和价值。虽然该类保护地被“自然英格兰”（Nature England）列为地方保护地，低于成员国国家层面，但它也可以是具有区域和国家重要性的保护地。一般由地方野生动植物基金会（Wildlife Trusts），地方当局和其他地方野生动植物/环境/保护团体共同选择和指定LWS。LWS通常是私有的，因此其管理有赖于有意参与管理敏感栖息地的土地所有者、农民和志愿者之间的承诺。英国各地在具体LWS保护地名称、保护内容、保护方式方面都可能存在很大差异，一般来说每个郡都有自己的一套评定方法。在英格兰称为LWS、北爱尔兰称为重要的地方自然保护地（Site of Local Nature Conservation Importance，SLNC）、苏格兰称为地方自然保护区（Local Nature Conservation Site，LNCS）、威尔士称为自然保护重要场所（Site of Importance for Nature Conservation，SINC），即使在同一郡内也有郡野生动物保护区（County Wildlife Site，CWS）、自然保护重要性场地（Site of Nature Conservation Importance，SNCI）、SINC等名称。综合各类不同名称的野生动物保护区，英国目前有大约43992个此类保护地[2]。

（5）遗产海岸（Heritage Coasts，HC）

遗产海岸是英格兰和威尔士的一条海岸线，其范围由相关国家法定机构与地方当局之间的协议确定；HC是“定义”而非指定的类别，因此没有像国家公园（NP）和ANOB那样的法定指定程序，但由于大多数HC落入NP和ANOB范围，HC受益于这两类保护地的法定地位[3]。这些地区因其自然风光，野生动植物和遗产价值受到认可，设立HC的目的包括：保存、保护和加强海岸线自然之美、沿海岸线陆地和海洋动植物及其遗产特征，鼓励和支持公众享受、理解和欣赏这些区域，考虑农业、林业、渔业以及海岸社区经济社会需求，通过适宜环境管理措施，维护和改善遗产海岸及其海滩近

1 Wikipedia. Regionally important geological site[DB/OL].[2020-12-21]. https://en.wikipedia.org/wiki/Regionally_important_geological_site.

2 The Wildlife Trusts. The status of England' Local Wildlife Sites 2018: Report of Results[R/OL]. UK: The Wildlife Trusts, 2018:1[2020-12-18]. https://www.wildlifetrusts.org/sites/default/files/2019-01/181122%20RSWT%20Wildlife%20Sites%20Report%202018%20MB%20web_0.pdf.

3 GOV.UK. Landscape[EB/OL].[2020-12-21]. https://assets.publishing.service.gov.uk/government/uploads/system/uploads/attachment_data/file/218695/env-impact-landscape.pdf.

海水域[1]。

管理英格兰HC的机构是自然英格兰（Natural England，NE），而在威尔士则是自然资源威尔士（Natural Resources Wales，NRW）。WDPA统计，截至2019年，英国共有46处HC[2]。

海洋保护地（Marine Protected Areas，MPA）

海洋保护地（MPAs）是英国为实现长期自然保护和可持续利用而建立和管理的海洋环境地理区域。在海洋环境中建立海洋保护区网络是英国致力于保护其海洋和为后代造福社会承诺的一部分。英国政府制定恢复和保护本国海洋环境和丰富的野生物目标，通过建立一个强大、生态协调和管理良好的海洋保护地网络，得到所有海洋使用者充分理解和支持。JNCC一直站在英国海洋保护地网络发展技术咨询前沿。MPAs有很多定义，可以被广泛地定义为一个明确界定的地理空间，通过法律或其他有效手段得到认定和管理，以实现长期自然保护及相关生态系统服务和文化价值。英国有几种类型的海洋保护地（MPAs），与国际层面和国家层面保护地都有关联：特别保护地（Special Areas of Conservation，SACs）（包含海洋部分的）、特殊保护地（Special Protection Areas，SPAs）（包含海洋部分的）、海洋保护区（Marine Conservation Zones，MCZs）、自然保护海洋保护地（Nature Conservation Marine Protected Areas，NCMPAs）（指定保护国家重要物种、栖息地、生态过程和海洋地质／地貌特征）、特殊科研价值保护地（Sites of Special Scientific Interest，SSSIs/Areas of Special Scientific Interest，ASSIs）（保护海洋特征的）和拉姆萨湿地保护区（Ramsar Sites）（保护海洋特征的）[3]。

MPAs保护重要海洋动植物和海洋地质地貌，同时为海洋系统研究创造机会。建立海洋自然保护区是英国对海洋以及潮汐带地区进行保护的最重要机制。截至2020年12月统计，英国共有371个MPAs[4]，包括30个NCMPAs[5]、89个MCZs[6]、116个SACs（包含海洋成分的）[7]、114个SPAs（包

---

1 NATURAL ENGLAND. Corporate report：Heritage coasts：definition，purpose and Natural England' s role[R/OL].（2015-01-06）[2020-12-21]. https://www.gov.uk/government/publications/heritage-coasts-protecting-undeveloped-coast/heritage-coasts-definition-purpose-and-natural-englands-role.

2 Wikipedia. Heritage coast[DB/OL].[2020-12-21]. https://en.wikipedia.org/wiki/Heritage_coast.

3 JNCC. About Marine Protected Areas[EB/OL].（2019-05-17）[2020-12-19]. https://jncc.gov.uk/our-work/about-marine-protected-areas/.

4 JNCC. UK Marine Protected Area network statistics[DB/OL].（2020-11-20）[2020-12-19]. https://jncc.gov.uk/our-work/uk-marine-protected-area-network-statistics/.

5 JNCC. Nature Conservation Marine Protected Areas[EB/OL].（2019-05-02）[2020-12-19]. https://jncc.gov.uk/our-work/nature-conservation-mpas/.

6 JNCC. Marine Conservation Zones[EB/OL].（2019-12-02）[2020-12-19]. https://jncc.gov.uk/our-work/marine-conservation-zones/.

7 JNCC. SACs with marine components[EB/OL].（2019-05-02）[2020-12-19]. https://jncc.gov.uk/our-work/sacs-with-marine-components/.

含海洋成分的）[1] 和苏格兰国家 MPAs。

综上所述，英国各保护地类别详细信息参见表 7–1。

英国各保护地类别详细信息一览表 表 7-1

保护地类别	类别适用范围	保护内容	数量	备注	有无法律支持
国际层面					
世界自然或混合遗产 [World Heritage（natural or mixed）]	全球	世界遗产	32		有
拉姆萨湿地保护区（Ramsar Sites）		生态系统	175		有
生物圈保护区（Biosphere Reserves）		生态系统	7		无
地质公园（Geoparks）		地质科研	8		无
欧洲层面					
特别保护区（Special Areas of Conservation，SAC）	欧洲	鸟类以外的物种	656	三类组成 Natura 2000 体系	有
社区重要场所（Sites of Community Importance, SCI ）					
特殊保护区（Special Protection Areas，SPA）		鸟类物种	275		有
生物基因保护地（Biogenetic Reserves，BR）					
《保护东北大西洋区域及其资源公约》海洋保护地 [Marine Protected Area（OSPAR）]			313		
英国国家层面（UK）					
特殊科研价值保护区（Sites of Special Scientific Interest，SSSI）	英国全境	物种 地质地貌	6622		有
特殊科研价值区（Areas of Special Scientific Interest，ASSI）		生态系统	394[2]		有
国家公园（National Parks）		游憩	15		有
国家优美风景保护区（Areas of Outstanding Natural Beauty, AONB）		景观游憩	46		有
国家风景区（National Scenic Areas）			40		有
乡村公园（Country Parks）		游憩			有
森林公园 / 林地公园（Forest Parks/Woodland Parks）		游憩	—		无

1 JNCC. SPAs with marine components[EB/OL].（2019–05–02）[2020–12–21]. https://jncc.gov.uk/our-work/spas–with–marine–components/.

2 Nothern Ireland Environment Agency. Introduction: Earth Science Conservation Review progress[DB/OL]. [2020–12–20]. http://www.habitas.org.uk/escr/.

续表

保护地类别	类别适用范围	保护内容	数量	备注	有无法律支持
海洋保护区（Marine Conservation Zones，MCZs）	英国全境		91		
自然保护海洋保护地（Nature Conservation Marine Protected Areas，NCMPAs）			30		
成员国层面（Sub-UK）					
地方自然保护区（Local Natural Reserves，LNR）	英格兰、苏格兰、威尔士	生态系统	1809	两者等同	无
地方级自然保护区（Local Authority Nature Reserves，LANR）	北爱尔兰		—		无
野生动物保护区（Wildlife Refuges）	北爱尔兰		—		有
遗产海岸（Heritage Coast，HC）	英格兰、苏格兰	物种、景观	46		无
历史公园与设计景观（Historic Gardens and Designed Landscape）	苏格兰	游憩	387[1]		无
区域公园（Regional Park，RP）			3[2]		有
地方野生动物保护区（Local Wildlife Sites）			43992		
荒野保护区（Wildland reserve）			9		
景观保护区（Area of Great Landscape Value，AGLVs）		景观	—		无
地质保护区（Geological Conservation Review Sites）	英格兰、苏格兰、威尔士	地质科学研究	约3000[3]	两者等同	无
地球科学保护区（Earth Science Conservation Review Sites）	北爱尔兰		690[4]		无

1 Historic Environment Scotlan. Search: a complete list of all degignations[DB/OL].[2020-12-20]. http://portal.historicenvironment.scot/search.

2 NatureScot. Regional Parks[EB/OL]. (2017-08-26) [2020-12-20]. https://www.nature.scot/professional-advice/protected-areas-and-species/protected-areas/local-designations/regional-parks.

3 JNCC. Geological Consercation: The Geological Conservation Review[EB/OL]. (2020-06-18) [2020-12-20]. https://jncc.gov.uk/our-work/geological-conservation/.

4 Nothern Ireland Environment Agency. ESCR site list[DB/OL].[2020-12-20]. http://www.habitas.org.uk/escr/index.html.

续表

保护地类别	类别适用范围	保护内容	数量	备注	有无法律支持
海岸遗产（Heritage Coasts）	英格兰、威尔士	景观	46		无
海洋协商区（Marine Consultation Areas）	苏格兰	环境质量	—		无
国家信托保护区（National Trust）	英格兰、威尔士、北爱尔兰	景观 资源利用	—	两者等同	无
苏格兰国家信托保护区（National Trust for Scotland properties）	苏格兰	物种 栖息地	约 120[1]		无
自愿保护区（Voluntary Reserve）	苏格兰		1		
示范研究海洋保护地（Demonstration And Research Marine Protected Area）	苏格兰	物种、研究	1		
海洋保护地（Marine Protected Areas）		海洋生态系统	371		有

国际和欧洲层面保护地，都是针对生态系统和生物多样性保护，到英国国家和成员国层面上，开始出现针对景观保护和游憩活动的保护地。由此联系到国际保护运动最初起源于自然保护并以生态学为最基本的背景学科，可以看出生物多样性保护仍是国际上保护运动主要关注热点。景观和游憩由于涉及不同文化对自然景观的不同理解，虽然已经有如《欧洲景观公约》这样的国际性景观公约，但目前还没有洲际或国际景观类型保护地。景观保护仍是在各国政府层面上操作，各国之间区别较大，难以统一比较。

7.2.2 类别体系层级构建方式

国家公园（National Park，NP）、国家优美自然风景区（Areas of Outstanding Natural Beauty，AONB）、特殊科研价值保护区（Sites of Special Scientific Interest，SSSI）和国家自然保护区（National Nature Reserves，NNR）这 4 种类别是根据 1949 年第一部保护地法律《国家公园和乡村进入法 1949》建立的，属于英国最早依法建立且延续至今的现代保护地类别，且是英国各成员国都承认的

1 Scottish Wildlife Trust. Our wildlife reserves[DB/OL].[2020-12-20]. https://scottishwildlifetrust.org.uk/our-work/our-wildlife-reserves/.

类别，虽然在各成员国内保护类别名称略有不同，但实质相同，使成员国各国之间的合作方便简单。本书将这四种类别视为保护地体系中的典型类别，分析它们的管理目标与设立方式，理解英国保护地体系中类别层级搭建模式。

由于同一地区可能会有多重管理目标，通过建立一组保护地类别以全面系统保护是英国体系中最普遍的现象。特殊科研价值保护地（SSSI）和国家自然保护地（NNR）是以保护生物多样性为目标的基本保护类别，在具体建立过程中，NNR 在建立时先将土地保护起来，对土地后续发展考虑不足；而 SSSI 则一直侧重于其他土地使用类型共存和发展，事先估算由于实行保护措施而可能减少的经济收益或增加的保护投入等，尽量保证土地所有者不因土地被划入保护地而减少经济收益。在英格兰，不论是公共土地还是私人土地上、不论是否已经被划定为某种保护地，只要在符合条件的地区，SSSI 和 NNR 的设立机构都会在地方报纸上刊发“公告”（Notification），向地方政府、组织和居民征求意见，然后建立保护地。而一旦被认定为 SSSI 的区域，将提高其在生物多样性方面的保护力度，执行新的 SSSI 相关政策。该类保护地其中的部分类别还是英国国内保护地体系与国际类别衔接的重要工具。所有依据国际、欧洲公约、协议划定的保护地，都要事先公告成为 SSSI 才能进一步归属为该级别类型保护地[1]。相比之下，SSSI 在保护地分布、数量和发挥作用上都超过 NNR，加上其作为英国成员国层面与国际层面保护地衔接重要方式，可被视为英国以生物多样性为基本管理目标的保护地类别中最为重要的一种。

国家公园（NP）和国家优美风景保护区（AONB）是以提供户外游憩、帮助人们了解地方景观为目标的基本保护地类别。两种保护地管理目标相似，但 AONB 在历史上没有得到与国家公园相同的资金支持或系统管理[2]，该类保护地的综合性、国内认知度和国际知名度上也相对国家公园较低。

SSSI 是以保护生物多样性为主要目标的典型类别、国家公园则是景观游憩为主要目标的典型类别。这两类保护地管理目标不同，但在空间上常有重叠。其中，设立 SSSI，将生物多样性保护纳入地方发展是生物多样性保护体系的基础；国家公园则将各种保护与地方发展有机结合，最终体现综合保护。从几种主要保护地分布图上可以看出，在一定空间区域可能同时设立多类保护地，英国是通过在一定空间区域中设立“一组”保护地来实现全面整体自然保护。SSSI 则是连接英国国内与国际生物多样性保护工作、搭建层级保护模式的“纽带”。

7.2.3　与 IUCN 体系类别的对应

在英国保护地体系中，各种各样保护地类别按照管理目标可以归为两个大类：以保护生态系统

1　Naturenet. SSSI[DB/OL].[2020-12-21].http://www.naturenet.net/status/sssi.html.

2　MICHAEL A. The Designation and Governance of Protected Areas[EB/OL].(2003-09-15)[2020-12-19]. https://webarchive.nationalarchives.gov.uk/20070102010750/http://www.defra.gov.uk/corporate/ministers/speeches/am030910.htm.

为目的的生物多样性保护和以游憩为目的的景观保护。其中即使是针对生态系统保护的保护地，也强调资源利用与社区可持续发展。如前文所述，英国保护地体系是通过引入新类别完成与国际接轨的，由于英国国内保护地类别众多，特别是中央政府鼓励地方建立符合当地特点的保护地，英国一直在以自己的步伐构建保护地体系，政府和研究机构并没有完全将本国保护地类别转换为 IUCN 保护地类别，也未有过类似官方文件。

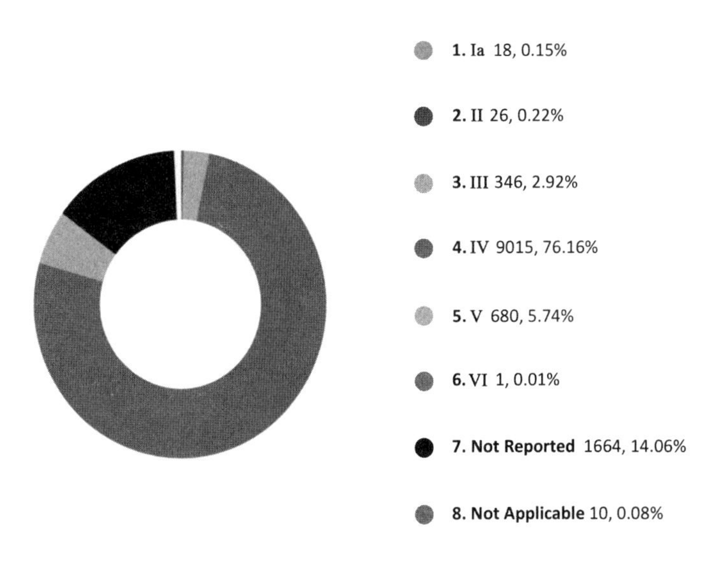

图 7–1　英国保护地与 IUCN 管理类别对应概况图
来源：UNEP–WCMC（2020）. Protected Area Profile for United Kindom of Great Britain and Northern Ireland from the World Data of Protected Areas.（2020–12）[2020–12–17]. https://www.protectedplanet.net/country/GBR#ref1

WDPA 数据库中记录了部分英国保护地类别，并对其中一部分按照 IUCN 分类体系进行了对照（图 7–1），截至 2020 年 10 月，85.2% 的英国保护地建立了与 IUCN 管理类别的对应关系，其中被归为第Ⅳ类的保护地最多（76.16%），第Ⅴ类次之（5.74%）[1]。WDPA 中收录的英国保护地类别，集中于国家级重要类别。这些类别中以生态保护为基本管理目标的保护地，如 NNR 被归入 IUCN 第Ⅳ类，其他以游憩和景观保护为基本管理目标的保护地，即 AONB、NP 等，则被归入第Ⅴ类。已收录到 WDPA 数据库而尚未进行分类的保护地类别，主要涉及 SSSI、ASSI、LNR，也被认为不超出 IUCN 分类体系的第Ⅳ类和第Ⅴ类[2]。各类别保护内容和管理目标参见表 7–1。

与 IUCN 管理类别对应关系有几点值得注意：

（1）NNR、SSSI、NR、AONB、NP 及其相等同的保护地类别，是英国体系中最为重要、最值得关注的保护地类别。WDPA 将它们收录数据库，也印证了前文提出的，这几类为英国重要保护地类别的观点；

（2）在已分类的保护地类别级别被归入 IUCN 分类体系的Ⅳ、Ⅴ两大类，对照 IUCN 保护地类别定义，可以看出，英国保护地不同程度地受人为干预，其管理目标和方式强调人与自然之间的和谐关系，强调资源利用可持续性。

（3）在表 7–2 中，还有 3 处为英国本土以外地区、即英国海外领地的保护地类别，1 处 NGO 设立的保护地。为保持 WDPA 数据完整性，仍将其在表中列出，从中可以看出英国 NGO 保护工作的影响力度。

1　UNEP–WCMC（2020）. Protected Area Profile for United Kindom of Great Britain and Northern Ireland from the World Data of Protected Areas.（2020–12）[2020–12–17]. https://www.protectedplanet.net/country/GBR#ref1.

2　http://www.unep–wcmc.org/wdpa/.

JNCC 类别与 IUCN 体系对应情况概览表（2020 年）[1~3]　　表 7-2

JNCC 保护地类别	指定机构	已对照保护地		未对照保护地	
		IUCN 管理类别（WDPA）	数量	状态	数量
拉姆萨湿地（Ramsar Sites） 自然保护区（NR）	国际 UK	Ia	18		
海洋保护地（MPA）	UK				
国家自然保护区（NNR） 自然保护区（NR）	UK UK	II	26	未分类	4
国家自然保护区（NNR） SSSI（Gb） 自然保护区（NR）	UK UK UK	III	346		
SSSI（Gb） 国家自然保护区（NNR） 地方自然保护区（LNR）	UK UK UK	IV	9015		
ASSI（Ni）	UK				
自然保护海洋保护地（NCMPA）	UK				
荒野保护区（Wildland reserve）	Sub-UK				
国家公园（NP） 自然保护区（NR） AONB，ANOB（Ni） 遗产海岸（Heritage Coast，HC）	UK UK UK UK	V	680	未分类	14
自然保护区（NR）[4]	UK	VI	1		
海洋保护地（MPA）	UK				
世界遗产（自然或混合）（WH）	UNESCO			不适用	3
人与生物圈（MAB）	UNESCO			不适用	7
国家风景区（NSA）	UK			未分类	40
区域公园（Regional Park，RP）	UK			未分类	3
区域框架海洋保护地 [MPA（OSPAR）]	EU			未分类	16
合计			10086		87

注：据 WDPA 统计，英国尚有 1664 个保护地没有相关信息，本表未分类计入。

1 UNEP-WCMC（2020）. Protected Area Profile for United Kindom of Great Britain and Northern Ireland from the World Data of Protected Areas.（2020-12）[2020-12-17].https://www.protectedplanet.net/country/GBR#ref1.

2 IUCN, National Committee United Kindom. Putting nature on the map – identifying protected areas in the UK：A handbook to help identify protected areas in the UK and assign the IUCN management categories and governance types to them[R/OL].（2012-02）[2020-12-19]. https://iucnuk.files.wordpress.com/2017/05/pnotm-handbook-small.pdf.

3 IUCN. Putting Nature on the Map [EB/OL].[2020-12-19]. https://www.protectedplanet.net/country/GBR#ref1

4 UNEP-WCMC(2020). Protected Area Profile for Isle of Eigg from the World Database of Protected Areas.（2020-12）[2020-12-19]. https://www.protectedplanet.net/555624704.

7.3　管理机构

与层级式保护地类别相对应，英国保护地划定、管理有关机构也从负责国际公约保护地到各国家、地区，呈现层级式结构，各类机构按照权力大小，纵向上可以分为 7 类。

7.3.1　国际层面

国际层面上，全球最重要的保护机构是 UNESCO 及其下属咨询机构：总部在法国巴黎的国际古迹遗址理事会（The International Council on Monuments and Sites，ICOMOS）、总部在瑞士的格兰德的世界自然保护联盟（IUCN）和总部在意大利罗马的国际文化财产保护与修复研究中心（The International Centre for the Study of Preservation and Restoration of Cultural Property，ICCROM）。三大咨询机构及其在英国的分支机构概况为：

（1）国际古迹遗址理事会（ICOMOS）

国际古迹遗址理事会英国委员会（ICOMOS–UK）于 1965 年成立，成员来自英国中央政府与成员国相关保护机构，得到英国遗产局（English Heritage）、苏格兰历史部（Historic Scotland）和威尔士历史环境服务部技术支持，ICOMOS–UK 不涉及具体保护地建立、管理工作，除负责英国国内世界遗产监测外，更多是通过与英国国内相关部门或是专门研究机构合作来体现其联络、监督、协调等作用。

（2）世界自然保护联盟（IUCN）

IUCN 英国委员会（IUCN–UK）是英国自然保护联盟（JNCC）下设机构，该委员会通过与相关保护机构之间共享经验、人员交流等方式成为联系英国国内、欧洲以至全球的广泛合作组织。IUCN 最直接管理英国世界自然遗产和文化与自然混合遗产类别的保护地。

（3）国际文化财产保护与修复研究中心（ICCROM）

ICCROM 成立于 1959 年，相对前两个机构，ICCROM 规模较小并且是属于政府间组织。其组织目标为提升文化遗产保护质量，同时提升文化遗产保护意识。ICCROM 提供文化遗产保护的培训、信息、研究及合作等多方面的咨询。

7.3.2　欧洲层面

英国保护地欧洲层面上相关机构为欧盟委员会（European Commission）和欧洲理事会（Council of Europe），它们在保护地方面的具体职能如下。

（1）欧盟委员会（European Commission）

欧盟有保护自然、恢复生境和物种的法律框架、战略和行动计划。如欧盟委员会曾制定欧盟生物多样性政策《生物多样性 2006 计划（Biodiversity 2006）》，颁布《欧盟鸟类条例（EU Birds

Directive（2009/147/EC）》《欧盟栖息地条例 EU Habitats Directive（92/43/EEC）》《欧盟水框架指令（Water Framework Directive，2000/60/EC）》《欧盟洪水指令（Floods Directive，2007/60/EC）》《欧盟海洋战略框架指令（Marine Strategy Framework Directive，2008/56/EC）》等法案[1]。根据前两部法案在欧盟范围内设立特别保护区（SAC）和鸟类特殊保护区（SPA），共同构成 Natura2000 体系。Natura 2000 覆盖欧盟 18%的陆地面积和 8%的海洋领土，是世界上最大的保护地协调网络。它为欧洲最有价值和受威胁的物种和栖息地提供避风港[2]。欧盟委员会准备在《生物多样性公约》第 15 次缔约方会议上展现扭转生物多样性丧失的雄心壮志，以身作则，以行动引领世界，帮助商定并通过一个具有变革性的 2020 年后的全球框架，确保到 2050 年全世界生态系统都得到恢复和充分保护[3]。

（2）欧洲理事会（Council of Europe）

欧洲理事会在《伯尔尼公约》框架内启动翡翠网络（The Emerald Network）。Emerald Network 和 Natura 2000 基于相同原理，因此彼此完全兼容，从而有助于发展一种一致的方法来保护欧洲大陆自然栖息地和物种。它们构成了欧洲两个最重要保护地网络和世界上最大保护地协调网络[4]。

7.3.3 英国国家层面

UK 最高级别保护地保护实体即相关政府部门，主要包括林业委员会（Forest Commission，FC），数字、文化、传播与体育部（Department for Digital，Culture，Media and Sports，DCMS），环境、食品与乡村部（Department of Environment 、Food and Rural Area，Defra）[5]。这些部门的具体职能为：

（1）林业委员会（FC）

林业委员会在英格兰、苏格兰和威尔士设有执行委员会，负责保护英国境内的森林和林地，通过可持续的管理方式增强森林对社会和环境的价值。

（2）数字、文化、传播与体育部（DCMS）

DCMS 作为中央政府部门，负责艺术、体育、广播、国家彩票（National Lottery）、旅游、图书

---

1 European Commission. Communication form the commission to the European parliament, the council, the European economic and social committee and the committee of the regions: EU Biodiversity Strategy for 2030[EB/OL].（2020-05-20）[2020-12-19]. https://eur-lex.europa.eu/legal-content/EN/TXT/?qid=1590574123338&uri=CELEX:52020DC0380.

2 European Commission. Natura 2000[EB/OL].[2020-12-19]. https://ec.europa.eu/environment/nature/natura2000/index_en.htm.

3 同 1.

4 European Environment Agency. An introduction to Europe’s Protected Areas[EB/OL].[2020-12-19]. https://www.eea.europa.eu/themes/biodiversity/europe-protected-areas/europe-protected-areas-1.

5 GOV.UK. Departments, agencies and public bodies[Z/OL].[2020-12-21]. https://www.gov.uk/government/organisations.

馆、博物馆等方面政策制定与执行，保护和促进文化和艺术遗产，并通过投资创新突出英国是一个绝佳旅游胜地以及帮助企业与社区发展[1]。国家遗产纪念基金会（National Heritage Memorial Fund，NHMF）下属的历史英格兰（Historic England，HE）是英格兰境内建筑遗产保护主要机构和保护资金来源，HE 通过 DCMS 向议会负责[2]。

（3）环境、食品与乡村部（Department of Environment 、Food and Rural Area，Defra）

Defra 是英国涉及保护地工作的最大部门，其职能覆盖动物健康与福利、环境保护、出口贸易、农业、海洋和渔业、粮食饮品、园艺、乡村事务以及可持续发展等多个方面。Defra 下属多个与保护地工作相关的次级部门和咨询机构，包括英格兰自然署（Natural England）、英国自然保护联合委员会（JNCC）等。

7.3.4 成员国级别

成员国级别上，除英格兰保护事务由 Defra 下级部门（英格兰自然署，Natural England）负责外，其他三个各成员国都有自己主要的负责机构，分别是北爱尔兰农业、环境和乡村事务部（Department of Agriculture，Environment，and Rural Affairs，DAERA）[3]，苏格兰的自然苏格兰（NatureScot），以及威尔士的自然资源部（Natural Resources Wales，NRW）。其中北爱尔兰 DAERA、苏格兰 NatureScot 和威尔士的 NRW，都是分别由北爱尔兰政府、苏格兰政府、威尔士政府直接领导，之后再由本国政府统一向英国政府负责。Defra 下属的英国自然保护联合委员会（JNCC）则负责这些机构之间的横向沟通与合作。

（1）北爱尔兰农业、环境和乡村事务部（Department of Agriculture，Environment，and Rural Affairs，DAERA）

北爱尔兰农业、环境和乡村事务部负责保护北爱境内自然和环境保护，通过制定土地使用规划来平衡地区发展与环境保护，并负责北爱尔兰保护地的设立和管理。DAERA 内部的具体负责保护地的执行机构是北爱尔兰环境局（Northern Ireland Environment Agency，NIEA），NIEA 与国家基金、林业基金等北爱尔兰的多家非政府机构建立和长期合作关系，共同关注境内的生物多样性和景观保护。管理的类别为 SACs、SPAs、ASSIs、MPA、Ramsar sites[4]。

---

1 GOV.UK. Departments for Digital，Culture，Media and Sports[Z/OL]. https://www.gov.uk/government/organisations/department-for-digital-culture-media-sport.

2 Heritage Fund. What we do[EB/OL].[2020-12-21].https://www.heritagefund.org.uk/about/what-we-do.

3 Department of Agriculture，Environment and Rural Affairs. Biodiversity[DB/OL]. https://www.daera-ni.gov.uk/topics/biodiversity.

4 Department of Agriculture，Environment and Rural Affairs，Protected areas[EB/OL].[2020-12-21]. https://www.daera-ni.gov.uk/landing-pages/protected-areas.

（2）自然苏格兰（NatureScot）

自然苏格兰（NatureScot）即从前的苏格兰自然遗产部（Scottish Natural Heritage，SNH），由苏格兰政府（Scottish Executive）领导的、负责苏格兰自然遗产，特别是其自然，遗传和风景多样性的公共机构。它为苏格兰政府提供建议，并代表政府指定 NNR、LNR、NPs、SSSIs、SAC、SPA 和 NSA 等保护地类别，管理占苏格兰总面积 20%的所有苏格兰保护地。NatureScot 每年从政府获得补助金资助，以实现政府对自然遗产的优先权。NatureScot 不仅是苏格兰政府在管理整个苏格兰自然、野生动植物和景观等方面的顾问，而且还帮助苏格兰政府履行其承担的欧洲环境法[特别是《人居指令》（Habitats Directive）和《鸟类指令》（Birds Directive）]方面的职责。目前该机构在 23 个区域设立了办公机构，大部分工作与地方政府、环境自愿组织、社区团体、农民和土地管理人员合作，并与 JNCC 以及英格兰、威尔士和北爱尔兰等同机构密切合作，确保整个英国自然保护举措的一致性和连贯性以及履行其国际义务。NatureScot 的前身 SNH 成立于 1992 年，2019 年 11 月，苏格兰政府宣布将 SNH 重新命名为 NatureScot，变更于 2020 年 8 月 24 日生效[1]。

前文提到的四个层面的保护地类别，在苏格兰境内，都由 NatureScot 统一负责设立和管理。管理类别有生物基因保护地（Biogenetic Reserves）、生物圈保护区（Biosphere Reserves）、欧洲示范保护地（Council of Europe Diploma Sites）、乡村公园（Country Parks）、地质保护区（Geological Coservation Review sites）、地方自然保护区（LNR）、海洋检测区（Marine Consultation Areas）、国家自然保护区（NNR）、苏格兰自然遗产部自然保护区（SNH Nature Reserves）、国家保留地（Nature Conservation）、海洋保护地（MPA）、特殊科研价值保护区（SSSI）、特别保护区（SAC）、特殊保护区（SPA）、拉姆萨湿地保护区（Ramsar sites）、世界遗产——自然遗产（World Heritage Sites—Natural Heritage）[2]。

（3）威尔士自然资源部（Natural Resources Wales，NRW）

2013 年前，威尔士政府法定的咨询机构是威尔士乡村委员会（Countryside Council of Wales，CCW），负责就自然景观、生物多样性保护、户外游憩、可持续发展等方面事务向政府和公众提供咨询，以及威尔士境内保护地设立、管理和监测。2013 年 4 月 1 日后，一个新机构——威尔士自然资源部（NRW）已经接管威尔士乡村委员会所有职能和服务，以确保现在和将来可持续维护、增强和使用威尔士自然资源为目标。因 NRW 网站资源正在开发建设中，一些在线管理服务现仍由 CCW 网站提供[3]。

---

1 Wikipedia. NatureScot[DB/OL].[2020-12-21]. https://en.wikipedia.org/wiki/NatureScot.

2 Scottish Natural Heritage. Natural Spaces[DB/OL].[2020-12-21]. https://gateway.snh.gov.uk/natural-spaces/index.jsp.

3 Countryside Council of Wales. Archive[DB/OL].[2020-12-21]. https://web.archive.org/web/20131013234626/http://www.ccw.gov.uk/.

NRW现在管理的保护地类别有：国家优美风景保护区（ANOB）、生物基因保护地（Biogenetic Researves）、特别保护区（SAC）、乡村公园（Country Parks）、Dee水保护区（Dee Water Protection Zone）、海岸遗产（Heritage Coasts）、地方自然保护区（LNR）、海洋保护区（MCZ）、国家自然保护区（NNR）、国家公园（NP）、拉姆萨湿地保护区（Ramsar sites）、特殊科研价值保护区（SSSI）、特殊保护区（SPA）等[1]。

7.3.5 非部门公共机构（Non Departmental Public Body，NDPB）

NDPB是具体保护地设立的执行机构，这些机构多为上述国家政府部门的下属机构，负责向政府和公众提供咨询、进行保护地调查、设立等。其中比较重要的机构有Defra下属的英格兰自然署(NE)、英国自然保护联合委员会（JNCC）、和历史英格兰（Historic England，HE）等。其中英格兰自然署（NE）负责SSSI、NNR、AONB、NP等多种保护地类别的设立和监控，自然保护联合委员会（JNCC）负责各成员国之间保护工作的沟通以及英国国内与国外的沟通与交流，历史英格兰（HE）则是负责英格兰历史建筑登录与保护、帮助人们在更大的景观环境中使用和享受历史场所以及向地方提供国家部门的经验[2]。非部门公共机构在保护工作中扮演着重要角色，是中央政府与地方政府、保护机构与公众之间连接的纽带。

7.3.6 地方政府

在保护地工作中是必不可少的一部分，可以说，所有的保护地管理都有地方政府参与，并由此地方政府构成了第六个层面的保护机构。

英国国家公园、AONB等保护地都成立了自己的联合协会，如AONB联合协会。这类保护组织是由政府与非政府共同管理运作。

7.3.7 非政府组织

除上述的国家或地方级别的部门、机构外，在英国保护地体系的管理机构中，还有很大一部分是非政府组织（Non-Government Organization，NGO），如国家信托（National Trust），皇家鸟类保护协会（Royal Society for the Protection of Birds），野生动物信托（Wildlife Trust）等。主要管理

1 Lle. Protected sites[DB/OL].[2020-12-21]. http://lle.gov.wales/catalogue?lang=en&Text=&C=2007&Page=&INSPIRE=False.

2 Historic England. Historic England Role[EB/OL].[2020-12-21]. https://historicengland.org.uk/about/what-we-do/historic-englands-role/.

机构名称及管辖范围可见表 7–3，另外，地方级别的管理部门都归于地方政府，NGO 由于数量庞大，表 7–3 中仅列出几个知名的 NGO。

英国保护地管理机构一览表[1] **表 7-3**

机构权利范围	主管部门	机构	具体管理地区
全球	联合国教科文组织（UNESCO）	国际古迹遗址理事会（ICOMOS）	全球
		世界自然保护联盟（IUCN）	
		国际文化财产保护与修复研究中心（ICCROM）	
欧洲	欧盟委员会（EC）	—	欧盟国家
	欧洲理事会（Council of Europe）	—	欧洲国家
英国国家级	英国政府（UK Government）	环境、食品与乡村部（Defra）	英国全境
		数字、文化、传播与体育部（DCMS ）	英国全境
		林业委员会（FC）	英格兰、苏格兰和威尔士
成员国政府级	北爱尔兰政府（Northern Ireland Executive）	农业、环境与农村事务部（DAERA）	北爱尔兰
	苏格兰政府（Scottish Executive）	自然苏格兰（NatureScot）	苏格兰
	威尔士联合政府（Welsh Assembly Government）	自然资源部（NRW）	威尔士
非部门公共机构（NDPB）	—	环境与遗产服务部（Environment and Heritage Service）	北爱尔兰
	—	历史英格兰（Historical England）	英格兰
	—	英格兰自然署（Natural England，NE ）	英格兰
	—	联合自然保护委员会（JNCC）	英国全境
地方政府	—	地方政府	

1 IUCN National Committee for the United Kindom. Putting nature on the map – identifying protected area in the UK：a hand book to helip identify protected areas in the UK and assign the IUCN management categories and governance types to them[R/OL]. (2012–02) [2020–12–21]. https://iucnuk.files.wordpress.com/2017/05/pnotm–handbook–small.pdf.

续表

机构权利范围	主管部门	机构	具体管理地区
非政府组织（NGO）	—	国家基金（National Trust）	英格兰、威尔士、北爱尔兰
	—	苏格兰国家信托（Scottish National Trust）	苏格兰
	—	野生动物信托（The Wildlife Trust，TWT）[1]	英国全境
	—	英国地质保护协会（GeoConservationUK）[2]	英国全境
	—	石灰岩保护组织（Limestone Pavement Action Group）[3]	英国全境
	—	栖息地保护组织（Earth Science Conservation Review）	北爱尔兰
	—	国家 AONB 协会 （National Association of AONB，NAAONB）	境内 AONB
	—	国家公园局 （National Park Authority）	境内国家公园

在表 7-3 列出的保护地管理机构体系中，管理机构是按照管辖范围从大到小的顺序排列的，但是不同级别的部门之间并不一定存在垂直对应的关系。一些 NDPB 和次级部门是直接向其上级或主管机构负责，但相当一部分次级部门并没有更上一级单位，而是直接向英国国会负责，还有一些部门则同时需要向上级部门以及国会负责。在涉及保护地的管理部门中，也存在着多部门、多级别、多重对应关系现象。总体来看，中央政府以下的管理机构数量和地位上，表现出图 7-2 的特征：以核心部门为主，具体执行部门次之，扩展到 NGO、慈善团体以及商业机构。

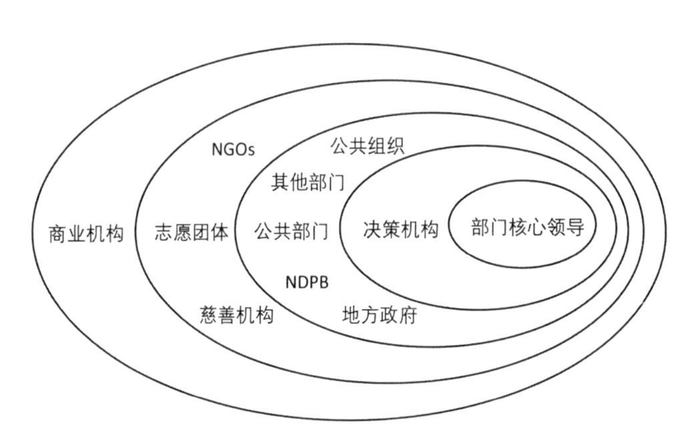

图 7-2 英国部门以下管理机构组织关系图
来源：田丰．英国保护区体系研究及经验借鉴 [D]. 上海：同济大学，2008：40

7.4 类别与管理机构对应关系及特点

可以看出英国保护地体系中保护类别与管理机构之间关系相当复杂，管理机构与保护地类别之间存在“多对多”的对应关系，具有以下特点：

（1）FC、DCMS 和 Defra 是国家保护地管理的主要部门，直接管理着英国的森林、林地和通过下属保护机构（如 HE、Natural England）、协调机构（如 JNCC）保护英格兰的各类保护地，横向协调、

1 The Wildlife Trusts. About us[EB/OL].[2020-12-21].https://www.wildlifetrusts.org/about-us.

2 GeoConsercationUK. GCUK[Z/OL].[2020-12-21].https://geoconservationuk.org.

3 Limestone-pavement. Home[Z/OL].[2020-12-21].http://www.limestone-pavements.org.uk.

沟通其他成员国政府机构（如 NatureScot、NRW 和 DAERA 等）对各自境内多类保护地的管理工作。这些下属保护机构与协调机构也是重要的非部门公共机构。

（2）有专项法律依据的保护地，以主要政府部门及其下属部门依法保护为主；没有专项法律但属于重要国际类别的保护地，由中央政府直接管理；地方保护地则依靠地方政府进行管理。

（3）苏格兰和威尔士的管理机构相比英格兰的简单；相较其他成员国北爱尔兰保护地类别最少，保护工作相对落后。

7.5 土地管理制度及重要法律

7.5.1 土地管理制度

自 1066 年以来，英国的土地在法律上都归英王或国家所有，个人、企业和各种机构团体仅拥有土地使用权。英国 1947 年通过《城镇和乡村规划条例》（Town and Country Planning Act, 1947），规定一切私有土地发展权即变更土地用途的权利归国家所有，土地所有者或其他人如欲变更土地用途，在进行建设用地开发前，必须先向政府缴纳发展税购买发展权，实行所谓“土地发展权国有化”[1]。从此，任何私有土地只能保持原有使用类别的占有、使用、收益、处分之权，变更原使用类别权力为国家独有。由此，英国主要通过发展权管理实现土地用途管制。

英国在中央一级没有统一的土地管理机构，而是实行土地分类管理，并由下列机构执行土地管理的职能（表 7–4）。

由于保护地多位于乡间，从英国土地管理制度上也可以看出，环境、食品和乡村部（Defra）与林业委员会（FC）是涉及保护地土地管理最重要的两个部门。

7.5.2 土地利用规划体系

英国土地利用相关规划体系包括国家规划政策框架、区域规划导则和发展规划 3 个基本层面。

国家规划政策框架是英国土地利用规划政策。2012 年之前，它以国家规划政策说明（Planning Policy Statements / Planning Policy Guidance Notes, PPS / PPG）形式发布，反映政府对可持续发展、区域空间战略、地方规划等重要规划问题的政策取向和原则立场。虽然 PPS / PPG 不具法律约束力，但地方规划机构在编制发展规划时必须考虑并符合 PPS / PPG。另外，PPS / PPG 也是审批规划许可申请的依据。2012 年 3 月 27 日原英国社区与地方政府部（Department of Communities and Local Government, DCLG）颁布《国家规划政策框架》（National Planning Policy Framwork, NPPF），取代

1 郭文华．英国土地管理体制、土地财税政策及对我国的借鉴意义 [J]．国土资源情报，2005.11．

了所有 PPS / PPG，并于 2018 年、2019 年修订[1,2]。

英国土地管理机构及其职责　　表 7-4

机构名称	主要职责、职能	机构设立
住房、社区和地方政府部（Ministry of Housing, Communities & Local Government，MHCLG）	负责住房政策制定、规划政策、权利授予政策、地方政府政策、主要职责包括制定立法计划或框架、公布国家规划政策、批准区域规划政策、受理对地方规划机构的申诉、直接接受规划申请，以及促进社区团结与平等。负责城市发展和住房用地[3,4]。	其前身最初为英国副首相办公室（Office of the Deputy Prime Minister，ODPM）；2006 年 5 月组建为社区与地方政府部（Department for Communities and Local Government, DCLG）；2018 年 1 月改为现名[5]
环境、食品和乡村部（Defra）	主要负责农地和农村发展用地	2001 年
林业委员会（FC）	负责森林用地管理和统计	1919 年创立[6]，2019 年 4 月 1 日原林业委员会结构变更，重新组建了（新）林业委员会（Forestry Commission），下属两个部门，分别为英格兰林业部（Forestry England）和林业研究部（Forest Research），此外还成立有苏格兰林业委员会（Forestry Commission Scotland）[7]
土地登记局（HM Land Registry）[8]	政府唯一从事土地所有权审查、确认、登记、发证以及办理过户换证的部门。目前在英格兰、威尔士地区共设有 14 个分局[9]，分片承办具体登记业务。土地登记局由英国内阁司法大臣领导，不受地方政府领导	1862 年创立的非部政府部门（Non-Ministerial Government Department）

1 Wikipedia. National Planning Policy Framework[DB/OL].[2020-12-22]. https://en.wikipedia.org/wiki/National_Planning_Policy_Framework.

2 Wikipedia. Planning Policy Statements[DB/OL].[2020-12-22]. https://en.wikipedia.org/wiki/Planning_Policy_Statements.

3 GOV.UK, Ministry of Housing Communities and Local Government. About us[EB/OL].[2020-12-22]. https://www.gov.uk/government/organisations/ministry-of-housing-communities-and-local-government/about.

4 GOV.UK, Ministry of Housing Communities and Local Government. Corporate report: Ministry of Housing, Communities and Local Government single departmental plan[R/OL]. (2019-06-27) [2020-12-19]. https://www.gov.uk/government/publications/department-for-communities-and-local-government-single-departmental-plan/ministry-of-housing-communities-and-local-government-single-departmental-plan--2.

5 Wikipedia. Ministry of Housing , Communities and Local Government[DB/OL].[2020-12-22]. https://en.wikipedia.org/wiki/Ministry_of_Housing,_Communities_and_Local_Government.

6 Forestry England. Celebrating 100 years of forestry 1919-2019[EB/OL].[2020-12-20]. https://www.forestryengland.uk/100.

7 Forestry Enagland. We' re evolving[EB/OL].[2020-12-22]. https://www.forestryengland.uk/we-are-evolving.

8 GOV.UK. HM Land Registry[EB/OL].[2020-12-22]. https://www.gov.uk/government/organisations/land-registry.

9 GOV.UK, HM Land Registry. About us[EB/OL].[2020-12-22]. https://www.gov.uk/government/organisations/land-registry/about.

区域规划导则（Regional Planning Guidance，RPG）由政府办公室及有关区域规划团体提出，住房、社区和地方政府部（MHCLG）负责批准并公布。RPG主要为地方规划机构制定发展规划和地方交通规划提供区域性基本框架。RPG要公布区域15～20年基本发展框架，并确定区域内住房、环境保护、交通、基础设施、经济发展、农业、废物处理等发展规模和布局。除伦敦采取“空间发展战略”形式外，英格兰其他8个大区都分别制定了区域规划导则。

地方发展规划（Development Plans）由郡、市、区规划部门制定，规定地方政府发展和土地利用政策、土地配置情况，是指导地方发展的基本依据。发展规划解释不同地区应该允许哪种类型开发项目，从而为制定理性和一致的规划提供依据。地方发展规划必须与国家规划政策和区域规划导则保持一致。地方发展规划是审批规划许可的重要依据。该规划一旦经依法批准，规划许可申请和申诉必须符合规划要求。

7.5.3 整合保护地与地方土地利用

作为一种特殊的土地管理方式，设立保护地难免会与获取经济利益产生冲突。如何在规划制定之初提前预测可能出现的问题，在制定规划时明确职能、规避矛盾，将保护地的发展与地方发展整合起来，对保护区与其他土地开发方式之间的关系给予法律上的明确说明，是国家立法部门的职责所在。在英国，这一问题主要是通过《规划政策说明》来实现的。

《规划政策说明》（Planning Policy Statement，PPS）是由副首相办公室（ODPM）和Defra共同完成、英国政府对英格兰规划中涉及的各方面政策的说明。PPS不是为了代替其他的规划文件，而是旨在说明如何将涉及同一主题的不同的规划文件进行综合考虑。书中第九章的主题是关于生物多样性与地质保护的说明（Planning Policy Statement 9：Biodiversity and Geological Conservation，PPS9），主要说明如何将生物多样性和地质保护的政策贯彻到规划中，其中，生物多样性涉及的内容与《英国生物多样性计划（UKBAP）》相同；地质保护则涉及重要地理、地貌保护地区。就涉及内容来说，与以生物多样性保护为目标的保护地最为接近。除英格兰颁布《规划政策说明》外，苏格兰、北爱尔兰、威尔士政府也分别制定了类似文件，对这一问题进行法规上的说明。《规划政策说明9（PPS9）》可说明英格兰的保护地如何整合到地方规划中。

1.《规划政策说明9（PPS9）》规划目标与原则

英国政府认为，规划系统对于体现政府的国际承诺、完成国内关于物种、栖息地、生态系统等方面的政策具有非常重要的意义。在PPS9中，为了实现生物多样性保护、地质保护，政府对各级规划提出的目标有三个方面：

（1）促进可持续发展，将保护与社会、环境、经济发展整合起来。

（2）保护、强化、修复英格兰的生物多样性和地质地貌。

（3）协助实现乡村更新与城市复兴。

针对上述目标，说明中又对国家层面的规划提出了一些基本原则：

（1）发展计划和规划决策必须以该地区最新的环境资料信息为基础。

（2）发展计划和规划决策必须以保持、提高或修复生物多样性和地质景观为目标。

（3）发展政策及规划确定需要对保护有战略性的认识。

（4）在具体设计上有利于生物多样性和地质景观保护。

（5）基本目标为保护生物多样性和地质景观的发展计划必须批准。

（6）防止规划决策损害生物多样性和地质景观，对于必定造成破坏的规划，不得予以批准。

2.《规划政策说明 9（PPS9）》适用范围及作用

英国一般进行的规划实践有三个层面，即区域空间发展战略（包括伦敦空间发展战略）、地方发展规划和私人规划。《规划政策说明 9（PPS9）》中，为实现保护地与不同层面的规划之间的衔接，对规划单位与规划内容都进行了一些规定，进而对一些生物多样性保护的主要保护地类别中，规划单位有哪些注意事项，又提出了一些特殊要求。

（1）按规划类型分

PPS9 适用于各层面的规划，因此国家部门、地方政府和私人机构等相关规划单位在制定决策时，都必须将 PPS9 纳入考虑范围。关于区域空间涉及范围较广的、国家规划和地方规划这两种规划类型中需要针对生物多样性和地质保护做出的特别考虑，PPS9 中有详细的说明（表 7–5）：

PPS9 对不同规划的要求一览表　　**表 7-5**

规划类型	对规划单位的要求	对规划的要求
区域空间发展战略 /（伦敦空间发展战略）	• 与该地区负责保护的单位密切联系，明确该地区和次区物种与栖息地的分布； • 明确国际级、国家级保护区的分布； • 明确需要进行栖息地修复或重建的区域； • 预先考虑气候变化可能对该地区物种和栖息地的影响	• 包括生物多样性的目标； • 规划政策中提出对地区、次区、跨界地区物种和栖息地的考虑； • 制定保护、提高区域生物多样性的政策； • 结合国内目标，制定栖息地和重建的政策； • 制定适合检测生物多样性的指标
地方发展规划	• 将生物多样性与地质保护纳入地方发展规划中； • 保证地方发展反映国家、区域、地方生物多样性保护的目标且与其相一致	• 说明生物多样性和地质保护地的位置； • 体现国际级、国家级、区域级、地方级等不同级别保护地的层级； • 划分有助于地方物种保护的区块，并制定相关政策实现对它的保护

（2）按保护地类型分

除了明确各层面规划中要考虑的保护内容外，PPS9 还针对主要的区块进行了说明，可以进一步帮助规划单位明确如何正确对待规划中遇到的需要保护生物多样性和地质保护的地区（表 7–6）。

PPS9 中对涉及保护地的规划特别要求 表 7-6

保护地类型 / 级别	对规划单位的特殊要求
国际保护地（Ramsar 湿地保护区、SPA、SAC/SCI，生物圈保护区等）	• 地方政府明确此类保护区位置，参照保护文件； • 地方发展规划中不得包括这些区块； • 尚未被认定的国际保护区，如 pSPA 和 cSAC，与正式被认定的国际保护区享有同等保护地位
特殊科研价值保护地（SSSI）	• 没有被认定为国际级的 SSSI 一样需要高度保护 • 可能影响 SSSI（不论内部还是周边）的规划不得获批
RIGS、LNR 和其他地方保护区	• 针对地方保护区制定政策标准 • 针对地方保护区的政策与国际、国家级保护区的政策有所区别
原始森林和其他重要栖息地	• 明确本地区尚未列入 SSSI 的原始森林的范围 • 原始森林周边成熟的林区也要保护 • 鼓励地方发展计划中对此类林地进行保护 • 保护《乡村与道路法案 2000》中列出的所有栖息地类型
自然栖息地网络	• 不得列入开发地区 • 尽可能提高或整合栖息地网络
已开发的土地（Previously-developed Land，通常也称棕地 Brownfield Land）	• 对已开发的土地进行再利用，以减少对新的土地开发 • 具有生物或地质保护价值的已开发土地要重新进行保护
物种保护区域	• 地方发展文件中不需要包括对单独物种保护的内容（因为已有独立的法律条例涉及相关保护） • 对还未受到法律保护的物种进行特别保护

3.《规划政策说明 9（PPS9）》特点及意义

PPS9 中先对不同作用的规划中需要考虑的生物多样性保护和地质保护做了说明，之后又对如何对待每种保护的土地 / 物种做了进一步详细说明。通过这样的两个步骤，将保护的理念落实到类型、落实到地块，更有助于贯彻保护的理念、执行有针对性保护措施。由于许多涉及保护、规划的法律、文件，基本都是从各自的视角出发，制定了详细的政策、措施，但不同的法律、文件之间缺乏联系，PPS 的作用就在于将所有相关文件统筹考虑、统一说明。在 PPS9 中，基本涉及了有关生物多样性保护的所有文件，如《UKBAP》《大伦敦发展战略》《乡村与道路法案 2000》等，极大地简化了对规划中涉及的保护地的理解和操作。

将设立保护地作为一种特殊的土地管理方式，若以生物多样性或景观多样性保护为划分依据，保护地内部仍然可能会有多种土地使用方式，地方居民同样需要经济文化上的发展；地方发展范围的划定，是经济发展为划分依据，其中也有可能涉及已建立的一些保护地。简言之，这是两种以不同目标划分区域的方法，但保护地需要发展、发展的地区需要关注保护，两者空间上彼此重叠、具体操作上又互相影响。PPS9 通过一份综合的法律导则，将发展与保护这两种同为针对土地的工作整合起来，通过前期详细周密的考虑，充分考虑到可能出现的冲突和矛盾，对于规划或保护工作的进行，都非常有帮助，从法律上减少了保护与发展之间可能出现的矛盾。为实现地区全面的可持续发展，奠定良好的法律基础。

7.5.4 重要的保护法律

英国涉及保护地的法律一度有很多种，有些适用于全英国，有些适用于成员国，还有一些针对专门主题的法律。在 20 世纪 80 ~ 90 年代，政府整合多部法案，下面是保护地相关主要法律：

《国家公园和乡村进入法 1949》

《国家公园和乡村进入法》（National Park and Access to the Countryside Act，1949）是英国建立现代保护地的第一部国家法律，同时根据这部法案确立了最早的保护机构自然保护委员会（Nature Conservancy Council，NCC）。法案规定，NCC 的主要职责是通过租借或收购土地方式建立国家自然保护地（NNR），同时提出建立 SSSI 系统，以及国家公园（NPs）和杰出自然美景地（AONBs），NCC 为地方政府划定保护区时提供指导和咨询。

这部法案后它对于英国依法建立保护地体系起到重要奠基作用，使英国能够持续地履行其国际义务，其后整合入了《野生动物和乡村法 1981》。1949 法案将自然保护与保护“自然之美”的安排分开，并改善了公众的可达性（Public Access），反映了两个不同的关注领域：生态与栖息地保护，风景名胜与便利设施的保护。在接下来的 40 年中，自然保护是一个与景观保护和公众准入（Public Access）分离的系统，每个系统都有自己的法定机构、名称、宗旨和机构、发展方向等。但是它们也面临着共同的威胁，尤其是农业的集约化，并且在 1973 年英国加入欧盟后，英国缺少执行欧盟共同农业政策的环境管理部门。同时，由于各种立法、多项国际义务以及众多非政府组织和其他行为者的各种目标，导致了英国保护区的多样性，随着英国四个成员国发展出自己的、越来越独特的保护方法，这种多样性正在增加。因此在 20 世纪 80 年代后，认为将这两个系统放在一起工作可以更有效地应对这些威胁，并建立了新的管理结构，这一过程得益于苏格兰和威尔士政治权利下放的趋势。1949 法案整合入了 WCA1981，1991 年、1992 年和 2006 年在威尔士、苏格兰和英格兰分别成立了单一的综合保护机构，自 1989 年以来，通过委员会向北爱尔兰政府提供咨询意见的委员会也采取了类似的综合方式，近年来，北爱尔兰政府也存在着更大的权力下放趋势[1]。

---

1 CROFTS R，DUDLEY N，MAHON C，et al. Putting Nature on the Map：A Report and Recommendations on the Use of te IUCN System of Protected Area Categorisation in the UK[R]. United Kindom：IUCN National Committee UK，2014：2-4.

《野生动物和乡村法 1981》

《野生动物和乡村法 1981》（Wildlife and Countryside Act，1981）于 1981 年生效，当时是为将英国国内保护法案和《伯尔尼公约 1979》《EC 栖息地条约》的要求联系起来。WCA1981 在 1991 年和 1995 年曾进行过两次修订。此法案包括 4 部分共 17 项，是在综合《国家公园和乡村进入法 1949》《乡村法 1968》《水法 1973》《自然保护局法案 1973》《苏格兰地方政府法》《高速公路法》《苏格兰动物保护法 1912》《鸟类保护法 1954》《伦敦政府法 1963》等 27 部法案、条令相关内容后制定的，主要包括野生动物保护、乡村、国家公园和划定保护地、公共路权等内容。法案中涉及的保护地类型主要有 SSSI，NNR，MNR 等，并明确指定相关负责机构为 CCW（NRW 前身），JNCC，EN（NE 前身之一），NCC（NatureScot 前身之一）。在法案第一部分，针对野生动植物保护特别提出，各郡要在 JNCC 指导下每五年对本地区野生动植物状况进行复查。

在北爱尔兰，与 WCA1981 相当的法律是《野生动物条例 1985》[Wildlife（Northern Ireland）Order，1985]。

《乡村和路权法 2000》

《乡村和路权法 2000》（Countryside and Rights of Way Act，2000）法案是顺应 1998 年《欧洲人权公约》（European Convention on Human Rights）制定的，是英格兰和威尔士关于乡村景观保护的主要法律，共有 5 部分 16 项。其中涉及公共徒步旅行权利、增加对 SSSI 保护力度、增强野生动物保护法律力度、为 AONB 提供更好管理等内容。特别值得一提的是，法案第 9 项修改了 WCA1981 部分内容，修订了 SSSI 划定程序，增强了 SSSI 保护和管理。法案第 12 项修订了 WCA1981 相关内容，增强了濒危物种法律保护。同时，此法案中针对 AONB 特别明晰了划定程序和目标，要求地方政府为每个 AONB 制定管理计划，并建立保护局（Conservation Boards）负责管理 AONB。

《保护法 1994》

《保护法 1994》[Conservation（Natural Habitats etc）Regulations 1994 SI 2716] 是对欧洲委员会修改《欧盟物种条令》和《欧盟栖息地条令》后基于英国状况制定的法律，于 1994 年生效，并于 1997 年和 2000 年（仅英格兰）进行过两次修订。此法案包括 4 章 4 项，主要为“欧洲保护区”，即 SPA 和 SAC 提供划定和保护依据，保护“欧洲濒危物种”，执行关于欧洲保护地其他规划和管制内容。法案规定，所有政府官员、部门、公共团体以及个人都有责任尊重和保护“欧洲保护地”，并且政府要保证投入足够资金，相关部门法律和条令也要根据本法案进行调整，以“欧洲保护区”工作为重。

《苏格兰自然保护法 2004》

《苏格兰自然保护法》[Nature Conservation（Scotland）Act 2004] 针对苏格兰境内生物多样性和

保护地而制定，于 2004 年生效，共 5 部分 7 项。这部法案提出公共团体在生物多样性保护中应尽的责任，为苏格兰境内 SSSI 制定土地管理条例、修订《自然保护条例》，并提出筹备制定苏格兰化石法规。这部法案顺应 1998 年《欧洲人权公约》（European Convention on Human Rights）制定，并要求相关部门和团体重新规范各自行为。

其他法规、条例

（1）相关规划法律

由于建立和管理保护地与各地发展规划关系密切，因此其他相关法律中最重要的就是规划法案，主要有《苏格兰村镇规划法 1997》[Town and Country Planning（Scotland）Act，1997] 和《英格兰村镇规划条例 1999》[Town and Country Planning（England），1999]。此外英国政府还颁布了《规划政策说明》（Planning Policy Statement）用于说明各级规划如何与相关的法规条例相协调，其中设有保护生物多样性和游憩的专项部分。

（2）北爱尔兰的系列法律

由于政治原因，英国许多法律只适用于英格兰、威尔士和苏格兰，北爱尔兰有自行法律体系。除上文提到的《野生动物条例 1985》外，保护地其他相关重要法律还有：《自然保护和土地适宜性条例 1985》（Nature Conservation and Amenity Lands Order，1985）《环境条例 2002》（Environment Order，2002）《北爱尔兰保护法 1995》（Conservation Natural Habitats etc）等。

（3）欧洲景观公约

《欧洲景观公约》（European Landscape Convention）是目前国际上唯一专业的、直接关于欧洲景观的国际公约。文件于 2000 年 10 月在意大利签订，2004 年 3 月生效，期间共有 47 个欧洲国家签署。这份公约的诞生，主要源于欧洲各国对景观概念认识的深入，公约强调不能只保护所谓“最杰出景观区域”而牺牲周边地区的景观价值。所有的景观都有潜在的意义，即为社区提供认同感和利益。欧洲景观公约覆盖所有的景观，与景观美感无关，其目标不是确定具有特殊价值的景观的名单，而是旨在“促进景观保护、管理和规划，组织欧洲各国合作管理景观事务”，向所有景观规划和管理引入新方法和原则。公约中提出三种与景观相关的操作分别为：景观保护、景观管理和景观规划。

7.6 体系特点

从前文保护地类别及管理机构介绍分析可以看出，英国保护地体系涵盖范围广，整体上十分复杂。从管理机构、保护地类别、相关法律等方面的分析，可以归纳出英国保护地体系有以下 3 个明显特点。

7.6.1 清晰、坚实的法律基础

保护地工作涉及的范围、包括的内容十分广泛，利益相关组织众多，特别是在土地高度私有化的英国。因此，需要有法律文件理清、阐明各项工作、各相关组织利益关系，保护地工作才能顺利进行。英国保护地成功的实践，首先离不开坚实的法律基础。通过前文分析已知，英国保护地法律体系主要是通过制定新的法律和及时修订现有法律两种方式来搭建、完善的。1949 年制定《国家公园与乡村进入法 1949》，是英国法律划定保护地工作的开始，但当时的法律还只是针对国家公园、SSSI、NNR 等保护地如何设立，具体管理工作并没有融入更为广泛的乡村政策中。在 20 世纪 50 ～ 80 年代，各相关部门制定各自的乡村土地使用政策，彼此之间缺乏协调，特别是因农业片面追求高产出率，使乡村景观遭到破坏，林业、矿业、军事等部门颁发执业许可证进一步加速了环境恶化。在这种情况下，英国政府综合多部相关法案制定 WCA1981，基本结束了混乱扯皮的局面，开创了综合保护的新里程。随着国际国内保护工作的开展，多部融合国际发展要求的法律相继出现。保护地涉及的保护内容全部有法律依据，各相关组织在保护地工作中也有明确定位和相互关系，这些都是政府可以成功主导保护工作的基础，也是社区保护的前提。

在如此强大的公众支持以及许多致力于保护物种及其栖息地的法律、政策，以及资金流的推动下，英国的保护成果却令专家失望。围绕 3 个有益于生物多样性和景观保护的想法已经达成共识：重视自然提供的服务价值、认知生态网络的重要性、倡导人与自然重新联系[1]。

7.6.2 整体发达、内部发展不均衡

经过漫长的发展历史，英国的保护地体系中，成员国国家以上级别保护地的管理目标覆盖了生物多样性与景观保护的各个方面，构成了全面而有针对性的自然保护“骨架”；地方政府建立的几万处地方保护地，则把这个大“骨架”完善填充起来，使保护地形成密实的网络，更加符合生态系统基本规律。

由法律赋予职能后，从中央政府部门、成员国政府、到一般的地方政府，从上到下都积极参与保护工作，自然保护与国家和地方的可持续发展紧密联系在一起。除政府的努力、坚实的法律保障，各种非政府组织也在保护地工作中发挥重要作用，很多由政府部门与非政府组织共同组成的保护组织，更是充分整合各方面资源、向全社会推广自然保护观念的典型合作方式。18 世纪的风景诗、风景画，开启了民众对自然景观的向往与热爱，发展至今，最初的景观游憩意识，已经融入了更多的生物多样性保护、可持续发展的概念，英国民众拥有的保护知识与意识，使得政府和非政府组织易

---

1 CROFTS R，DUDLEY N，MAHON C，et al. Putting Nature on the Map：A Report and Recommendations on the Use of te IUCN System of Protected Area Categorisation in the UK[R]. United Kindom：IUCN National Committee UK，2014：5–6.

于开展各类保护工作。而许多保护区土地为私人所有，保护机构与私人地主签订各种保护条款，也让更多的普通民众参与到具体的保护工作中。高度发达的经济文化和长期的殖民统治历史背景等原因，英国还积极参加国际合作，与非洲的尼日利亚、肯尼亚、津巴布韦，亚洲的菲律宾、柬埔寨等国家和地区开展共同研究，帮助这些地方建立自己的保护地，在国际上具有一定的影响力。英国的保护地类别多、面积广、内容丰富，由政府部门、非政府组织、普通民众共同参与的保护地工作涉及面也非常广，由此构建起来的英国的保护地体系，体系庞大而内容充实。

但由于成员国之间自然地理、经济文化、历史背景方面的原因，整体上发达的英国保护地体系，在各成员国之间还是存在发展不均衡。在保护机构的设置、非政府组织与民众参与保护的广度和深度上，成员国之间也存在差异，英格兰、苏格兰政府保护力度较北爱尔兰更大，保护机构设置更为细致。在保护区信息的沟通与交流上，也是英格兰、苏格兰更为细致和畅通。

7.6.3　生物多样性与景观保护并重

20 世纪 60 年代兴起环境保护运动之后，全球对日趋恶劣的自然环境关注增多，陆续通过了拉姆萨湿地公约（Ramsar Convention，1976）、伯尔尼公约（Bern Convention，1979）、欧盟鸟类条例（EU Bird Directive，1979&1984）、欧盟栖息地条例（EU Habitats Directive，1992）等针对生物多样性和生态系统保护的公约，英国政府也通过整合现有法律或制定新的法律等手段，颁布了《野生动物和乡村法 1981》《保护法 1994》等多部法律，在已有的 SSSI、NNR、RIGS 等针对生物多样性和生态系统保护的保护地类别外，又引入了 SAC、SCI、SPA 等类别。同时根据相关法律，英国政府制定了《生物多样性保护计划》（UK Biodiversity Action Plan，UKBAP）、《栖息地保护计划》(Habitat Action Plan，HAP)，地方政府也制定了《地方生物多样性保护计划》(Local Biodiversity Action Plan）等各个层面的计划。相关的法律、国际国内各层面的保护类别以及各类专项的行动计划，使得英国的生物多样性保护既有坚实的法律基础、又有切实可行的章程计划，生物多样性保护全面而系统地进行。

在英国保护地类别中，国际层面和欧洲层面的保护地都是以生物多样性、生态系统保护为目标，在英国国家层面和成员国层面的保护地类别中，以景观保护和游憩为目的保护地类别有 10 种。由于国际与欧洲层面的保护地，都是通过提高 SSSI 保护级别形成，此处将这些保护地类别统一视为 SSSI，那么以景观保护和游憩为目的的保护地类别则占到成员国以上级别保护地类别的 42%。在类别设置上，景观保护与生物多样性保护具有相近的地位。

在政府的可持续发展战略中，景观保护也是环境保护和提高生活质量的重要组成。虽然没有与生物多样性保护一样有专项的行动计划，但在各种涉及土地使用规划的法律中，也都承认景观保护的意义[1]。AONB、NSA、NP 等代表了国家最美自然风景的保护地，其中的景观保护成为保护地最主要的管理目标。在更广大的乡村地区，最主要的管理部门林业部和 Defra 都将景观保护越来越多地整合到本部门的森林管理计划和农业—环境政策中。虽然在一些规划文件政策中对景观的描述，多倾向于“自然景观”“视觉美景”等表述，但是与只注重保护重要景观、忽略日常景观的常见做法不同，英国的景观保护与生物多样性保护一样，也是全面系统地进行。英格兰、苏格兰、北爱尔兰以及威尔士的政府各自开展了“景观评估”，对乡村地区的景观特征进行评估，以确定各地方的景观特征，并由此推进地方政府进行地方景观评估。此后对景观特征的评估更进一步演化成对乡村特征的评估，将景观融入广阔的乡村中，景观特征成为乡村特征的重要组成部分，并成为进行各种土地规划的基础信息。在《欧洲景观公约》颁布后，景观的概念从乡村地区延伸到城市和半乡村地区，由欧盟资助的欧洲国家之间的合作也在展开。

生物多样性保护与景观保护并重，成为英国保护区体系的又一特点。

7.6.4 不断调整完善

英国的保护地体系一直在不断调整，以适应新的要求、新的变化，主要体现在部门调整、类别调整、法律调整 3 个方面：

（1）调整相关管理部门

为了适应国内保护地的发展，将保护工作与地方发展、国际动态相结合，英国政府通过不断地对主要负责部门进行机构调整，以保证管理机构与保护地实际情况之间良好的对应关系。以英格兰负责保护地工作最主要的政府部门 Defra 为例[2]，图 7–3 是 Defra 的工作框架。其中 EN、CA、JNCC 等都曾属于土地和乡村事务司，而非环境保护部，这是 20 世纪 90 年代政府将景观保护与自然保护的部门合并后的结果。其原因在于保护区主要都在乡村地区，与乡村事务密切相关，将其安排在同一个部门下，更方便各机构之间的沟通协调。从 Defra 的部门调整中，可以看出其保护机构调整之频繁，力度之大。

1 Defra. Regulatory Impact Assessment, Council of Europe European Landscape Convention.2006: 2.

2 Defra. Landscape Review.2002.

非部委部门 Non-ministerial department	林业委员会 Forestry Commission 林业研究部 Forest Research 英格兰林业部 Forestry England	水务管理局 The Water Services Regulation Authority	
执行机构 Executive agency	动植物卫生局 Animal and Plant Health Agency	环境、渔业和水产养殖科学中心 Center for Environment, Fisheries and Aquaculture Science 兽药局 Veterinary Medicines Directorate	农村支付机构 Rural Payment Agency 农业申诉小组 Agricultural Appeals Panel
非部门决策公共机构 Executive non-departmental public body	农业和园艺发展委员会 Agriculture and Horticulture Development Board 环境局 Environment Agency 英格兰自然署 Natural England	水消费者委员会 Consumer Council of Water 自然保护联合委员会 Joint Nature Conservation Committee 海鱼行业管理局 Sea Fish Industry Authority	海洋管理组织 Marine Management Organisation 国家森林公司 National Forest Company
咨询性非部门公共机构 Advisory non-departmental public body	排放问题咨询委员会 Advisory Committee on Releases to the Environment 兽医产品委员会 Veterinary Products Committee	独立农业上诉小组 Independent Agricultural Appeals Panel	科学顾问委员会 Science Advisory Council
裁判所 Tribunal	植物品种和种子审裁处 Plant Varieties and Seeds Tribunal		
其他 Other	广泛管理局 Broads Authority 饮用水检测所 Drinking Water Inspectorate 新森林国家公园管理局 New Forest National Park Authority 峰区国家公园管理局 Peak District National Park Authority 约克郡河谷国家公园管理局 Yorkshire Dales National Park Authority	考文特花园市场管理局 Convent Garden Market Authority 艾克斯穆尔国家公园管理局 Exmoor National Park Authority 纽约摩尔国家公园管理局 New York Moors National Park Authority 南唐斯国家公园管理局 South Downs National Park Authority	达特穆尔国家公园观距离 Dartmoor National Park Authority 湖区国家公园管理局 Lake District National Park Authority 诺森伯兰国家公园管理局 Northumberland National Park Authority 英国协调机构 UK Co-ordinating Body

图 7-3 Defra 组织框架图

来源：根据 GOV.UK. Departments, agencies and public bodies[EB/OL].[2020-12-22]. https://www.gov.uk/government/organisations#department-for-environment-food-rural-affairs 整理绘制。

Defra 部门调整关系表（1992—2020）[1] 表 7-7

年份	审查过的部门（Reviewed）	新建部门（Created）	取消的部门（Abolished）	上级主管部门（Change of Sponsorship）
2019		林业委员会（FC） 林业研究部（Forestry Reasearch） 英格兰林业委员会（Forestry England） 苏格兰林业委员会（Forestry Commission Scotland）	（原）林业委员会（FC）	环境、食品与乡村事务部（Defra）
2014		动植物卫生局（Animal & Plant Health Agency）	野生动物健康与福利局 前动物卫生和兽医实验室局（AHVLA） 食品和环境研究局（FERA）	环境、食品与乡村事务部（Defra）
2007		英格兰自然署（NE）	乡村事务局（CA） 英国自然保护署（EN）	环境、食品与乡村事务部（Defra）
2002	环境处（EA）			
2001		乡村发展服务处（Rural Development Service，RDS）	仲裁委员会（Intervention Boards）/ 地区服务中心（Regional Service Centre）/ FRCA	乡村事务局（CA）英国自然保护组织（EN）/ 环境处（Environment Agency，EA）
1999		乡村事务局（CA）	乡村委员会（Countryside Commission） 乡村发展委员会（Countryside Development Commission）	
1996	英国自然保护署（English Nature）			

表 7–7 是 1992 年到 2020 年之间 Defra 内部与保护地相关的一些机构的变化。一般通过对现有部门的评估，决定是否有必要合并旧的部门、建立新的部门，或是取消现有的某个部门。可以看出，与保护相关的几个主要部门，如 CA、EN、EA 等，都是在 1994 年新的保护体系推出后建立的。而且其部门关系还在一直调整中，2006 年，CA、EN 还是独立存在的部门，而到 2007 年 5 月份，其中

1 Defra 每 5 年进行一次部门总结 Landscape Review，笔者根据资料整理。

负责自然保护的机构合并组成了“英格兰自然署（Natural England）”。近年来，EA 成为 Defra 下的行政非部门公共机构[1]，Defra 的组织结构发生一系列变动：

1）执行机构（Executive agency）：动植物卫生局（Animal and Plant Health Agency），环境、渔业和水产养殖科学中心（Centre for Environment，Fisheries and Aquaculture Science），乡村支付局（Rural Payment Agency）、兽药局（Veterinary Medicines Directorate）。

2）非部委部门（Non–ministerial department）：林业委员会（Forestry Commission）、水务管理局（The Water Services Regulation Authority）。

3）行政非部门公共机构（Executive non–department public body，NDPB）：农业与园艺发展委员会（Agriculture and Horticulture Development Board）、皇家植物园邱园董事会（Board of Trustees of the Royal Botanic Gardens Kew）、水消费者委员会（Consumer Council for Water）、环境局（Environment Agency）、自然保护联合委员会（Joint Nature Conservation Committee）、海洋管理组织（Marine Management Organisation）、国家森林公司（National Forest Company）、英格兰自然署（Natural England）、海鱼行业管理局（Sea Fish Industry Authority）。

其他相关部门也有变动，如原粮食渔业局解散，其粮食事务部分并入 Defra，渔业事务部分现名为环境渔业和水产养殖科学中心（Centre for Environment Fisheries and Aquaculture Science），成为 Defra 下的执行机构[2]；荒野生动物健康与福利局也变为 Defra 执行机构动植物卫生局（Animal & Plant Health Agency）[3]，于 2014 年 10 月 1 日成立，将前动物卫生和兽医实验室局（AHVLA）与食品和环境研究局（FERA）负责植物和蜜蜂健康的部分合并，成为负责动物、植物和蜜蜂健康的单一机构[4]。

（2）调整或引入新类别

新的保护地类别出现可能有多种原因，参与不同的国际和地方公约是原因之一。如在 1972 年 Ramsar 湿地公约后建立的“Ramsar 湿地保护区”，1979 年《EC 野生鸟类条令》颁布后出现的 SPA 保护地，2010 年设立的海洋保护地（MPA）等，都属于此类保护地。

还有一种原因使得英国保护地体系中类别不断地增加，即建立地方保护地。这些统称为“地方保护区（Local Sites）”。根据相关文件规定，各地方政府可以根据地方需要来确定是否采用新的保护地类别名称，新出现的类别继续归属为地方保护地体系，与其他的地方类别有同样的地位。苏

---

1 GOV.UK，Environment Agency. What the Environment Agency does[EB/OL].[2020–12–22]. https://www.gov.uk/government/organisations/environment–agency.

2 GOV.UK. Center for Environment Fisheries and Aquacluture Science[EB/OL].[2020–12–22]. https://www.gov.uk/government/organisations/centre–for–environment–fisheries–and–aquaculture–science.

3 GOV.UK. Animal and Plant Health Agency[EB/OL].[2020–12–22]. https://www.gov.uk/government/organisations/animal–and–plant–health–agency.

4 GOV.UK，Animal and Plant Health Agency. About us[EB/OL].[2020–12–22]. https://www.gov.uk/government/organisations/animal–and–plant–health–agency/about.

格兰的地方保护体系也有类似的情况。这也是英国不断出现新的保护地类型的主要原因。

此外如前文所述，在层级保护地类别体系中，除整体提高某保护地的保护级别同时转换保护地类别以外，地方政府也可以通过与相关国家咨询机构协调，在国家级保护地内，设立地方保护地以局部提高其中某些区域或物种的保护力度，从而实现在一定空间内的多种保护地类别共存，实现地方级保护地、国家级、国际级保护地之间的转换。英格兰政府在 2019 年的景观保护回顾中谈到希望在未来能够进一步整合区域内的 AONB 与国家公园，使它们从 44 个独立的网络走向协同工作[1]。

（3）修订或制定新的法律和政策

由于广泛地参加国际和地区事务，英国签订了许多的国际和地区公约，无论这些公约对保护地划定和管理的要求与本国的相关法律相容或有冲突，英国政府都会根据国际和地区公约的要求调整或制定新的法案，以适应国家和地区对保护地的工作要求，使本国的保护地工作始终紧跟国际动态。此外，针对不断变化、扩大的保护内容，英国也及时地修订或制定新的法律。

7.7 经验与教训

7.7.1 重视乡村景观[2]保护

英国乡村景观大多经过工业革命后的浪漫主义运动（Romantic Movement）成型[3]。在 19 世纪风景绘画盛行的时代，大量绘画作品都反映了英国乡村如画的景观风貌；许多诗人、作家都在自己的作品中表达了对乡村景观的热爱，1810 年著名诗人华兹华斯就曾在诗作中提出湖区（Lake District）是"国家的宝贵财产"[4]。如今乡间起伏的草场牧场，蜿蜒的篱笆和矮树丛，大大小小的池塘和湖沼，都被视为典型的英国乡村景观。同欧洲其他地区一样，英国的乡村景观极具文化多样性，这主要是长期以来传统土地使用类型的多样性决定的：苏格兰、威尔士乡间长期主要是低密度的土地使用系统，而在英格兰东南部则土地使用密度非常高。各地区的土地使用方式强化了地区物种和栖息地，其中反映出的农业生物多样性，也造就了地区文化多样性。

在英国乡村事务局（EA）2003 年的调查报告显示，91% 的英国人希望乡村保持今天的样子[5]，

1 Defra. Landscapes Review[R/OL].（2019-09）[2020-12-22]. https://assets.publishing.service.gov.uk/government/uploads/system/uploads/attachment_data/file/833726/landscapes-review-final-report.pdf.

2 乡村景观泛指城市以外地区的景观，其中包括发展中的边远地区和小城镇。主要为农业为主的生产景观和粗放的土地利用景观，以及乡村特有的田园文化特征和田园生活方式。

3 REYNOLDS B. Rural landscape and national identity in popular culture[Z/OL].[2020-12-22]. http://www.powell-pressburger.org/Reviews/44_ACT/ACT-DiscoursesEssay.html.

4 PHILLIPS A. The History of the International System of Protected Area Management Categories[J]. Parks, 2004, 14（3）: 6.

5 SWANWICK C，高枫. 英国景观特征评估[J]. 世界建筑，2006（7）：23-27.

城市景观在不断变化，英国民众相信在永不改变的田野和湖沼中，才能找到这个国家不变的民族特性，由此乡村景观与英国国民性之间也被认为存在必然联系[1]。

乡村景观特征评估体系

从 20 世纪 70 年代英格兰地方政府重组时期，英格兰开始着手进行景观评价（Landscape Evaluation）。经过 80 年代的发展，到 1993 年，景观特征成为景观评估的核心概念（表 7–8）。1996 年，乡村委员会（乡村事务局的前身）开始了创造性的乡村特征项目（Countryside Character Program），用“乡村特征”代替了“景观特征”，以避免长期以来人们对“景观”一词中文化含义和感知特性存在的争论。乡村特征成为英格兰特征评估中的概括性术语，其中包含了景观特征评估，同时乡村事务局与其他有兴趣的团体和部门，共同建立了乡村特征网络（Countryside Character Network，CCN），景观特征网络（Landscape Character Network，LCN）是其中的主要部分。

景观特征评估发展过程　　**表 7-8**

时期	20 世纪 70 年代初期	20 世纪 80 年代中期	20 世纪 90 年代中期
内容	景观评价（Landscape Evaluation）	景观评估（Landscape Assessment）	景观特征评估（Landscape Character Assessment，LCA）
	以景观价值为中心； 视为客观过程； 以比较不同景观为目的； 用统计、数学方法量化评价结果	以景观价值为中心； 认为主观与客观性并存； 强调景观类别、等级和发展演变的差别； 科学统计与人类感受结合	以景观特征为中心 分为特征描述与判断两大过程； 注重不同尺度的使用潜力； 强调相关所有参与者的重要

景观特征评估的重点是分离出两个相对独立的价值过程：特征描述（Character Description）和做出判断（Landscape Measurement）。特征描述指鉴别出不同特征的场地，对其分类、绘制并描述其特征；作出判断是以特征描述为基础，鉴别出景观特征类型或景观特征区域[2]。

由前英国遗产署（EH）支持，乡村事务局（CA）和英国自然保护署（EN）（英格兰自然署的两大前身）在 1996 年完成了《英格兰乡村特征评估》，根据环境因素、文化因素将英格兰和威尔士细分为 159 个特征区，并描述了每一区的特征、决定其特征的影响力以及可能使之改变的压力。特征区边界基本与县域（county）一致。之后英国许多的郡、独立的机构和地方政府也对本地区进行了更详细的评估，描绘出该区域内景观特征细节的变化。苏格兰前苏格兰遗产组织（SNH）花了 5

1　REYNOLDS B. Rural landscape and national identity in popular culture[Z/OL].[2020–12–22]. http://www.powell–pressburger.org/Reviews/44_ACT/ACT–DiscoursesEssay.html.

2　SWANWICK C，高枫．英国景观特征评估[J]．世界建筑，2006（7）：23–27.

年的时间、在2001年完成了针对苏格兰29个独立区域的评估研究。

乡村特征评估的意义

英格兰和苏格兰的乡村特征评估是在国家和地方层面上相当完善的景观特征和其形成因素的信息数据库，已经被政府确定作为规划和管理各尺度乡村和其他环境资源的重要工具。这一经验也在国际上得到了认可，法国等欧洲其他国家都着手进行类似的评估工作。乡村特征评估在理论和实践上的重要性主要体现在：

（1）不断深化对景观的认识

20世纪70年代英格兰最早进行的景观评价，是为了确定景观的质量或价值，对景观的认识停留在视觉现象。进行景观评价是为不同的景观之间的比较提供依据，以用于制定规划和保护政策。在20世纪70年代末期，公众对于农业对景观造成破坏这一问题的关注不断上升，这一关注直接导致了《WCA，1981》的出台，以及对景观评价方法的反思。到了20世纪80年代，景观仍被视为自然资源，但人们开始意识到其中包含的历史信息，乡村委员会为了进行景观评估，开始与生态保护部门合作，于是出现了新的景观评估方法。到了20世纪90年代政府重组，负责景观保护与自然保护的部门合并，并开始进行景观特征评估。在2002年乡村事务局的《景观特征评估导则（LCA Guidance）》中，明确地提出了“景观是人地关系的表现”这一理论，并认为不仅被认定的景观需要保护，整个乡村地区都属于景观范畴，需要进行整体性的保护。

由于文化与自然环境的差异，虽然各国都意识到景观保护的重要性，但千百年来在实际操作中也存在很大差异，理论上的模糊使得实践中获得的经验难以交流共享。与生物多样性保护的发展历程类似，许多国家景观保护也是开始于“孤岛”状态的保护：具有独特的、稀有的景观被重点保护起来，生活环境中常见的景观被忽视，进而被过度开发遭到破坏。英国乡村特征评估方式的演化，景观保护从点状逐步发展到面状、网络化，关注的要点从景观的视觉价值、游憩价值发展到景观自身的特点，不再急于判断其对人类的使用价值，转为先明确其各自的特点，以免盲目判断而破坏其潜力。同时通过法律法规将对景观的理解用法律的形式规范下来，为各级机构和组织提供统一的法律知识背景：这些都是景观保护在理论与实践上的重要进展。

（2）国家引导地方保护工作的典范。

类似乡村特征评估这样的工作，由国家统一完成，为较低层面的细节评估提供了必要的框架，带动了地方政府对本地区进行更进一步的评估，国家的工作是地方工作的基础和指导。这样，各地方在制定发展规划或其他决策时，将更有针对性和可行性。由乡村特征评估的成功，也可以继续推导出其他需要在国家层面上完成的工作，更有利于推进保护工作。

当前英国对乡村特征评估的应用主要集中在探索将景观特征区域与生物多样性区域相结合。

7.7.2 重视文化景观保护

英国的自然资源特点和传统文化影响，使得英国的保护地，不论是生物多样性保护还是景观多样性保护为主，其中都少不了人类的活动，保护地成为探索人与自然和谐相处、实现资源可持续利用的典范。因此，重视文化景观保护成为英国保护地体系的突出特点之一。

1992年ICOMOS将文化景观列入世界遗产名录并提出3种文化景观分类方式，自此之后文化景观在全球受到了越来越多的认可。随着“保护地不可能像孤岛一样存在、必须融入更大范围中”的观念得到普遍认可，1994年IUCN分类中第V类“陆地和海洋景观保护区”，正是为了保护这类活着的景观而设立的类别，反映出对人与自然关系的新的认识[1]。根据ICOMOS 2020年的数据显示，英国目前有5处文化景观列入《世界遗产名录》，分别是2000年入选的卡莱纳冯工业区景观（Blaenavon Industry Landscape），2003年入选的丘园皇家植物园（Royal Botanic Garndens，Kew），2005年入选的基尔达岛（St.Kilda）和2006年入选的康沃尔和西德文矿区景观（Cornwall and West Devon Mining Landscape），2017年入选的英国湖区景观（The English Lake）[2]。

在英国，“文化景观”一词常表示乡村建筑、遗址等特定景观类型，其最主要的保护机构为“英国遗产组织（English Heritage）”。但是就英国资源特点而言，很显然值得保护的不仅是构筑物本身，遗产单体保护也无法体现其所有价值。因此也有学者认为，“文化景观”的概念在像英国这种所有景观都受到人类影响的国家，是没有意义的。尽管对文化景观的定义、概念和保护方法仍存在争议，但欧洲已普遍意识到，文化景观是持续发展的结果，对其管理不能采取某个凝固状态的方法，演进和变化是文化景观的基本特征[3]。从“人类文化对景观的冲击”这一文化景观最初的含义来看，英国在乡村景观保护方面的努力，也可以视为是其保护本国文化景观的一项重要举措。

文化景观保护主要途径

（1）扩大对景观的认识

由欧洲47个国家签署、于2004年生效的《欧洲景观公约》，是目前唯一一个针对景观的公约，它是对长期以来景观保护理论的总结和突破，其中以欧洲的文化背景对景观做出新的定义：景观是人们公认的某个区域，其特征是人和自然互相作用的结果。这个定义反映了景观在自然力和人类的共同作用下会随着时间演变，同时也说明了景观是自然和文化共同作用的结果，两者不可分割。公约中还提到：“……并非具有特殊价值、突出视觉美感的景观才值得保护，景观像水、空气这些其

1 PHILLIPS A. Management Guidelines for IUCN Category V Protected Areas Protected Landcapes/Seascapes[J]. Best Practice Protected Area Guidelines Series No.9. Gland, Switzerland: IUCN, 2002: 1. http://www.iucn.org/bookstore/HTML-books/BP9-management_guidelines/2.%20Background.html.

2 UNECO. Cultural Landscape[DB/OL].[2020-12-22].https://whc.unesco.org/en/culturallandscape/.

3 麦琪·罗，韩锋，徐青.《欧洲风景公约》：关于“文化景观”的一场思想革命[J]. 中国园林，2007（11）:10-15.

他必需的环境资源一样，不论是否被污染、被破坏，都应该得到保护”[1]。

《欧洲景观公约》通过关注视角的变化，将更大范围的景观纳入人们的视野、对它们投入更多的关注，有利于系统性的景观保护，也将景观保护与生物多样性保护结合起来，成为综合整体的环境保护。

（2）保护传统土地利用方式

欧洲乡村极具文化多样性，这是长期以来的土地使用类型的多样性决定的。对于英国来说，这里的景观中，人类的行为特别是传统的农业耕作模式，对景观的塑造，比地形、地质的作用更为明显[2]。有研究显示，如果没有农业耕作，现有的农田荒废后，土地自我修复会形成完全另外的一种景观[3]。同样，在欧洲，各国政府长期以来也都认可，可持续的农业是资源管理、经济发展、社会福利、环境保护等各项目标之间互相依靠的联系方式，也是实现这些目标最现实的方法。因此保护并发展传统的农业土地利用方式，是实现文化景观保护最重要的途径。政府通过政策将农业生产与环境保护结合起来，使农场主可以继续长期以来的生产，同时在农场的管理政策中体现对环境的考虑。在英国，文化景观的保护与乡村景观保护已经成为不可分割的议题，中央政府与地方政府通过各种综合性的规划、项目，加强对两者的保护。

在政府工作层面，从 1987 年欧盟资助英国开展了《农业环境计划》（Agricultural Environment Scheme），目的是政府资助农场改善环境质量，并对由此引发的收入减少进行一定补偿。Defra 也针对乡村开展了许多项目，其中《乡村工作计划》（The Countryside Stewardship Scheme，现归入《环境计划 Environmental Stewardship》）是比较突出的一个计划。通过《乡村工作计划》，许多农场主和政府签订了 10 年的土地管理协议，他们有义务通过一系列的措施保护和强化乡村景观，同时按照这个协议，签约的农场主可以申请到“乡村农业和环境管理员证书”，并获得政府资助。

在私人团体工作层面，和农业有关的许多工作是由国家信托和苏格兰信托领导完成的。国家信托拥有除苏格兰以外英国许多地区的农场和庄园，并致力于开展绿色农业。国家信托建立的农场系统（farm system），对乡村建筑和环境的改造以及农场产品经营种类进行严格的限制，鼓励发展、复兴边远地区低密度的农场，并联系两千多农户，建立了广泛的家庭旅馆网络。国家信托的措施，不仅保护、展示了英国的历史文化价值，为乡村居民带来新的经济收入，而且创造了大量的就业机会，在农业受全球化影响规模迅速萎缩的同时，使乡村能够继续保留传统的土地使用方式、从而保留和改进了传统的生活方式，对于乡村文化多样性的保护起到了极大的推动。

---

1 Council of Europe. Text of the European Landscape Convention and its explanatory report in English. 2001. https://rm.coe.int/09000016804e6c4e.

2 Graham Fairclough. Cultural landscape :view from Europe. English Heritages Conservation Bulletin, March 2002

3 Sir Martin Holdgate.Choices for the Cumbrian Uplands.2006.http://www.theuplandcentre.org.uk/Reference/2020vision/Abstracts/Abstract%20bookkeynote.doc.

英国文化景观保护的启示

文化景观作为人类与自然环境相互作用的产物，其产生与发展，始终受到自然、经济、社会、文化的影响。英国的特点决定了这里的自然景观特别是农业景观，大多是融合了多个因素的文化景观。文化景观的确可以分为“硬质”和“软质”，但两者势必缺一不可，缺少了自然环境、建筑、遗址这些“硬质”部分，文化失去了产生的根源，也没有发展的动力；而没有了语言、艺术、风俗传统等“软质”部分，即使自然环境仍然存在，但是人们对场所的认同感、认知感也将消失，因为他们没有了共同的知识基础，自然风景仍然存在，但已不是从前大家所熟知的、那个亲切的地方。每个因素有自己的发展方式和限度，彼此支持、互相促进。因此就需要针对同一块土地上存在的各类因素进行综合保护、共同发展的模式。

7.7.3 推进建立地方保护地体系

除前文叙述的国家层面保护区体系外，英国政府一直积极推进地方保护体系的建立，特别是在苏格兰，一直有着地方发起建立保护地的传统，这些保护地被称为“地方自然保护体系（Local Nature Conservation Site System，LNCS）”[1]。

地方保护地建立程序

英格兰和苏格兰政府都针对建立地方保护地制定了导则，分别是英格兰的 Defra 制定的《地方保护地划定、选择和管理导则》（Local sites：guidance on their identification，selection management）[2] 和苏格兰的 SNH（自然苏格兰 Nature Scot 前身）制定的《苏格兰地方自然保护地体系建立和管理导则》（Guidance on Establishing and Managing Local Nature Conservation Sites System in Scotland）[3]。两份文件中提到的对地方保护地的建立和管理，都是通过“合作团队”（Partnership）实现的。

（1）合作团队人员组成

在合作组织中，地方政府负责提案和审查，是合作团队的领导，但导则中也有规定，必须要有利益相关者和专家组成团队后政府才可以展开工作。合作团队一般由下列人员组成，Defra 的导则分类较为简单，但同时归纳了此类人员在团队中的作用，因此将 Nature Scot 列出的人员组成与之相对

1 NatureScot. Local Nature Conservation Sites[DB/OL]. (2017-08-26) [2020-12-20]. https://www.nature.scot/professional-advice/protected-areas-and-species/protected-areas/local-designations/local-nature-conservation-sites.

2 GOV.UK. Local nature reserves: setting up and management[EB/OL]. (2014-10-02) [2020-12-20]. https://www.gov.uk/guidance/create-and-manage-local-nature-reserves.

3 NatureScot. Guidance on Establishing and Managing Local Nature Conservation Site Systems in Scotland[EB/OL]. (2006-03) [2020-12-20]. https://www.nature.scot/guidance-establishing-and-managing-local-nature-conservation-site-systems-scotland.

照，更便于理解团队整体人员构成及责任（表 7-9）。

地方保护地导则比较表 表 7-9

Defra 导则	SNH 导则	作用
地方政府	地方政府	领导作用
志愿者和社区部门	地方志愿者	关键作用
	社区	
	规划单位	
	地方土地科学家	
法定的保护机构和团体	法定保护机构的代表	直接责任相关
土地所有者和利益相关者	土地所有者和管理者	对保护区的成功有很大作用
	企业	
	农民和佃户	
	森林的管理单位	
	水资源管理单位	
	发展规划	
	产业集团和教育家（针对地质多样性保护区）	

（2）合作团队的职能

从提出建立地方保护地开始，合作团队就同步建立起来。由于各地方特点不一样，Natural Scot 和 Defra 都提出各地方保护地都要有一套清晰的评选标准。因此合作团队要求的责任主要是：拥有必要的技术和知识、建立选择标准、根据标准选择保护地、对入选原因进行备案、允许土地所有者质疑、做出管理导则并鼓励土地所有者制定自己的管理计划、剔除不符合条件的保护地等。

此外，针对保护地的特点，还有一些其他的说明：如果保护地面积很大，合作团队人员组成过于庞大时，可以再从中推选出核心团队负责整体领导；同时合作团队有责任为保护地募集资金等。

地方保护地体系作用及特点

（1）政府主导，多方实体参与

从上述介绍中可以看出，即使在英国这个私人团体参与保护工作高度发达的国家，政府仍然是保护地工作的领导力量，其原因在于任何保护地无论建立在政府土地或是私人土地上，对于所保护的自然区域来说，仍是处在区域乃至全国这个更广阔的环境之中。对于自然而言，整体、全面的保护是更有实质效果的保护方法，而整体运行良好的生态环境对于个别保护地也有益。从可控制的范围上说，政府更具优势。

其次，保护地不可能脱离地方单独发展，政府可以更好地发动人员参与保护区的划定和管理、将保护地纳入地方发展和保护的大框架内，充分发挥保护地在社区游憩、健康、教育等多方面的综合作用，从这一点上看，政府也是保护地必然的领导力量。

（2）与现有国家保护地关系清晰

其他的法律保护地主要有 SSSI，LNR 等，在 Defra 的《导则》中有特别针对其他地方保护地、LNR、SSSI 说明当地方保护地和它们在面积或保护目标上有重叠或冲突时的对策。

特别是对 SSSI，当 SSSI 中某一自然要素的管理目标和地方管理目标不同时，如果地方的管理要求更高，可以针对此 SSSI 向 NE 提出管理建议。导则中类似的说明，可以更好地发挥地方保护力量的主动性。

（3）与相关法律关系清晰

地方保护地涉及的主要的法律包括《规划政策说明》（即前文提到的 PPS），《乡村法》《英格兰生物多样性战略》《欧盟栖息地指导》等，在两份《导则》中，都在前言部分说明了地方保护地与现有涉及保护工作的法律、政策的关系，都明确指出，所有的地方保护地都要满足这些法律、政策的要求。

由于保护地涉及的内容非常复杂，也有不同的法律针对不同的要素，有时会出现政策上的互相矛盾，通过在前言部分清楚地列出相关的法律文件并说明地方保护地和它们的关系，可以减少保护地的划定和管理中潜在的矛盾冲突。

（4）充分面向地方需求

地方保护地的自然景观可能会吸引到周边城市居民或其他地区的旅游者，但是在 SNH 的导则中明确说明，地方保护地可以直接面向城市人群开放，但是它必须要以具体地方的重要性为前提和首要条件。

针对地方的需求规定可以分为：即使是对于正常的人为干扰都很敏感的保护地，也要尽量为当地居民提供接触自然的机会；社区组织和面向社区的团体可以作为“桥梁”，引导社区居民加入保护地的工作；地方政府要将社区的发展计划和保护地联系起来，使居民积极参加保护地工作的同时，有助于社区更新和社区健康计划的实现；保护地管理者要积极和地方教育机构和附近的学校合作，充分体现其教育价值。

上述几点都是针对地方社区的一些规定，从中可以看出，虽然外来游客可以增加保护地的收入，但是地方保护地的根本目的，应该还是在于服务本地居民。

地方保护区体系的意义

如前文所述英国的保护地可以分为有专项法律依据的保护地和其他保护地。有专项法律的保护地由国家统一标准划定，如 SSSI，NNR，AONB 等，它们对于保护具有突出价值自然区域、履行英国对国际公约的承诺、保护生物多样性实现 UKBAP 计划有着重要意义。但是此类型具有国家重要意义的保护地级别高、数量较少，无法覆盖到所有要保护的地方，它们更多的是起到示范的作用。建立系统、全面、有地方针对性的保护地网络，主要还是通过地方保护地体系的建立来实现的。

地方保护地的意义可以归纳为以下几个要点：相对于国家保护区，地方保护内容和范围更加综合，更加符合地方特色、面向地方需求；地方保护地彼此连通或缓冲区连通，可以为野生物种提供必要的廊道，它们对国家保护地起到重要补充的作用；地方保护地对实现生物多样性保护目标有重要的意义；地方保护地对于社区生活和环境的质量有重要作用，并且还能提供游憩和教育的机会。

7.7.4 拓宽保护区资金来源

保护地的资金来源是保护工作顺利进行的基本保证，也一向是保护机构最为头疼的问题之一。英国积极参加国际保护工作，国内也有众多的保护机构，因此英国保护地的资金来源相对比较广泛，资金的针对性也相对较强。

1. 资金来源及类型

虽然许多国际机构、私人团体都可能成为保护地的资金来源，但政府仍是欧洲的保护地的主要经费来源，基本 50% ~ 100% 的费用都是由国家直接提供的，英国的保护地也不例外。这主要是因为私人基金、企业的赞助往往是随机的，保护地管理者无法确切地将未来的工作计划建立在这些资金来源上，因此在保护地的运行资金上，政府仍是最大的来源[1]。在政府直接拨款与设立环境保护项目以外，英国国家彩票（National Lottery Heritage Fund/ The National Lottery Community Fund）是政府以其他形式为保护提供资金的典型[2,3]。国家彩票启动于 1994 年，主要设立的目的是为许多项目提供经费，其中就包括自然保护和景观保护。国家彩票向公众和志愿机构开放，通过对提交项目评审来确定是否提供贷款。为了确保更公平地进行项目评审，国家还成立了彩票发放机构（Lottery Distributing Bodies）来负责这一业务。

除国家设立的机构外，很多私人团体和包括商业机构，也在积极寻求参与保护工作的最佳途径。如苏格兰哈里法克斯（Harlifax，HBOS[4]）银行曾在 2004 年的世界保护论坛上就资金市场如何参与保护工作，提出投资者可以通过直接提供资金、支持相关政策、提供技术支持等三种方式参与保护工

---

1 ODPM. Communites Taking Control：Final Report of the Cross-sector Group Work on Community Ownership and Management Assets. 2005.

2 Own Heritage Fund. Discover our new blog series[DB/OL].[2020-12-20]. https://www.heritagefund.org.uk https://www.tnlcommunityfund.org.uk.

3 Community Fund. Our funding principles[EB/OL].[2020-12-20]. https://www.tnlcommunityfund.org.uk.

4 Harlifax Bank of Scotland（HBOS）前身 Harlifax 银行为英国最大的房屋按揭银行，2001 年与英国历史最悠久的苏格兰银行合并，该银行在欧洲金融机构排行中位居前列。

作[1]。以上可以说是英国商业机构参加保护工作的典型案例。

2. 资金开放程度

表 7–10 列出的是英国目前自然保护的主要的资金来源，其中一些国际机构的资金需要政府申请外，英国国内的资金项目基本都是向个人和团体开放的，只要是符合标准都可以直接向相关的组织申请。以 SSSI 为例，当某地区被 NE 公告为 SSSI 后，NE 会和土地所有者签订协议。NE 进行评估后，如果确认由于附加的一些针对自然保护的管理措施使得土地所有者的收入下降，将对土地所有者按照潜在损失，逐年进行补偿。签订协议后，土地所有者仍可以继续向其他提供资金的机构申请资金。如果土地所有者拒绝签订协议，并且确实做出损害该土地生物多样性的举动，NE 也可以按照土地价值一次性支付，进行强制收购。在前文提到的地方保护区体系建立的机制中，合作团体的职能之一就是为该保护地寻求资金，其中很多都是向政府的各类项目进行申请。

近期针对保护地的项目[2]　**表 7-10**

资金来源	机构名称	主要项目	资助内容 / 申请对象	方式
国际	IFC 国际金融机构	—	生物多样性保护	贷款 投资
	OECD 发展合作组织	—	可持续发展	拨款
	Ramsar 湿地公约组织	湿地保护和利用特别补助金	湿地保护及利用	拨款
	GEF 全球环境 FACILITY	联合国发展计划（UNEP）	发展	拨款
		联合国环境计划（UNDP）	环境保护	
	世界银行	—	发展	贷款
欧盟	欧洲委员会	一般环境资金	环境保护	
	欧洲委员会	第六次系统计划	可持续发展	贷款
英格兰	Defra	环境计划整合《乡村工作计划》《中级工作》《高级工作》《有机进阶计划》	自然保护	拨款
		环境计划资金	志愿者团体	拨款
		土地收购资金	自然保护志愿团体	拨款
		英格兰区域发展计划	区域发展	拨款

1 Kerry ten Kate. How can capital market support conservation? A mainstream investor’s perspective. Bangkok，World Conservation Forum，2004.

2 http://www.chm.org.uk/cats.asp?t=302.

续表

资金来源	机构名称	主要项目	资助内容 / 申请对象	方式
英格兰	RDAs	农业计划	农业	拨款
	RPA	特别目标项目	野生动物和自然景观	拨款
威尔士	NRW	威尔士的农场体系	农场	拨款
		Tir Gofal 生物多样性特许项目	自然环境	拨款
苏格兰	苏格兰政府	特许项目	野生动物和自然景观	拨款
	NatureScot	自然遗产特许项目	野生动物和自然景观	拨款
北爱尔兰	北爱尔兰政府	森林修复项目	森林	拨款
其他团体 / 机构	国家森林组织	遗产基金	自然遗产和文化遗产	拨款
	遗产彩票基金	LTCS	垃圾填埋场	拨款
	EN 基金			拨款

3. 多类型资金来源的意义

IUCN 系列丛书《保护地的财政》（*Financing Protected Area*）中写道，保护地的财政规划（Financial Planning）是确保保护地资金来源和收支平衡的工具。财政规划与财政预算（Financial Budgeting）的区别在于，财政规划不仅要确定各类活动需要多少的资金，还要确定近期、中期和远期的资金的最佳来源。不同的资金来源有着不同的特点，其中政府、国际组织显然比非政府组织的资金来源更为可靠，而非政府组织、慈善团体的资金运作则比政府资金的运作更为灵活。

保护地实现生物多样性的有效保护，依赖于有效的管理和有效的财政资源，但是许多保护地都受到了财政的限制，相对于国防、教育、健康等其他的项目，保护地在获得中央政府资金方面存在更多困难。非政府组织、社区组织等更多组织和机构加入保护地工作的发展中，为不同类型的项目建立稳定的资金来源，是保护地运作的基础，也是重要的发展趋势。由于保护地资金与其他政府项目上有可能出现冲突，英国政府设立国家彩票独立机构的方法，对于保护资金能更合理地发放和运作、实现公平有效的专款专用，也具有一定的借鉴作用。

通过上述对英国保护地体系中突出经验的分析归纳，可以看出英国的保护地体系中，已将国际热点问题融入本国国情，其在土地利用整合、文化景观、乡村景观、建立地方保护体系等方面的经验，最终可以归纳为整体、系统、可持续的保护方式。这种方式不论是在政府主导的大型国家级保护区、还是在社区主导的地方保护区，都有很好的体现。

第8章

澳大利亚国家公园与保护地管理体系

由于特殊的地理位置和历史原因，澳大利亚保护地体系对世界各地保护地建立和管理的影响很大。澳大利亚是最早为保护地立法和最早在国家公园管理中实施社区参与共管模式的国家，本土保护地的建立树立了世界保护地网络体系的范例。同时，澳大利亚积极参与国际与跨国界自然保护活动，作为世界生物多样性最丰富的国家之一，也是《生物多样性公约》签约国，积极参与生物多样性保护实践，对保护本国珍稀濒危动植物、独特自然地貌及动植物栖息地环境及生态系统发挥着极其重要的作用。

8.1 体系发展历史

澳大利亚保护地建设的历史可上溯到 1863 年，塔斯马尼亚州政府颁布《荒野地法》（Wilderness Act），随后又颁布了《皇家土地法》（Royal Land Act），对无人经营的土地实行保护[1]。1866 年，新南威尔士杰罗兰洞穴（Jenolan Caves）宣布作为一个水源保护地；1871 年，西澳柏斯的一个未开垦林地，国王公园（Kings Park）成为保护地。在美国宣布设立黄石国家公园后，国家公园概念传入澳大利亚。1879 年 4 月 26 日，新南威尔士州政府宣布建立澳大利亚第一个国家公园——皇家国家公园，成为当时世界上继美国黄石国家公园之后第二个国家公园[2]。随后，澳大利亚跟随西方建立了大量荒野地模式的国家公园，州与领地也纷纷建立包括国家公园和自然保护区等的保护地，各种类型保护地为澳大利亚丰富的生物多样性提供了保护。1994 年 IUCN 保护地分类调整后，澳大利亚根据本国保护地实际分类情况，与 IUCN 新保护地分类标准建立对应，促进了国际交流与本国保护地管理。同时，社区参与共管保护模式也逐渐颠覆传统荒野地保护模式。澳大利亚开始关注土著人的自身权利，尊重他们的传统文化，并建立一种共同管理的国家公园管理模式，注重保护地的文化景观保护，从而有效解决了保护地内原住民的管理问题，对保护地自身发展起到了巨大的推动作用。

随着国际保护地运动进一步开展，澳大利亚认识到保护地建立和管理同样需要一个网络体系，1996 年开始执行国家保护地体系计划。该计划在自然遗产基金支持下，为满足国家保护澳大利亚生物多样性政策需要，旨在建立一个全面、适宜和具有代表性的陆地保护地体系。国家保护地体系计划的国家目标是通过与各层级政府、行业和社区一起工作，实现建立和管理新的生态重要性保护地，壮大澳大利亚陆地国家保护地体系；通过本土保护地自愿声明，为原住民提供参与国家保护地体系的机会，并且支持更多土著居民参与到法定保护地管理中，鼓励土地所有者（私人土地所有者和租赁土地者），在战略上增强国家保护地体系；大量建立的本土保护地和私人保护地，如果符合 IUCN 分类标准，同样可以申请列入国家保护地体系计划中。国家保护地体系计划经过十几年取得了长足

1 诸葛仁，LACY T D. 澳大利亚自然保护区系统与管理 [J]. 世界环境，2001（02）：P37 ～ 39.

2 Natural Resources Management Ministerial Council, Commonwealth of Australia. Directions for the National Reserve System – A Partnership Approach[R/OL]. 2005:22[2020-12-23]. http://www.environment.gov.au/system/files/pages/35ded9a1-0a17-47fa-a518-05f7bfe045ce/files/directions.pdf.

发展，最终转化为“全面、适宜和有代表性的”（Comprehensive，Adequate and Representative）、被称为“CAR”的保护地系统[1]。

澳大利亚保护地范围包括澳大利亚政府管理的联邦和近海保护区域、6 个州和 2 个自治区（首都区和北领地）管理的保护地。根据澳大利亚联合保护地数据库 CAPAD/WDPA[2]，截至 2018 年 /2020 年 8 月，澳大利亚有 16.09%/8.07% 的陆地保护地，（IUCN 第 I ～ IV 类），超过 2.81%/11.66%（仅包括下 IUCN 第 V ～ VI 类）的其他保护地包括本土保护地（IUCN 第 V ～ VI 类）。目前，澳大利亚的陆地保护地面积占国土面积的 19.74%/19.39%，总数超过 11000 个（CAPAD2018/WDPA2020）[3]。（两个来源的数据不一致，斜杠后的是 WDPA 的统计）

8.2 管理机构

根据澳大利亚联邦宪法，联邦政府对各州 / 领地土地并无直接管辖权，主要负责国家层面的保护地管理，对外代表国家保护地体系，对澳大利亚领海、6 个海外领地以及位于新南威尔士州的杰维斯湾（Jervis Bay）领地拥有直接管辖权，并参与诺福克岛（Norfolk Island）、首领地和北领地某些事务的管理。其他 6 个州和 2 个领地都自行管理土地和有独立保护地管理机构，从而形成 6 个州、2 个自治领地和 1 个联邦体系。同时，除官方管理机构以外，保护地也有其他非政府组织和私人组织等参与管理，并且它们在澳大利亚保护地管理中发挥的作用越来越重要。澳大利亚保护地管理机构组织如图 8-1。

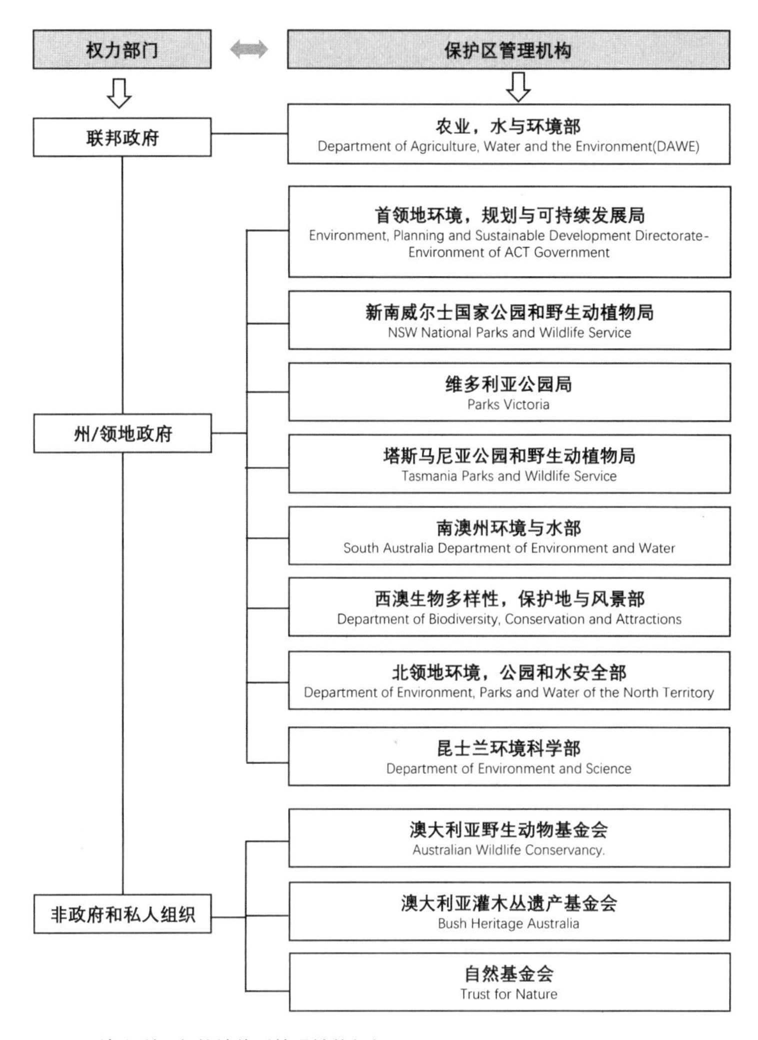

图 8-1 澳大利亚保护地体系管理结构组织图
来源：根据澳大利亚联邦政府与各州 / 领地政府官网资料整理绘制。

1 Department of Agriculture, Water and the Environment of Australian Government. Scientific Framework[EB/OL].[2020-12-23]. http://www.environment.gov.au/land/nrs/science/scientific-framework.

2 澳大利亚保护地信息系统（CAPAD）收集澳大利亚所有陆地和海洋保护地信息，信息来源于相关澳大利亚政府、州和领地政府土地 / 海洋保护和资源管理部门。

3 UNEP-WCMC (2020). Protected Area Country Profile for Australia from the World Database of Protected Areas[DB/OL]. (2020-12). [2020-12-23]. https://www.protectedplanet.net/country/AU#ref1.

8.2.1 联邦政府保护地管理机构

联邦政府保护地管理机构是成立于2020年的澳大利亚农业、水与环境部（Department of Agriculture，Water and the Environment，DAWE），其前身为澳大利亚农业部（Department of Agriculture，DA）和环境能源部（Department of the Environment and Energy，2016—2020，DEE）。DEE成立于2016年7月，负责环境保护、生物多样性保护以及能源政策等事务，根据2019年12月5日发布并于2020年2月1日生效的行政命令，DEE的环境职能与农业部所有职能合并，组成DAWE。DAWE职责是保护和加强澳大利亚农业、水资源、环境和遗产，行政职责顺序依次为：环境保护与生物多样性保护；空气质量；国家能源质量标准；土地污染；气象；澳大利亚南极领地、希德岛和麦当劳群岛领地；自然遗产，建筑遗产和文化遗产；环境信息与研究；协调可持续社区政策；城市环境；联邦环境用水和资源[1]。保护环境与生物多样性是DAWE首要职责。

2000年7月16日开始实施的《环境保护和生物多样性保护法1999》（The Environment Protection and Biodiversity Conservation Act，1999）是澳大利亚政府重要环境立法以及农业、水与环境部（DAWE）管理澳大利亚保护地的主要法律依据。该法案使澳大利亚政府能够与各州和领地共同制定全国环境、遗产以及生物多样性保护计划，澳大利亚政府负责具有国家环境意义的保护事务，各州和领地负责州和地方具有重大意义的事务。《EPBC法案》的目标包括：为环境保护特别是具有国家环境意义的事项服务；保护澳大利亚生物多样性；提供简明的国家环境评估和批准流程；加强重要自然、文化场所保护和管理；管理野生生物、野生生物标本、野生生物制品或衍生品的国际流动；通过自然资源保护和生态可持续利用促进生态可持续发展；认识到原住民在澳大利亚生物多样性保护和生态可持续利用方面的作用；通过参与及合作，促进利用原住民生物多样性知识。《EPBC法案》的修正案于2013年6月22日成为法律。目前，所有EPBC网络相关物质都与具有国家环境意义的新问题有关，具有国家环境重要性（MNES）的9个事项是：世界遗产、国家遗产地、具有国际重要性的湿地（Ramsar Sites）、国家濒危物种和生态群落、迁徙物种、联邦海域、大堡礁海洋公园、核行动（包括铀矿开采）、与煤层气开发和大型煤矿开发有关的水资源[2]。

新成立的农业、水与环境部（DAWE）将澳大利亚保护地管理事务分为以下6个主题（表8-1）[3]：

1 Department of Agriculture，Water and the Environment of Australian Government．About us[EB/OL].[2020-12-23]. http://www.environment.gov.au/about-us.

2 同1.

3 Department of Agriculture，Water and the Environment of Australian Government．Topics[EB/OL].[2020-12-23]. http://www.environment.gov.au/topics.

DAWE 主题及与保护地相关事项　　表 8-1

公园与遗产	环境	农业与土地	生态安全与贸易	科学研究	水
大堡礁	生物多样性	农业、食物与干旱	澳大利亚生态安全	澳大利亚南极分部	煤炭、煤层气（CSG）和水
遗产	化学物管理	水产业	出口	澳大利亚生物资源研究（ABRS）	联邦环境水务办公室（CEWO）
海洋公园	渔业与环境	林业	进口	澳大利亚农业、资源经济与科学局（ABARES）	水政策与资源
国家公园	环境保护与生物多样性独立审查 保护法案	土地	入侵物种	澳大利亚土地合作与管理计划（ACLUMP）	湿地
	海洋物种		害虫、疾病和杂草	澳大利亚森林局	
	臭氧与合成温室气体		大堡礁	国家环境科学计划（NESP） 环境状况（SoE）报告	
	许可证与评估		前往澳大利亚	主管科学家	
	濒危物种与生态社区		贸易和市场进入		
	废弃物与资源回收		野生动物贸易		
与保护地相关事项					
世界遗产地；通过澳大利亚公园局（PA）管理国家公园	国家生物多样性保护战略；国家景观计划；国家保护体系；公园与保护	原住民保护地(Indigenous Protected Areas，IPAs)			通过 CEWO 管理澳大利亚国际重要性湿地（Ramsar Sites）

来源：根据脚注 1 整理。

在农业、水与环境部（DAWE）的下属部门“澳大利亚公园局（Parks Australia，PA）”的支持下，澳大利亚政府国有独资公司——国家公园局（Director of National Parks，DNP）负责管理国家层面保护地，澳大利亚公园局最新行政管理结构如图（图 8–2）。截至 2019 年 6 月 30 日，国

1　Department of Agriculture，Water and the Environment of Australian Government．Topics[EB/OL].[2020–12–23]. http://www.environment.gov.au/topics.

家公园局（DNP）负责 6 个联邦国家公园（Commonwealth National Parks，CNPs）和澳大利亚国家植物园（Australian National Botanic Gardens，ANBG）共 7 个陆地保护地，以及 58 个联邦海洋公园（Commonwealth Marine Parks，CMPs），保护着澳大利亚最迷人的自然区域和原住民遗产[1]。澳大利亚公园局（PA）直接或间接管理这些公园。在国家公园局（DNP）负责的国家公园中，希德岛（Heard Island）和麦当劳岛海洋保护区（McDonald Island Marine Researve）的相关管理权力和职能已由国家公园局（DNP）全部下放给农业、水与环境部（DAWE）澳大利亚南极分部；位于北领地的乌鲁鲁－卡塔丘塔（Uluru–Kata Tjuta）国家公园、卡卡杜（Kakadu）国家公园和杰维斯海湾陆地的布德瑞（Booderee）国家公园的自然环境与传统原住民之间有重要关联，由联邦政府与当地原住民联合管理以保护和增强原住民文化与经济福祉；位于印度洋的椰子岛（Pulu Keeling）国家公园、圣诞岛（Christmas Island）国家公园和南太平洋的诺福克岛（Norfolk Island）国家公园是国家公园局（DNP）

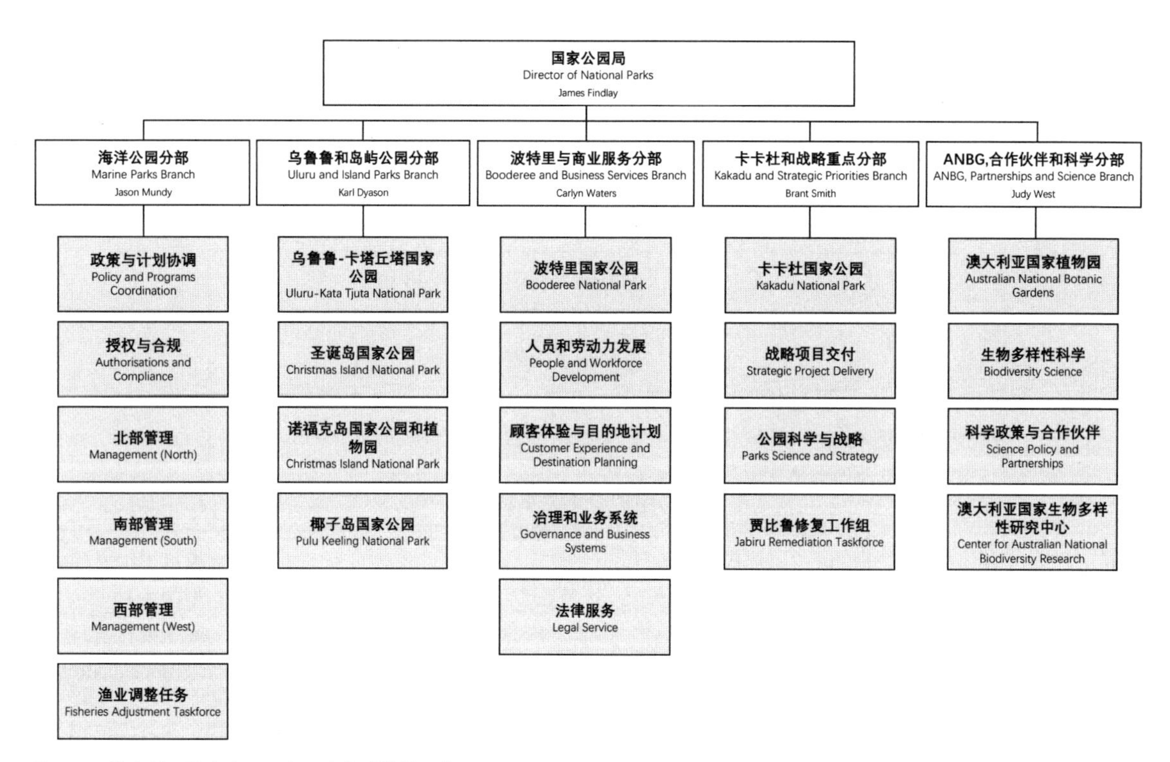

图 8–2 澳大利亚国家公园局（PA）行政结构图[2]
来源：Director of National Parks of Australian Government. Director of National Parks Annual Report 2018–19[R/OL].[2020-12–25]. http://www.environment.gov.au/system/files/resources/0ad1262f–5652–4a98–871b–0bc6605a6dc2/files/dnp–annual-report–2018–19.pdf, 笔者翻译绘制。

1 Department of Agriculture, Water and the Environment of Australian Government. National Parks [EB/OL]. [2020–12–23]. http://www.environment.gov.au/topics/national–parks.

2 Director of National Parks of Australian Government. Director of National Parks Annual Report 2018–19[R/OL].[2020–12–25]. http://www.environment.gov.au/system/files/resources/0ad1262f–5652–4a98–871b–0bc6605a6dc2/files/dnp–annual–report–2018–19.pdf.

努力保护和增强的具有独特自然与文化价值家园。位于堪培拉的国家植物园是澳大利亚最大和最重要的本土植物培养、研究和发展机构，对保护、繁殖稀有和濒危植物中具有重要作用；国家公园局（DNP）还管理着世界上最大的海洋公园网络之一，保护着从热带海洋珊瑚礁到深海峡谷到温带海洋海底山脉的海洋生物多样性。此外，世界著名的大堡礁海洋公园（The Great Barrier Reef Marine Park）由大堡礁海洋公园代理处在独立法案下管理[1,2]。

8.2.2 州、领地政府保护地管理

澳大利亚各州、领地政府都拥有独立立法权，都依据相关法律设立了保护地管理机构，负责管理本州、领地保护地。

1. 首领地（ACT）

首领地环境、规划与可持续发展局（Environment, Planning and Sustainable Development Directorate—Environment of ACT Government，EPSDD）负责制定和实施一系列城市规划与发展、气候变化和环境政策相关计划，组织机构如图 8–3；其下属部门——首领地公园与保护服务部（ACT Parks and Conservation Service，PCS）负责首领地（ACT）大部分公园、保护地、人工林场的规划和管理。根据 2018 年 CAPAD 统计，PCS 现管理着首领地 51 处陆地保护地，包括联邦植物园（Commonwealth Botanic Gardens）1 处、国家公园（NP）1 处、自然保护地（Nature Reserve，NR）48 处，以及荒野区（Wilderness Zone）1 处[3]。

2. 新南威尔士国家公园和野生动植物局（NSW National Parks and Wildlife Service，NPWS）

新南威尔士的保护地由新南威尔士规划、工业和环境部（Department of Planning，Industry and Environment，DPIE）的下属部门——国家公园和野生动植物局（NPWS）保护和管理。NPWS 成立于 1967 年，最开始管理着一个刚起步的国家公园体系；其后，它的责任不断扩大，现在的主要工作内容包括：

（1）管理新南威尔士州国家公园和保护地。指定《管理计划》阐述新南威尔士州国家公园具有的包括生物多样性价值和原住民文化价值，以及如何对其进行管理；《管理计划》与保护地山火管理相结合。

1 Director of National Parks of Australian Government. Director of national Parks Corporate Plan 2020–2021[EB/OL].[2020–12–23]. http://www.environment.gov.au/system/files/resources/b7db855b–a14a–4bb9–8ccd–45901749dd90/files/director–national–parks–corporate–plan–2020–21.pdf.

2 Department of Agriculture, Water and the Environment of Australian Government. The Director of National Parks[EB/OL].[2020–12–23]. http://www.environment.gov.au/topics/national–parks/parks–australia/director–national–parks.

3 Department of Agriculture, Water and the Environment of Australian Government. CAPAD 2018[DB/OL].[2020–12–23]. http://www.environment.gov.au/land/nrs/science/capad/2018.

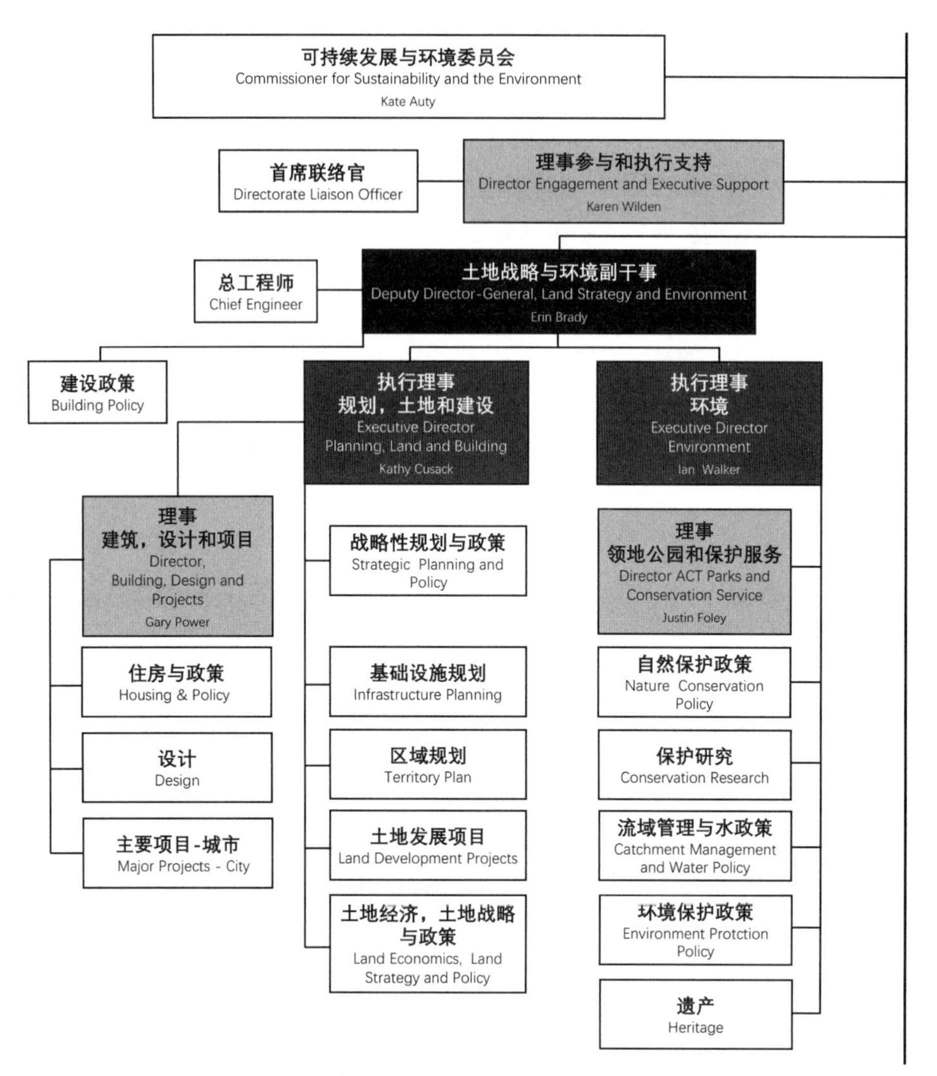

图 8-3 首领地 EPSDD 组织结构图[1]

来源：Environment, Planning and Sustainable Development Director of ACT Government. Annual Report 2018-19[R/OL]. 2019：14[2020-12-23]. https://www.planning.act.gov.au/__data/assets/pdf_file/0016/1430440/2018-19-EPSDD-Annual-Report.pdf, 笔者翻译绘制。

（2）保护与研究。收集和识别濒危物种，聚焦新南威尔士所需的保护工作。管理国家公园与保护地的火灾，包括采取研究、规划、减灾、快速人员响应和社区警报等措施。

（3）教育计划。为学生提供机会探索新南威尔士州国家公园并了解自然、自然保护、原住民文化和历史遗产。这些适用于中小学生的课程相关环境计划，可以通过在线资源提供。

1 Environment，Planning and Sustainable Development Director of ACT Government. Annual Report 2018-19[R/OL]. Canberra，Australian Capital Territory：Environment，Planning and Sustainable Development Director of ACT Government，2019:14[2020-12-23]. https://www.planning.act.gov.au/__data/assets/pdf_file/0016/1430440/2018-19-EPSDD-Annual-Report.pdf.

(4) 提供志愿服务机会。

(5) 可持续旅游业。提供支持当地社区并保护文化和自然遗产的公园游憩体验。导游都要通过澳大利亚生态旅游的ECO认证。

目前，超过940个保护地由国家公园和野生动植物局(NPWS)管理，覆盖国家公园、自然保护地、世界遗产地、雨林、海滩、高山地区、具有重大文化和历史意义景区等各类区域[1]。NPWS管理的保护地类别及数量见表8-2[2]。

新南威尔士(NSW)保护地概况表[3] **表8-2**

类别	简称	数量	占NSW保护地面积(%)	占NSW面积(%)(陆地/水域)
陆地保护地				
原住民地区 Aboriginal Area/ CCA Zone 2	AA/CCAZ2	3	0.01	0.00
社区保护地 CCA Zone 1 National Park	CCAZ1	34	1.77	0.16
社区保护地 CCA Zone 3 State Conservation Area	CCAZ3	23	2.62	0.24
保护区 Conservation Reserve	CR	6	0.23	0.02
植物保护地 Flora Reserve	FLR	73	0.55	0.05
历史遗迹 Historic Site	HS	1	0.01	0.00
原住民保护地 Indigenous Protected Area	IPA	10	0.21	0.02
岩溶保护地 Karst Conservation Reserve	KCR	4	0.07	0.01
国家公园 National Park	NP	205	71.09	6.62
自然保护地 Nature Reserve	NR	426	12.91	1.2
NRS Addition - Gazettal in Progress	NRS	8	1.98	0.18
永久公园保护区 Permanent Park Preserve	PPP	1	0.02	0.00
私人自然保护地 Private Nature Reserve	PNR	7	1.18	0.11
区域公园 Regional Park	REP	20	0.27	0.03

1 NSW Natioanl Parks and Wildlife Service. What we do[EB/OL].[2020-12-23]. https://www.nationalparks.nsw.gov.au/about-npws/what-we-do.

2 NSW Department of Planning ,Industry and Environment. Types of protected areas[EB/OL].[2020-12-23]. https://www.environment.nsw.gov.au/topics/parks-reserves-and-protected-areas/types-of-protected-areas.

3 Department of Agriculture, Water and the Environment of Australian Government[EB/OL].[2020-12-23]. http://www.environment.gov.au/land/nrs/science/capad/2018.

续表

类别	简称	数量	占 NSW 保护地面积（%）	占 NSW 面积（%）（陆地 / 水域）
州保护地 State Conservation Area	SCA	120	7.06	0.66
总计		941	100.00	9.31
海洋保护地				
Aquatic Reserve	AR	12	0.58	0.23
Marine Park	MP	6	99.42	39.40
总计		18	100.00	39.63

注：

1. 新南威尔士还有在上表保护地区域内或部分在其内的植物保护地(FLR)、(NRS)、私人自然保护地(PNR)、州保护地(SCA)共计 10 处。
2. 表中未计入包含 4 处世界遗产清单区域（World heritage-listed areas)、国家遗产清单区域（National heritage-listed areas)、保护自然绿色清单国际联盟区域（International Union for the Conservation of Nature Green List of Protected and Conserved Areas）和拉姆萨湿地（Ramsar wetlands）的国家及国际重要性区域（Nationally and internationally significant areas）类别；野生河流（Wild rivers)、荒野地（Wilderness）在国家公园（NP）和自然保护地（NR）或其他类别中指定和统计[1]。

（来源：根据脚注整理）

国家公园和野生动植物局（NPWS）还与原住民共同管理着 30 多个保护地[2]，土地所有者通过与 NPWS 合作就能保护他们自己的土地。这种管理模式取得了显著成效。

维多利亚公园局（Parks Victoria，PV）

维多利亚公园局（PV）的职责和工作重点包括 3 个部分：

（1）管理和研究。维多利亚公园局（PV）管理着维多利亚州超过 400 万 hm^2 的公共土地和多元化的公园网络。这些公园拥有 4300 多种本地植物物种和 948 种本地动物物种，包括维多利亚州的一部分最大、最不受干扰的生态系统，如阿尔卑斯山、马利河、草地、内陆水域和湿地等景观；涵盖了维多利亚州海洋国家公园和保护地，可以保护各种各样的海洋生物，以及维多利亚文化遗产的大部分。PV 与许多不同机构合作，通过科学研究收集数据、认识自然以及山火对州国家公园和保护地生物多样性的威胁，实施修复山火区的项目[3]。

1 NSW Department of Planning ,Industry and Environment. Types of protected areas[EB/OL].[2020-12-23]. https://www.environment.nsw.gov.au/topics/parks-reserves-and-protected-areas/types-of-protected-areas.

2 同 1.

3 Parks Victoria of Australian Government. Conservation and Science[EB/OL].[2020-12-23]. https://www.parks.vic.gov.au/get-into-nature/conservation-and-science.

（2）发展公园志愿者服务，作为公园战略计划的一部分。发展公园志愿者为保护维多利亚州做出贡献。PV 宣传志愿服务对个人自然知识、技能、健康和社交的益处，并提供数百个激动人心的公园志愿者服务机会和组织各种各样的活动吸引公众，如改善野生动植物的栖息地、学习如何繁殖植物和收集种子、拍摄濒危物种和栖息地照片、给游客提供热门路线和露营地信息、提供口译和导游等[1]。

（3）共同管理。维多利亚公园局（PV）认识到，原住民已经在维多利亚生活了几千年，保留着自己的语言、亲属体系、法律和精神的复杂社会。原住民是维多利亚州的原始居民或第一代人类。土地是原住民存在和身份认同的基础，根据传统法律和习俗，土地，水和自然资源得到可持续管理。PV 制定了共同管理框架，明确承认支传统所有者权力和利益的协议；保护原住民文化遗产，并在公园体系中为游客提供深入领略原住民文化价值和故事的游憩体验；为原住民就业和福利提供支持等[2]。

维多利亚州保护地概况按中部、东部、墨尔本和西部统计见表 8–3。

维多利亚州保护地概况表[3] **表 8-3**

保护地类别	中部 Central	东部 East	墨尔本 Melbourne	西部 West	类别合计
国家公园 National Park	10	17	5	13	45
海洋国家公园 Marine National Parks	2	7	1	3	13
国家遗产公园 National Heritage Parks	1	—	—	—	1
州立公园 State Parks	11	5	2	8	26
区域公园 Regional Parks	11	7	—	3	21
海洋禁捕区 Marine Sanctuaries	—	1	4	6	11
公园 Parks	—	—	19	—	19
水库公园 Reservoir Parks	—	—	8	—	8
其他保护地 Other Protected Areas	10	27	35	10	82
总计	45	64	74	43	226

注:其他保护地包括野生动植物公园（wildness parks）、滨海公园（costal parks）、历史公园（historic parks）等多种类别。
来源：根据脚注整理。

1 Parks Victoria of Australian Government. Volunteering[EB/OL].[2020–12–23]. https://www.parks.vic.gov.au/get–into–nature/volunteering.

2 同 1.

3 Parks it. Parks, Reserves, and Other Protected Areas in Victoria[DB/OL].[2020–12–23]. http://www.parks.it/world/AU/stato.victoria/Eindex.html.

通过有效的环境和游客管理，维多利亚公园局（PV）致力于公园、海湾、水道的自然和遗产价值的保护，以及所有敏感地区的保护。维多利亚公园体系是一个具有自然生态多样性特征的体系，它能提供一个从集中的游憩服务到自助荒野体验的游憩机会。

维多利亚公园局（PV）设法提高居民对维多利亚自然资源的认识，并且鼓励游客小心对待它们。公园局工作人员通过社会招聘，广泛吸收各个方向的技术人才，大约 70% 的工作人员在公园及保护地管理、环境管理和游憩等方面有正式专业资格。这些拥有高技术和丰富经验的团队，包括商务系统的专家、金融管理、规划、市场人员和超过 400 名的公园、海湾和水道巡逻员。

塔斯马尼亚公园和野生动植物局（Tasmania Parks and Wildlife Service，PWS）

塔斯马尼亚公园和野生动植物局（PWS）是澳大利亚塔斯马尼亚州政府发展 和管理公园和保护地、保护自然和文化遗产的部门。塔斯马尼亚公园和野生动植物局（PWS）于 1971 年 11 月 1 日开始运行。该部门在发展过程中，颁布一系列保护法案和协议，包括《原住民遗物法案 1975》（Aboriginal Relics Act，1975）、《联邦历史沉船法案 1982》（Historic Shipwrecks Act，1982）、《 鲸保护法案 1988》（Whale Protection Act，1988）《受威胁物种法案 1995 》（Threatened Species Protection Act，1995）和《区域森林协议 1997》（Regional Forest Agreement，1997）等。《土地分类法案 1998》[RFA（Land Classification）Act，1998] 也是根据《国家公园和野生动植物法案 1970》（National Parks and Wildlife Act，1970）修正形成。这些法案和协议的颁布为塔斯马尼亚保护地后来增加了额外的 396 000 公顷公共土地奠定了基础。

《自然保护法 2002》[Nature Conservation Act 2002（as at 29 January 2014）] 将保护地土地分组为：国家公园（National Park）、州立保护地（State Reserve）、自然保护地（包括海洋保护地）（Nature Reserve）、运动保护地（Game Reserve）、保存地（Conservation Area）、自然游憩地（Nature Recreation Reserve）、区域保护地（Regional Area）、 历史地（Historic Site）、私人法定（Private Sanctuary）和私人自然保护地（Private Nature Reserve），该法宣布每类保护地价值和保护目标。

截至 2018 年，塔斯马尼亚公园和野生动植物局（PWS）管理着 1603 个陆地保护地（terrestrial reserves），面积达到 289 万 ha，占整个州面积的 42% 以上。此外，塔斯马尼亚州还拥有 145 127hm^2 的海洋保护地（Marine Protected Areas，建成 MPAs），包括海洋保护区在内的总保护面积为 303.51 万 hm^2。这些保护地中包含 19 个国家公园（总面积 1 485 661hm^2），65 个州立保护地（总面积 47 105hm^2），83 个自然保护地（总面积 118 478hm^2），12 个运动保护地（总面积 20 416hm^2），424 个保存地（总面积 649 810hm^2），25 个自然游憩地（总面积 67 435hm^2），148 个区域保护地（总面积 454 558hm^2），30 个历史地（总面积 18 723hm^2）[1]（表 8–4）。

1 Tasmania Parks and Wildlife Service. Reserve listing[DB/OL]. [2020-12-24]. https://parks.tas.gov.au/about-us/managing-our-parks-and-reserves/reserve-listing.

塔斯马尼亚保护地概况表[1]　　表 8-4

类别	简称	数量	面积（hm）	占 TAS 保护地面积（%）	占 TAS 面积(%)（陆地 / 水域）
陆地保护地					
保存地 Conservation Area	CA	424	649 810	22.28	9.44
缔约保护地 Conservation Covenant	ACCP	763	99 395	3.43	1.45
保护区 Conservation Reserve	CR	6	415	0.01	0.01
运动保护地 Game Reserve	GR	12	20 416	0.65	0.27
历史地 Historic Site	HS	30	18 723	0.55	0.23
原住民保护地 Indigenous Protected Area	IPA	8	11 167	0.39	0.16
国家公园 National Park	NP	19	1 485 661	51.29	21.72
自然游憩地 Nature Recreation Area	NRA	25	67 435	2.33	0.99
自然保护地 Nature Reserve	NR	83	118 478	0.81	0.34
新增国家保护地系统 - 公报中 NRS Addition - Gazettal in Progress	NRS	5	2 403	0.08	0.04
其他保留地 Other Conservation Area	OCA	1	18 025	0.62	0.26
私人自然保护地 Private Nature Reserve	PNR	15	1 942	0.07	0.03
私人法定地 Private Sanctuary	PS	23	5 103	0.18	0.07
区域保护地 Regional Reserve	RR	148	454 558	15.69	6.65
州立保护地 State Reserve	SR	65	47 105	1.63	0.69
总计		1 603	2 896 817	100.00	42.35
塔斯马尼亚面积（ha）			6 840 139		
海洋保护地					
保存地 Conservation Area	CA	19	4 432	3.05	0.20
运动保护地 Game Reserve	GR	1	1 693	1.17	0.08
海洋保护地 Marine Conservation Area	MCA	14	11 765	8.11	0.53
海洋自然保护地 Marine Nature Reserve	MNR	3	937	0.65	0.04
国家公园 National Park	NP	1	31 283	21.56	1.40
自然保护地 Nature Reserve	NR	3	95 016	65.47	4.25
总计		41	145 127	100.00	6.49
塔斯马尼亚水域面积			2 235 700		

来源：根据脚注 1、2 整理。

1 Tasmania Parks and Wildlife Service. Reserve listing[DB/OL]. [2020-12-24]. https://parks.tas.gov.au/about-us/managing-our-parks-and-reserves/reserve-listing.

2 Department of Agriculture, Water and the Environment of Australian Government. CAPAD 2018[DB/OL]. [2020-12-24]. http://www.environment.gov.au/land/nrs/science/capad/2018.

其中，塔斯马尼亚野生动植物世界遗产地（TWWHA）覆盖大约塔斯马尼亚近四分之一的土地，占地超过158万公顷，包括8个国家公园，一系列其他保护地和一些澳大利亚东南部最好的野生动植物地区，也包含突出的原住民文化价值。这个地区在1982年被列入世界自然和文化遗产名录，并于1989年由于其突出的世界遗产价值而被澳大利亚政府和州政府认可，被列为国家文化遗产地（National Heritage Place），其边界也在同年大规模扩展，2010年、2012年和2013年又进行了小幅调整。在保护TWWHA自然和文化价值的同时，政府同意资助执行管理计划（增加捐助，特别是私人投资）[1]。另外，塔斯马尼亚的第二个世界遗产地——马克奎里岛（Macquarie Island）由于重要的地质和自然意义，1997年被列入世界遗产名录[2]。

南澳州环境与水部（South Australia Department of Environment and Water，DEW）

自1891年贝莱尔国家公园（Belair National Park）首次创建以来，南澳大利亚州就拥有建立公园和自然保护地的悠久传统。南澳州政府1972年成立国家公园和野生动植物服务局（National Parks and Wildlife Service，NPWS），负责管理以前由政府内部一系列机构管理的保护地。NPWS曾作为环境部（至1981年）、环境与规划部（至1992年）和环境与土地管理部等其他部门分支机构，直到1993年9月为止。1997年，NPWS的名称和标志改为“国家公园和野生动植物局”（National Parks and Wildlife）。2018年，原NPWS职能与服务改由环境与水部（DEW）以“南澳国家公园（National Parks South Australia）”名义提供[3]。

南澳政府环境与水部（DEW）有4个目标：保护和享受南澳的自然、公园和场所；为将来保护水安全；社区积极参与环境可持续管理；使景观和自然资源得到管理和维护[4]。因此，公园管理是南澳环境与水部（DEW）的重要主题之一。该保护地系统包括根据《国家公园和野生动物法1972》（National Parks and Wildlife Act，1972，NPW法案）、《荒野保护法1992》（Wilderness Protection Act，1992，WP法案）宣布的所有保护地，以及根据《官方土地管理法2009》（Crown Land Management Act，2009）授予部长的保护地。《保护自然2012—2020年：建立南澳大利亚保护地系统战略》（Conserving Nature 2012–2020：A strategy for establishing a system of protected areas in South Australia）是在南澳大利亚州公共和私人土地上建立保护地的战略框架，它为保护地

---

1 Department of Primary Industries，Parks，Water and Environment. Tasmanian Wilderness Heritage Area Management Plan 2016[EB/OL].[2020-12-25]. https://www.aboriginalheritage.tas.gov.au/Documents/TWWHA_Management_Plan_2016.pdf.

2 Tasmania Parks and Wildlife Service. Macquarie Island World Heritage Area[EB/OL]. [2020-12-24]. https://parks.tas.gov.au/explore-our-parks/macquarie-island-world-heritage-area.

3 Wikipedia. National Parks and Wildlife Service (South Australia) [DB/OL]. [2020-12-24]. https://en.wikipedia.org/wiki/National_Parks_and_Wildlife_Service_ (South_Australia) .

4 Department for Environment and Water of Government of South Australia. Our Goals[EB/OL].[2020-12-24]. https://www.environment.sa.gov.au/about-us/our-goals.

系统提供针对性的补充指南，以改善南澳州环境的长期可持续性[1]。环境与水部（DEW）管理对象包括：南澳国家公园（National Parks South Australia）、海洋公园（Marine Parks）、克莱兰德野生动物园（Cleland Wildlife Park）、海豹湾（Seal Bay）、纳拉科特洞穴（Naracoorte Caves）、植物园（Botanic Gardens）、州植物苗圃（State Flora nurseries）、遗产地（Heritage Places）、阿德莱德监狱（Adelaide Gaol）、阿德莱德海豚保护地（Adelaide Dolphin Sanctuary）、阿卡如拉（Arkaroola）、海岸（Coasts）[2]。截至 2018 年统计，环境与水部（DEW）现管理的陆地和海洋保护地类别概况如表 8-5 所示。

南澳州保护地概况一览表　　**表 8-5**

类型	简称	数量	面积（hm^2）	占 SA 保护地面积（%）	占 SA 面积（%）（陆地 / 水域）
陆地保护地					
保护区公园 Conservation Park	CP	270	5 821 813	19.63	5.92
保护区 Conservation Reserve	CR	18	299 151	1.01	0.30
森林保护地 Forest Reserve	FR	61	16 072	0.05	0.02
运动保护地 Game Reserve	GR	10	25 021	0.08	0.03
遗产协议地 Heritage Agreement	HA	1542	1 506 579	5.08	1.53
原住民保护地 Indigenous Protected Area	IPA	10	6 192 948	20.88	6.29
国家公园 National Park	NP	21	3 908 622	13.18	3.97
新增国家保护地系统 - 公报中 NRS Addition - Gazettal in Progress	NRS	2	1 351	0.00	0.00
私人自然保护地 Private Nature Reserve	PNR	4	683 705	2.31	0.69
游憩公园 Recreation Park	RCP	13	1 971	0.01	0.00
区域保护地 Regional Reserve	RR	7	9 347 329	31.52	9.50
野生动植物保护地 Wilderness Protection Area	WPA	14	1 851 953	6.24	1.88
总计		1972	29 656 514	100.00	30.13
总计（包括以下类别）		1979	29 672 100		

1　Department for Environment and Water of Government of South Australia. Our Goals[EB/OL].[2020-12-24]. https://www.environment.sa.gov.au/about-us/our-goals.

2　National Parks and Wildlife Service South Australia. Understanding parks[DB/OL].[2020-12-24].https://www.parks.sa.gov.au/understanding-parks.

续表

类型	简称	数量	面积（hm^2）	占 SA 保护地面积（%）	占 SA 面积（%）（陆地 / 水域）
来自以上保护区域内或部分内的其他类型			重叠面积（hm^2）		
保护区公园 Conservation Park	CP	1	950	0.00	0.00
森林保护地 Forest Reserve	FR	2	5	0.00	0.00
遗产协议地 Heritage Agreement	HA	3	12	0.00	0.00
私人自然保护地 Private Nature Reserve	PNR	1	13 618	0.05	0.01
总计		7	14 585	0.05	0.01
南澳州面积			98 432 191		
海洋保护地					
保护区公园 Conservation Park	CP	8	70 269	2.29	1.17
海洋国家公园 Marine National Park	MNP	1	123 890	4.04	2.06
海洋公园 Marine Park	MP	19	2 870 536	93.66	44.99
总计		28	3 064 695	100.00	
受保护的总面积（不包括重叠部分）					44.99
南澳州水域面积			6 003 200		

西澳生物多样性、保护地与风景区部（Department of Biodiversity, Conservation and Attractions, DBCA）

西澳州的保护地管理主要部门是生物多样性、保护地和风景区部（Department of Biodiversity, Conservation and Attractions, DBCA）[1]。DBCA 成立于 2017 年 7 月 1 日，由原植物园和公园管理局（Botanic Gardens and Parks Authority）、罗特尼斯岛管理局（Rottnest Island Authority）、动物公园管理局（Zoological Parks Authority）以及现公园和野生动物服务局（原公园和野生动物局 Department of Parks and Wildlife ）等部门合并组建，其组织架构如图 8–4。

1 WA.gov.au. Department of Biodiversity, Conservation and Attractions[EB/OL].（2019—8–12）[2020–12–24]. https://www.wa.gov.au/organisation/department-of-biodiversity-conservation-and-attractions.

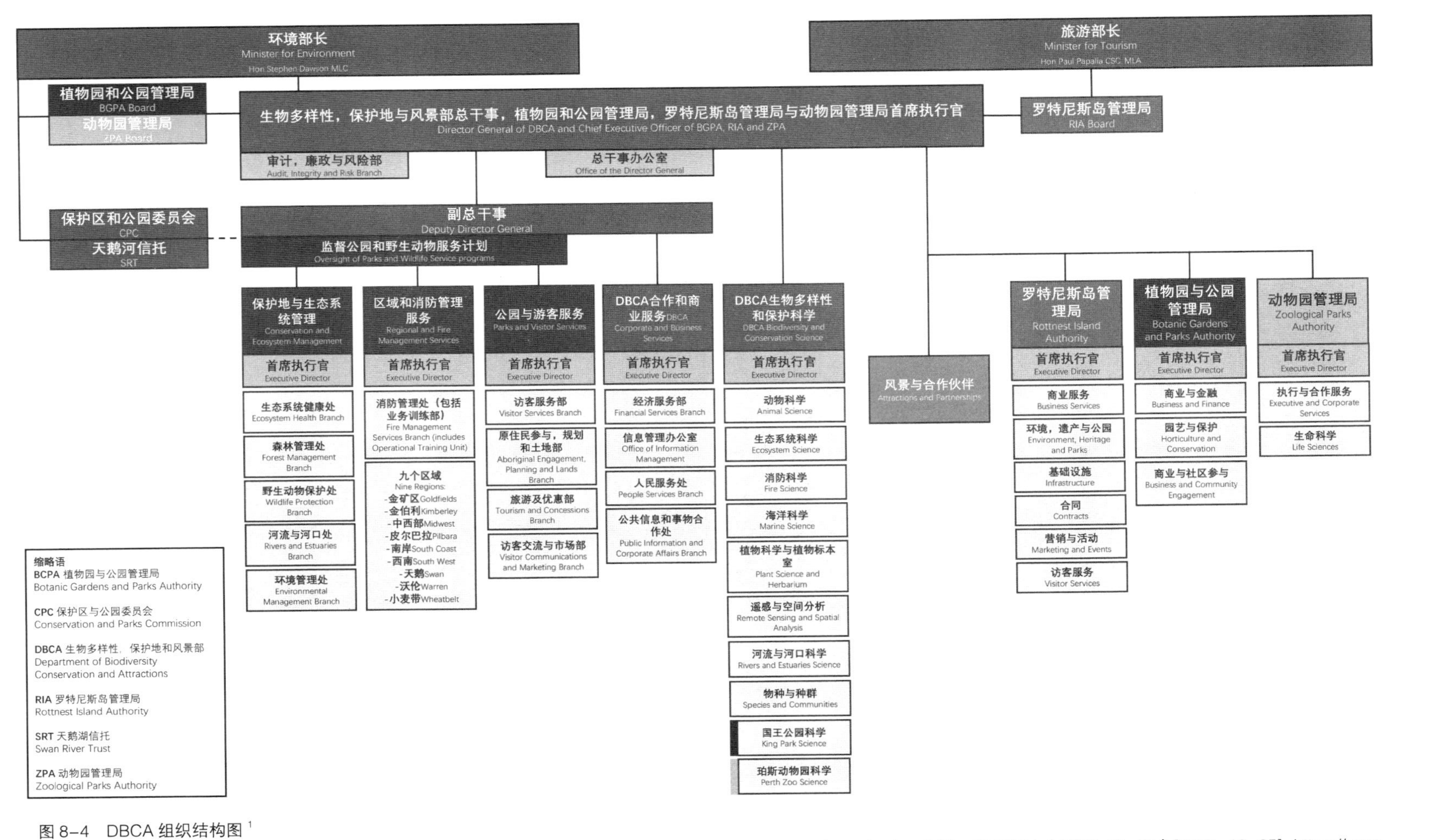

图 8-4　DBCA 组织结构图[1]

来源：Department of Biodiversity, Conservation and Attractions of Government of Western Australia. Organisational Chart[EB/OL]. (2020-10-27) [2020-12-25]. https://www.dbca.wa.gov.au/sites/default/files/2020-10/DBCA%20organisational%20chart.pdf, 笔者翻译绘制

1　Department of Biodiversity，Conservation and Attractions of Government of Western Australia．Organisational Chart[EB/OL]．(2020-10-27)[2020-12-25]．https://www.dbca.wa.gov.au/sites/default/files/2020-10/DBCA%20organisational%20chart.pdf．

生物多样性、保护地和风景区部（DBCA）职责包括保护（自然资源）、历史遗迹保护、海洋生物保护、自然遗产保护等，通过可持续管理西澳物种、生态系统、土地和风景胜地，促进保护西澳州生物多样性、文化和自然价值，并为社区提供世界公认的自然旅游和游憩体验。DBCA 具体管理事务包括：管理西澳海洋公园、森林和保护地以保护野生动植物；提供可持续的游憩机会；保护社区及其财产免遭山火；通过提供一流的游憩体验，增加罗特尼斯岛（Rottnest Island）游客人数；加强罗特尼斯岛独特遗产和环境保护；为珀斯动物园（Perth Zoo）野生动植物保护激发灵感和行动；与社区合作，在金斯公园（Kings Park）、植物园（Botanic Garden）和博得公园（Bold Park）保护和展示西澳州生物多样性；为保护公园委员会和天鹅河基金会提供支持。这些管理都基于卓越的科学研究，因而为 DBCA 有效保护西澳生物多样性提供了坚实保障[1,2]。并且，西澳州政府部门职责十分独特，DBCA 是一个更大保护地社区的一部分，在那些社区里面，保护是一个集体角色。

截至 2018 年统计，生物多样性、保护地和风景区部（DBCA）管理着大约 63 853 459hm²、占西澳大约 24.16% 的土地与海洋：国家公园（National Park）、海洋公园（Marine Park）、自然保护地（Nature Reserve）、州立森林[3]（State Forest，Timber Reserve）（表 8-6）。

西澳州保护地概况表 **表 8-6**

类型	简称	数量	面积（hm²）	占 WA 保护地面积（%）	占 WA 面积（%）（陆地 / 水域）
陆地保护地					
5（1）（g）保护地 5（1）（g）Reserve	S5G	44	221 217	0.37	0.09
5（1）（h）保护地 5（1）（h）Reserve	S5H	125	761 275	1.29	0.30
植物园 Botanic Gardens	BG	2	840	0.00	0.00
缔约保护地 Conservation Covenant	ACCP	164	15 880	0.03	0.01
保护地公园 Conservation Park	CP	65	1 083 767	1.83	0.43
保护区 Conservation Reserve	CR	10	303 700	0.51	0.12
原住民保护地 Indigenous Protected Area	IPA	15	33 804 014	57.20	13.38

1 Department of Biodiversity，Conservation and Attractions of Government of Western Australia. 2018-19 Annual Report[R/OL].（2019-09）[2020-12-25]. https://www.dbca.wa.gov.au/sites/default/files/2019-09/DBCA%20Annual%20Report%202018-19_FINAL.pdf.

2 Department of Biodiversity，Conservation and Attractions of Government of Western Australia. The department[EB/OL].[2020-12-25]. https://www.dbca.wa.gov.au/index.php/department.

3 Department of Biodiversity，Conservation and Attractions of Government of Western Australia，Parks and Wildlife Service. Parks[EB/OL].（2018-04-09）[2020-12-25]. https://www.dpaw.wa.gov.au/parks.

续表

类型	简称	数量	面积（hm^2）	占 WA 保护地面积（%）	占 WA 面积（%）（陆地 / 水域）
管理区域 Management Area	MA	6	3 598	0.01	0.00
国家公园 National Park	NP	101	6 260 733	10.59	2.48
自然保护地 Nature Reserve	NR	1,220	10 257 670	17.36	4.06
新增国家保护地系统 - 公报中 NRS Addition - Gazettal in Progress	NRS	50	4 830 029	8.17	1.91
其他 Other	OP	2	347	0.00	0.00
私人自然保护地 Private Nature Reserve	PNR	9	1 551 487	2.63	0.61
州立保护地 State Reserve	SR	1	5 669	0.01	0.00
总计		1,814	59 100 226	100.00	23.39
总计（包括以下类别）		1,825	59 979 880		
来自以上保护区域内或部分内的其他类型			重叠面积（hm^2）		
5（1）（h）保护地 5（1）（h） Reserve	S5H	5	6 886	0.01	0.00
原住民保护地 Indigenous Protected Area	IPA	5	262 919	0.44	0.10
私人自然保护地 Private Nature Reserve	PNR	1	609 849	1.03	0.24
总计		11	879 654	1.49	0.35
西澳州面积（hm^2）			252 701 298		
海洋保护地					
5（1）（g）保护地 5（1）（g） Reserve	S5G	1	63 059	1.33	0.54
5（1）（h）保护地 5（1）（h） Reserve	S5H	1	38 014	0.80	0.33
保护地公园 Conservation Park	CP	1	1 419	0.03	0.01
海洋管理区 Marine Management Area	MMA	2	141 430	2.98	1.22
海洋自然保护地 Marine Nature Reserve	MNR	1	114 528	2.41	0.99
海洋公园 Marine Park	MP	20	4 384 865	92.25	37.89
自然保护地 Nature Reserve	NR	15	9 912	0.21	0.09
总计		41	4 753 227	100.00	
保护地总面积（不包括重叠部分）			4 751 058		41.05
澳大利亚水域面积			11 574 000		

北领地环境、公园和水安全部（Department of Environment, Parks and Water of the Northern Territory, DEPW）

环境、公园和水安全部（DEPW）由北领地政府于2016年9月12日成立，汇集了政府如植物群和动物群、牧场、杂草管理、山火管理、水资源、水数据门户和环境管理等许多重要职能及部门[1]，或许因自然资源管理是DEPW置于首位的职责，DEPW与自然资源管理局（Department of Natural resource management，DNRM）为同一个官网链接，等同于一个部门。环境、公园和水安全部（DEPW）为北领地的土地和水的可持续发展以及其独特的本土动植物保护提供建议和支持，主要目标包括[2]：

（1）从战略上提高科学知识和社区知识以及对水、土壤、景观和生物多样性的理解，以更好地为适应性和响应性管理提供信息。

（2）为有效规划、分配、保护和利用北领地自然资源提供建议。

（3）制定并提供强有力的、透明的评估和法规，以平衡北领地发展和有效保护北领地独特环境资产。

（4）促进并支持北领地所有地区的社区参与整个自然资源可持续利用和管理。

（5）通过分担责任和建立伙伴关系，管理和缓解对区域社区、自然生态系统和当地动植物的威胁。

（6）维持具有能力组织和提供有效服务的能力，并培养人力资源。

公园和野生动植物委员会（Parks and wildlife Commission，PWC）是DEPW下设的主要保护地管理分支机构。PWC致力于保护公园和保护地自然与文化价值，同时为游客提供高质量的自然游憩机会，负责制定公园管理策略、发展公园和野生动植物职业，统计和研究公园和野生动植物；其运行集中在4个区域：北部的达尔文（Darwin）、凯瑟林（Katherine）、Tennant Creek region和南部艾利斯泉城（Alice Springs），总部位于帕默斯顿Palmerston[3]。PWC是保护地法人、原住民和其他土地所有者的管理代表，管理着87个公园和保护地，其中32个已经或即将正式成为与原住民联合管理的公园和保护地（截至2020年3月，5个公园和保护地处于联合管理下，27个列入计划清单）。联合管理主要是通过协商土地聚居点或原住民土地所有权要求而产生，这些定居点确保了这些区域

1 Department of Environment, Parks and Water Security of Northern Territory Government. About us[EB/OL]. (2020-11-19) [2020-12-25]. https://depws.nt.gov.au/about.

2 Department of Environment, Parks and Water Security of Northern Territory Government. 2019-2020 Annual Report of Department of Environment and Natural Resources[R/OL]. North Territory: Department of Environment, Parks and Water Security of Northern Territory Government, 2020: 7-9[2020-12-25]. https://depws.nt.gov.au/__data/assets/pdf_file/0005/949721/2019-20-denr-annual-report.pdf.

3 Department of Environment, Parks and Water Security of Northern Territory Government. Joint management[EB/OL]. (2020-03-24) [2020-12-25]. https://depws.nt.gov.au/parks-and-wildlife-commission/park-management-strategies/joint-management.

继续被用作公园以及支持持续的游客到访和开发。联合管理的主要目标和原则是[1]：

（1）赋予传统土地所有者权利和公平的土地决定权。

（2）为传统土地所有者提供发展就业和经济机会。

（3）改善公园游客的文化体验，并有助于满足旅游业对文化旅游体验的更多需求。

（4）将传统与西方科学知识相结合的自然保护管理。

PWC 根据《北领地公园和野生动物保护法》（Territory Parks and Wildlife Conservation Act），要求对已宣布的公园和保护地制定管理计划和联合管理计划。管理计划规定如何长期管理公园的价值，包括生物、自然、文化、游憩和旅游价值。在向立法议会提交计划草案之前，需就草案与社区协商，并供人们评议[2]。

根据 CAPAD 统计，截至 2018 年，北领地管理的保护地概况如表 8-7 所示。

北领地保护地管理概况表 **表 8-7**

类型	简称	数量	面积（hm^2）	占 NT 保护地面积（%）	占 NT 面积（%）（陆地/水域）
陆地保护地					
海岸保护地 Coastal Reserve	COR	1	1 366	0.00	0.00
保存地 Conservation Area	CA	2	4 399	0.01	0.00
缔约保护地 Conservation Covenant	ACCP	4	140 551	0.42	0.10
保护区 Conservation Reserve	CR	17	146 409	0.44	0.11
历史保护地 Historical Reserve	HIR	4	7 781	0.02	0.01
狩猎保护地 Hunting Reserve	HTR	1	1 605	0.00	0.00
原住民保护地 Indigenous Protected Area	IPA	15	26 068 191	77.80	19.34
国家公园 National Park	NP	16	3 733 771	11.14	2.77
国家公园（联邦）National Park（Commonwealth）	NPC	2	2 044 469	6.10	1.52
自然保护地公园 Nature Park	NAP	10	23 661	0.07	0.02
新增国家保护地系统 - 公报中 NRS Addition - Gazettal in Progress	NRS	1	178 053	0.53	0.13
其他保护地 Other Conservation Area	OCA	5	177 606	0.53	0.13

1 Department of Environment, Parks and Water Security of Northern Territory Government. NT Parks and Reserve List[EB/OL].[2020-12-26]. https://dtsc.nt.gov.au/__data/assets/pdf_file/0004/282442/nt-parks-and-reserves-list.pdf.

2 Department of Environment, Parks and Water Security of Northern Territory Government. Management plans[DB/OL]. (2020-04-29) [2020-12-25]. https://depws.nt.gov.au/parks-and-wildlife-commission/park-management-strategies/management-plans.

续表

类型	简称	数量	面积(hm²)	占NT保护地面积(%)	占NT面积(%)(陆地/水域)
其他保护地或自然公园 Other Conservation Area or Nature Park	OCA_NAP	1	807	0.00	0.00
私人自然保护地 Private Nature Reserve	PNR	3	761 593	2.27	0.57
拟议的国家公园法或新增公园 Proposed National Parks Act park or park addition	PNPA	2	215 207	0.64	0.16
总计		84	33 505 470	100.00	24.86
总计（包括以下类别）		87	33 542 220		
来自以上保护区内或部分内的其他类型			重叠面积(hm²)		
原住民保护区 Indigenous Protected Area	IPA	3	36 749	0.11	0.03
总计		3	36 749	0.11	0.03
北领地面积 (hm²)			134 779 163		
海洋保护地					
海洋公园 Marine Park	MP	2	290 645	100.00	4.05
总计		2	290 645	100.00	3.05
北领地水域面积			7 183 900		

昆士兰环境科学部（Queensland Government, Department of Environment and Science, DES）

昆士兰环境科学部（DES）作为一个多元化机构汇集了政府关键工作领域，其环境职责包括为当代和后代保护、管理昆士兰公园、森林和大堡礁；增强昆士兰州的生态系统；保护重要文物古迹；避免、最小化或减轻对环境的影响。并且，提供科学的专业知识作为保护和管理环境和自然资源的基础[1]。昆士兰州公园与野生动物服务局（Queensland Parks and Wildlife Service, QPWS）是DES下属业务部门（图8-5）[2,3]。

1 Department of Environment and Science of Queensland Government. Department overview[EB/OL].[（2020-12-21）[2020-12-25]. https://www.des.qld.gov.au/our-department/about/overview.

2 Department of Environment and Science of Queensland Government. Department of Environment and Science Organisational Divisional Structure[EB/OL].（2020-12-1）[2020-12-25]. https://www.des.qld.gov.au/__data/assets/pdf_file/0020/223733/des-org-chart.pdf.

3 Wikipedia. Queensland Parks and Wildlife Service[DB/OL].[2020-12-25]. https://en.wikipedia.org/wiki/Queensland_Parks_and_Wildlife_Service.

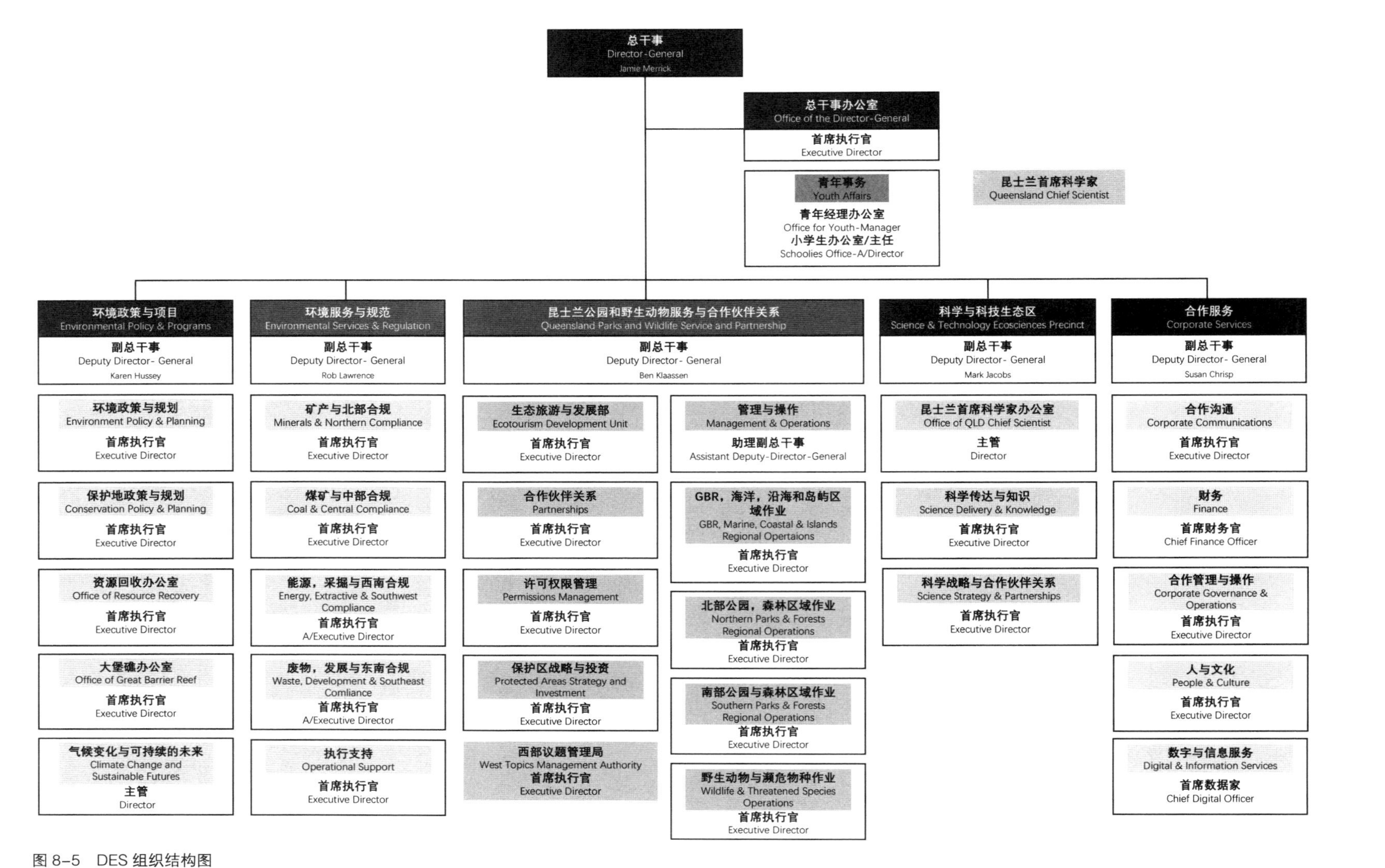

图 8-5　DES 组织结构图

来源：Department of Environment and Science of Queensland Government. Department of Environment and Science Organisational Divisional Structure[EB/OL].（2020-12-1）[2020-12-25]. https://www.des.qld.gov.au/__data/assets/pdf_file/0020/223733/des-org-chart.pdf, 笔者翻译绘制。

公园与野生动物服务局（QPWS）保护地管理的目标包括[1]：

（1）保护昆士兰的自然条件。

（2）确保具有保护重要性的物种得到保护。

（3）提供最小影响和基于自然的游憩设施。

（4）保护公园免遭过度使用。

（5）将人类活动集中在不太敏感区域。

（6）帮助游客享受公园的特殊景点。

昆士兰州保护地和森林的土地面积庞大而复杂，立法有助于保护昆士兰州保护地，相关法律包括根据《自然保护法（NCA）1992》《林业法 1959》《海洋公园法 2004》《渔业法 1994》和／或《娱乐区管理法（RAMA）2006》所规定的保有权。法律要求针对《NCA》专用领域制定管理工具（管理计划或管理声明），并根据《RAMA》制定与该法案管理原则一致的管理计划。[2] 保护公园的自然状况是公园管理的基本原则，同时允许根据原住民传统或岛屿风俗，让原住民参与他们感兴趣的保护地的管理；允许社区使用和享受保护地；保护地在社会，文化和商业上的使用，其方式应与保护地自然，文化和其他价值相一致[3]。《NCA》要求为每个保护地准备《管理声明》或《管理计划》，以指导如何管理该保护地。《管理声明》或《管理计划》确定公园的主要自然价值和文化价值，并提出日常和长期管理这些价值的保护策略。现在，昆士兰州公园与野生动物服务局（QPWS）已转向“基于价值（Value-Based）”的公园管理框架，要求管理者了解公园最重要的价值（主要价值）的发展状况，以及为使保护这些价值需要付出的管理努力，在规划过程中设定可衡量的目标并为评估绩效提供基础。QPWS 认为每个保护地都很重要，每个公园都应该得到针对性的管理。基于价值的管理可以更好地利用规划信息来指导管理资金和资源分配，同时要考虑保护地价值和管理要求。这种规划管理方法确保管理工作与识别的优先事项保持一致，从而为公园管理提供一致、透明且节省成本的方法。QPWS 引入“服务分级（Levels of Service）”作为规划工具，以实现基于昆士兰州保护地价值的管理[4]。

目前，昆士兰州保护地系统包括国家所有和管理的保护地、由原住民和昆士兰州公园与野生动物服务局（QPWS）共同管理的原住民所有国家公园（Indigenous-owned national parks）以及包

---

1 Parks and Forests of Department of Environment and Science of Queensland Government. About plans and strategies[EB/OL]. (2016-11-02) [2020-12-25]. https://parks.des.qld.gov.au/management/plans-strategies/about-plans-and-strategies.

2 Parks and Forests of Department of Environment and Science of Queensland Government. Register of Planning documents[DB/OL]. (2020-09-18) [2020-12-25]. https://parks.des.qld.gov.au/management/plans-strategies/planning-documents.

3 Parks and Forests of Department of Environment and Science of Queensland Government. About other management areas[EB/OL]. (2016-11-02) [2020-12-25]. https://parks.des.qld.gov.au/management/managed-areas/about-other-management-areas.

4 同 1.

括私人所有和管理的自然庇护所（Nature Refuges）。昆士兰陆地保护地是根据《NCA》建立的陆地区域，包括国家公园（National Parks）、联合管理的国家公园（Jointly Managed National Parks）、保护公园（Conservation Parks）、资源保护区（Resources Reserves）以及被宣布为自然庇护所（Nature refuge）或特殊野生动植物（Special wildlife reserve）的私人土地，这些地区可能包括湿地和河流系统。截至 2020 年 8 月 31 日，昆士兰州保护地网络覆盖了昆士兰州 1 420 万 hm^2（8.26%）面积，是塔斯马尼亚州两倍多；149 种受威胁物种仅在昆士兰州保护地中被发现；由原住民管理或联合管理的保护地面积超过 250 万 hm^2；昆士兰州的保护地网络由 69%的公共保护地（国家公园 National parks、保护公园 Conservation parks 和资源保护区 Resources reserves）和 31%的私人保护地（特殊野生动植物保护地 Special wildlife reserves 和自然庇护所 Nature refuges）构成；昆士兰州自然庇护所网络包含 534 个自然庇护所，是澳大利亚最大的私人保护地网络；拥有 5 处世界遗产地。虽然保护自然是昆士兰州保护地的主要目标，但其价值远不止于此，还包括许多其他如环境、经济、文化、社会和健康益处[1]。例如，昆士兰州保护地独特的环境价值为城市、区域和乡村提供大量的经济活动和就业岗位，特别是昆士兰自然资源保护提供了许多游憩机会和大量以自然为基础的旅游活动；国家公园对提升昆士兰旅游吸引力和地方经济做出重要贡献，每年昆士兰国家公园、海洋公园和森林接待超过 5 930 万国内外游客[2]，产生大约 44.3 亿澳元经济收入，并且是一种可持续发展的土地利用。

根据 CAPAD 统计，截至 2018 年，昆士兰管理的保护地概况如表 8-8 所示。

昆士兰保护地管理概况表 **表 8-8**

类别	简称	数量	面积（hm^2）	QLD 保护地面积（%）	占 QLD 面积（%）（陆地 / 水域）
陆地保护地					
保护地公园 Conservation Park	CP	230	80 109	0.53	0.05
保护区 Conservation Reserve	CR	1	8	0.00	0.00
协调保护地 Coordinated Conservation Area	CCA	2	1 246	0.01	0.00
森林保护地 Forest Reserve	FR	33	50 827	0.34	0.03
原住民保护地 Indigenous Protected Area	IPA	12	575 460	3.83	0.33

1 Department of Environment and Science of Queensland Government. Queensland's Protected Area Strategy 2020–2030: Protecting our world–class natural and cultural values[R/OL]. Brisbane: Department of Environment and Science of Queensland Government, 2020:5–7[2020–12–25]. https://parks.des.qld.gov.au/__data/assets/pdf_file/0016/212524/qld–protected–area–strategy–2020–30.pdf.

2 Department of Environment and Science of Queensland Government. 2018–2019 Annual Report[R/OL]. (2019–09)[2020–12–25]. https://www.des.qld.gov.au/__data/assets/pdf_file/0030/92784/annual–report–2018–19.pdf.

续表

类别	简称	数量	面积（hm^2）	QLD 保护地面积（%）	占 QLD 面积（%）（陆地 / 水域）
国家公园 National Park	NP	272	7 100 309	47.29	4.10
国家公园（科学）National Park （Scientific）	NS	9	52 899	0.35	0.03
国家公园原住民 National Park Aboriginal	NPA	30	2 186 016	14.56	1.26
自然避难区 Nature Refuge	NREF	518	4 311 123	28.71	2.49
自然保护地 Nature Reserve	NR	2	707	0.00	0.00
新增国家保护地系统—公报中 NRS Addition - Gazettal in Progress	NRS	9	21 2739	1.42	0.12
私人自然保护地 Private Nature Reserve	PNR	13	93 879	0.63	0.05
资源保护地 Resources Reserve	RSR	50	349 328	2.33	0.20
总计		1181	15 014 650	100.00	8.68
总计（包括以下类别）		1220	16 528 975		
来自以上保护区内或部分内的其他类型			重叠面积(hm^2)		
协调保护地 Coordinated Conservation Area	CCA	1	851	0.01	0.00
森林保护地 Forest Reserve	FR	2	3 289	0.02	0.00
原住民保护地 Indigenous Protected Area	IPA	3	408 093	2.72	0.24
自然避难区 Nature Refuge	NREF	17	706 074	4.70	0.41
自然保护地 Nature Reserve	NR	1	77	0.00	0.00
新增国家保护地系统—公报中 NRS Addition-Gazettal in Progress	NRS	4	79 274	0.53	0.05
私人自然保护地 Private Nature Reserve	PNR	11	316 667	2.11	0.18
总计		39	1 514 325	10.09	0.88
昆士兰面积（hm^2）			172 974 215		
海洋保护地					
鱼类栖息地（A）Fish Habitat Area （A）	FHA（A）	55	1 009 651	11.96	8.28
鱼类栖息地（B）Fish Habitat Area （B）	FHA（B）	36	210 098	2.49	1.47
海洋公园 Marine Park	MP	3	7 218 680	85.55	48.31
总计		94	8 438 428	100.00	
保护地总面积（不包括重叠部分）			7 650 815		
昆士兰水域受保护的总面积（不包括重叠部分）					51.60
昆士兰水域面积			12 199 400		

8.2.3　非政府组织和私人组织

澳大利亚土地大部分属于私人所有，联邦政府及各州 / 领地政府管理机构管理的保护地并不能满足建立国家保护地网络体系的目标需求。因此，为建立全面、适宜和有代表性的国家保护地体系，澳大利亚政府通过合作形式，允许本土保护地和私人保护地进入国家保护地体系，以形成整个澳大利亚保护地网络体系，更好地保护澳大利亚的生物多样性和自然与文化遗产。同时，澳大利亚原住民在法律上有权管理和保护他们自己的土地，管理自己的自然和文化遗产资源，维护资源可持续利用。此外，各州和领地政府都成立了本土保护地管理机构，并由原住民、政府或其他利益相关者共同管理。私人保护地则主要是基于澳大利亚土地性质开展的一项保护地计划。一些重要的非政府组织和私人组织对保护地的建立和管理的影响越来越大。例如，澳大利亚野生动物基金[1]是一个独立的非营利组织，它专注澳大利亚野生动植物保护，目标是建立一个自然庇护所的国家网络，保护本土野生动植物和栖息地的多样性；执行实际的、地面保护计划保护庇护所里的野生动植物。这些计划包括野生动植物控制、火灾管理和受威胁物种迁徙，在庇护所管理游客计划，达到教育目的，提高公众对澳大利亚野生动植物的认识等。该组织现已经管理了 30 个避难所，覆盖了大约 6 500 000 hm^2 土地，包括从雨林和热带草原到半干旱草原和红树林地带等一系列生态系统。又如，澳大利亚灌木丛遗产基金会[2]通过购买、捐赠、遗产等途径，获得具有生态重要性的土地和水源，以国家遗产的形式加以保护。目前，该基金会保护地保护了 7 个州的 36 个保护地，约占 11 300 000hm^2 土地[3]。自然基金会[4]是一个在私人土地上永久保护生物多样性的非营利保护组织，通过自愿协议、土地购买、滚动基金和正在进行的工作保护管理，其目标是努力确保澳大利亚私人所有的重要的自然土地得到保护。这些非政府组织在管理私人保护地过程中取得了重大成就，为实现澳大利亚保护地体系目标做出了重要贡献。

8.3　管理类别

根据澳大利亚联合保护区数据库 CAPAD（2018）显示，目前澳大利亚陆地共有 63 个保护地管理类别[5]，概况如表 8-9 所示。

1　Australian Wildlife Conservancy. About us[EB/OL].[2020-12-25].https://www.australianwildlife.org/about-us/.

2　Bush Heritage Australia. Home[Z/OL].[2020-12-25]. https://www.bushheritage.org.au.

3　Bush Heritage Australia. Buying land[EB/OL].[2020-12-25].https://www.bushheritage.org.au/what-we-do/buying-land.

4　Trust for Nature. Home[Z/OL].[2020-12-25]. http://www.tfn.org.au/.

5　Department of Agriculture, Water and the Environment of Australian Government. CAPAD Abbreviations[EB/OL]. [2020-12-25]. http://www.environment.gov.au/land/nrs/science/capad/abbreviations.

澳大利亚保护地类型概况（CAPAD，2018）[1] 表 8-9

类别	数量	面积（hm²）	辖区	占AU面积(%)
陆地保护地				
5（1）（g）保护地 5（1）（g） Reserve	44	221 217	WA	0.03
5（1）（h）保护地 5（1）（h） Reserve	125	761 275	WA	0.10
原住民地区 Aboriginal Area	3	1 053	NSW	0.00
南极特别管理区 Antarctic Specially Managed Area	1	21 762	EXT	—
南极特别保护区 Antarctic Specially Protected Area	12	8 724	EXT	—
植物园 Botanic Gardens	2	840	WA	0.00
植物园（联邦）Botanic Gardens（Commonwealth）	3	158	ACT, EXT, JBT	0.00
CCA Zone 1 国家公园 CCA Zone 1 National Park	34	131 729	NSW	0.02
CCA Zone 3 州立保存地 CCA Zone 3 State Conservation Area	23	195 221	NSW	0.03
海岸保护地 Coastal Reserve	1	1 366	NT	0.00
保存地 Conservation Area	407	649 777	NT, TAS	0.08
缔约保护地 Conservation Covenant	2307	316 644	NT, TAS, VIC, WA	0.04
保护地公园 Conservation Park	577	7 049 839	QLD, SA, VIC, WA	0.92
保护区 Conservation Reserve	60	768 126	NSW, NT, QLD, SA, TAS, VIC, WA	0.10
协调保护地 Coordinated Conservation Area	2	1 246	QLD	0.00
植物保护地 Flora Reserve	73	41 378	NSW	0.01
森林保护地 Forest Reserve	94	66 899	QLD, SA	0.01
运动保护地 Game Reserve	21	43 744	SA, TAS	0.01
遗产协议地 Heritage Agreement	1542	1 506 579	SA	0.20
河流遗产 Heritage River	16	52 888	VIC	0.01

1 Department of Agriculture, Water and the Environment of Australian Government. CAPAD 2018[DB/OL].[2020-12-25]. http://www.environment.gov.au/land/nrs/science/capad/2018.

续表

类别	数量	面积（hm²）	辖区	占 AU 面积(%)
遗产地 Historic Site	31	16 528	NSW, TAS	0.00
历史保护地 Historical Reserve	4	7 781	NT	0.00
狩猎保护地 Hunting Reserve	1	1 605	NT	0.00
原住民保护地 Indigenous Protected Area	75	66 671 426	NSW, NT, QLD, SA, TAS, VIC, WA	8.67
卡斯塔保护地 Karst Conservation Reserve	4	5 328	NSW	0.00
管理地 Management Area	6	3 598	WA	0.00
国家公园 National Park	679	30 774 652	ACT, NSW, NT, QLD, SA, TAS, VIC, WA	4.00
国家公园（联邦）National Park（Commonwealth）	7	2 059 674	EXT, JBT, NT	0.27
国家公园（科学）National Park （Scientific）	9	52 899	QLD	0.01
原住民国家公园 National Park Aboriginal	30	2 186 016	QLD	0.28
国家公园法附表 4 公园或保护地 National Parks Act Schedule 4 park or reserve	1	1 169	VIC	0.00
自然集水地 Natural Catchment Area	21	52 613	VIC	0.01
自然特征保护地 Natural Features Reserve	2497	314 857	VIC	0.04
自然保存保护地 Nature Conservation Reserve	258	130 380	VIC	0.02
自然公园 Nature Park	10	23 661	NT	0.00
自然游憩地 Nature Recreation Area	25	67 435	TAS	0.01
自然避难区 Nature Refuge	518	4 311 123	QLD	0.56
自然保护地 Nature Reserve	1776	11 269 131	ACT, NSW, QLD, TAS, WA	1.47
新增国家保护地系统—公报中 NRS Addition—Gazettal in Progress	75	5 372 306	NSW, NT, QLD, SA, TAS, WA	0.70
其他 Other	3	2 272	VIC, WA	0.00
其他保护地 Other Conservation Area	6	195 631	NT, TAS	0.03
其他保护地或自然公园 Other Conservation Area or Nature Park	1	807	NT	0.00
永久公园保护地 Permanent Park Preserve	1	1 314	NSW	0.00

续表

类别	数量	面积（hm^2）	辖区	占AU面积(%)
私人自然保护地 Private Nature Reserve	91	3 216 625	NSW, NT, QLD, SA, TAS, VIC, WA	0.42
私人法定地 Private Sanctuary	23	5 103	TAS	0.00
拟议的国家公园法或新增公园 Proposed National Parks Act park or park addition	6	215 337	NT, VIC	0.03
游憩公园 Recreation Park	13	1 971	SA	0.00
参考区 Reference Area	52	23 516	VIC	0.00
区域公园 Regional Park	20	20 424	NSW	0.00
区域保护地 Regional Reserve	155	9 801 887	SA, TAS	1.27
遥感和自然区域—非国家公园法附表内的 Remote and Natural Area - not scheduled under Nat Parks Act	2	17 163	VIC	0.00
遥感和自然区域—国家公园法附表 6 Remote and Natural Area - Schedule 6, National Parks Act	14	108	VIC	0.00
资源保护地 Resources Reserve	50	349 328	QLD	0.05
州立保存地 State Conservation Area	120	526 423	NSW	0.07
州立公园 State Park	26	153 219	VIC	0.02
州立保护地 State Reserve	66	52 774	TAS, WA	0.01
野生动物园 Wilderness Park	3	160 095	VIC	0.02
野生动物保护地 Wilderness Protection Area	14	1 851 953	SA	0.24
野生动物区 Wilderness Zone	12	28 903	ACT, VIC	0.00
总计	12 052	151 787 501		19.74
澳大利亚总面积（hm^2）	768 828 859			
陆地保护地总面积（包括重叠区域）	12 351	155 502 414		
来自以上保护区内或部分内的其他类型		重叠面积（hm^2）		
5（1）（h）保护地 5（1）（h） Reserve	5	6 886	WA	0.00
南极特别管理区 Antarctic Specially Managed Area	1	2 133	EXT	—
缔约保护地 Conservation Covenant	20	1 353	TAS, VIC	0.00
保护地公园 Conservation Park	2	1 359	SA, VIC	0.00

续表

类别	数量	面积（hm^2）	辖区	占AU面积(%)
保护区 Conservation Reserve	1	96	VIC	0.00
协调保护地 Coordinated Conservation Area	1	851	QLD	0.00
植物保护地 Flora Reserve	7	17	NSW	0.00
森林保护地 Forest Reserve	4	3 294	QLD, SA	0.00
遗产协议地 Heritage Agreement	3	12	SA	0.00
河流遗产 Heritage River	18	105 881	VIC	0.01
原住民保护地 Indigenous Protected Area	12	707 955	NT, QLD, VIC, WA	0.09
自然集水区 Natural Catchment Area	19	97 726	VIC	0.01
自然特征保护地 Natural Features Reserve	10	947	VIC	0.00
自然避难区 Nature Refuge	17	706 074	QLD	0.09
自然保护地 Nature Reserve	1	77	QLD	0.00
新增国家保护地系统—公报中 NRS Addition—Gazettal in Progress	5	79 294	NSW, QLD	0.01
私人自然保护地 Private Nature Reserve	15	940 139	NSW, QLD, SA, VIC, WA	0.12
参考区 Reference Area	103	89 108	VIC	0.01
遥感和自然区域—非国家公园法附表内的 Remote and Natural Area - not scheduled under Nat Parks Act	2	4 920	VIC	0.00
遥感和自然区域—国家公园法附表 6 Remote and Natural Area - Schedule 6, National Parks Act	22	280 797	VIC	0.04
州立保存地 State Conservation Area	1	0	NSW	0.00
州立公园 State Park	9	4 823	VIC	0.00
野生动物园 Wilderness Park	2	39 860	VIC	0.01
野生动物区 Wilderness Zone	19	641 312	VIC	0.08
额外总计	299	3 714 913		0.48
海洋保护地				
5（1）（g）保护地 5（1）（g） Reserve	1	63 059	WA	

续表

类别	数量	面积（hm^2）	辖区	占AU面积(%)
5（1）（h）保护地 5（1）（h） Reserve	1	38 014	WA	
水生保护区 Aquatic Reserve	12	2 032	NSW	
澳大利亚海洋公园 Australian Marine Park	58	276 272 414	COM	
联邦海洋保护地 Commonwealth Marine Reserve	1	7 095 253	COM	
保存地 Conservation Area	19	4 432	TAS	
保护地公园 Conservation Park	9	71 688	SA, WA	
鱼类栖息地（A）Fish Habitat Area （A）	55	1 009 651	QLD	
鱼类栖息保护地（B）Fish Habitat Area （B）	36	210 098	QLD	
运动保护地 Game Reserve	1	1 693	TAS	
海洋保护地 Marine Conservation Area	14	11 765	TAS	
海洋管理区 Marine Management Area	2	141 430	WA	
海洋国家公园 Marine National Park	14	176 053	SA, VIC	
海洋自然保护地 Marine Nature Reserve	4	115 465	TAS, WA	
海洋公园 Marine Park	51	49 508 151	COM, NSW, NT, QLD, SA, WA	
海洋禁捕区 Marine Sanctuary	11	864	VIC	
国家公园 National Park	1	31 283	TAS	
联邦管理的陆地国家公园中的海洋成分 Marine components of Commonwealth managed terrestrial National Parks	2	3 276	JBT, EXT	
国家公园法附表 4 公园或保护地 National Parks Act Schedule 4 park or reserve	6	68 061	VIC	
保护区 Nature Reserve	18	104 928	TAS, WA	
总计	316	334 929 610		
保护地总面积（不包括重叠部分）		327 675 063		
澳大利亚及其领土的总面积（约 km^2）		8 939 192		
占澳大利亚受保护水域面积（%）				36.7

8.4 与 IUCN 体系的对接

IUCN 修订并发行 1994 年保护地分类指南后，澳大利亚政府就联合州 / 领地政府着手在澳大利亚发展执行这个分类体系的途径。为建立统计和追踪国家保护地发展的体系，1994 年，澳大利亚州、领地公园管理部门和国家环境遗产部一致同意采用 IUCN 保护地定义及其分类标准，并与澳大利亚各类别保护地进行比较。1999 年，所有的州和领地通过（澳大利亚和新西兰环境和保护委员会）建立澳大利亚国家保护地体系指导方针，要求澳大利亚保护地根据 IUCN 分类体系分类，IUCN 保护地管理分类概念在澳大利亚州和领地法律和政策框架中逐渐清晰，并开始在相关领域里实施，并与公园《管理计划》合为一体。根据澳大利亚联合保护区数据库 CAPAD（2018）统计，澳大利亚自然保护体系与 IUCN 保护地分类体系对应关系及分布概况和表 8–10。

澳大利亚自然保护体系与 IUCN 对应概况表[1] **表 8-10**

IUCN 分类	数量	对应的澳大利亚保护地类别	面积（hm^2）	平均规模（hm^2）	占澳大利亚面积（%）	对保护地体系的贡献（%）
澳大利亚的 IUCN 陆地保护地						
Ia	2 541	自然保护地（NR）；参考地（RA）；自然保存地（NCR）；自然特征保护地（N FR）；海洋公园（MP）；保护地公园（CP）；国家公园法附表 4 公园或保护地（NPS4）；海洋自然保护地（MNR）	15 966 348	6 283	2.07	10.52
Ib	65	野生动物园（WP）；野生动物保护区（WPA）；国家公园（N P）；自然保护地（N R）；自然集水区（NCA）；野生动物区（WZ）；自然避难区（NREF）；保护区（CR）	3 846 201	59 172	0.50	2.53
II	1 084	自然保护区（NR）；国家公园（NP）；州立公园（SP）；历史地（HS）；海洋公园（MP）；原住民国家公园（NPA）；保护区（CR）；州立保护地（SR）；5（1）（h）保护地（S5H）；原住民保护地（IPA）；海洋国家公园（MNP）；水生保护区（AR）；野生动物区（WZ）；州立保存地（S CA）；保护地公园（CP）；遥感和自然区域 - 国家公园法附表 6（RNAS6）；河流遗产（HR）；5（1）（g）保护地（S5G）；自然集水区（NCA）；CCA Zone 3 州立保护地（CCAZ3）；CCA Zone 1 国家公园（CCZA1）；澳大利亚海洋公园（AMP）；新增国家保护地系统 - 公报中（NRS）；国家海洋公园（MNP）；国家公园（联邦）（NPC）	38 096 535	35 144	4.96	25.10

1 UNEP–WCMC（2020）. Protected Area Profile for Australia from the World Database of Protected Areas[EB/OL].（2020–12）[2020–12–25]. https://www.protectedplanet.net/country/AUS.

续表

IUCN 分类	数量	对应的澳大利亚保护地类别	面积（hm^2）	平均规模（hm^2）	占澳大利亚面积（%）	对保护地体系的贡献（%）
III	2 375	保护地公园（CP）；州立公园（SP）；游憩公园（RP）；州立保护地（SR）	1 865 843	786	0.24	1.23
I-IV Total	10 260		62 049 776	6 048	8.07	40.88
V	358	自然公园（NP）；保存地（CA）；区域公园（RP）；历史地（HS）	7 899 474	22 066	1.03	5.20
VI	1 336	海洋公园（MP）；森林保护地（FR）；保护地公园（CP）；游憩公园（RP）；运动保护地（GR）；保存地（CA）；鱼类栖息地（A）[FHA（A）]；鱼类栖息地（B）[FHA（B）]；国家公园法附表 4 公园或保护地（NPS4）；资源保护地（RR）；狩猎保护地（HR）；海洋管理区（MMA）	81 767 580	61 203	10.64	53.87
V-VI 总计	1 694		89 667 054	52 932	11.66	59.07
没有报告		保护地公园（CP）				
不适用	8		2 443	305	0.00	0.00
未分配	189	州立保护地（SR）	68 227	361	0.01	0.04
总计	12 151		151 787 501	12 492	19.74	100.00
		澳大利亚总土地面积 （ha）	768 828 859			

注：维多利亚的保护公约数据已从 CAPAD 2018 空间数据集中删除，该数据集于 2020 年 11 月重新发布。该保护公约数据已保留在此电子表格中。

1 包含具有列出的 IUCN 分类的保护区数量，该区域可以是整个保护区或部分保护区。由于汇总了名称和 IUCN 类别的记录，因此该表中的总数与其他选项卡中的总数略有不同，重叠从此表中排除。

2 澳大利亚的总土地面积是指澳大利亚大陆和所有岛屿。南极特别管理区和南极特别保护区已从澳大利亚总数的百分比中排除。

* 该表不包括归类为 ENVIRON =“B”（陆地和海洋）的保护区，这些保护区的土地少于 30%（基于澳大利亚地球科学局的澳大利亚 100k 海岸线）。这些记录包含在 Marine CAPAD 2018 数据和表中。有关更多信息，请参见单独的州 / 地区电子表格。

* 此表仅包括符合 NRS 包含标准的保护区。有关详细信息，请参见《技术规范》文档—《地面 CAPAD 2018》第 4 页，网址为 http://www.environment.gov.au/capad。

澳大利亚的 IUCN 海洋保护地					
Ia	46	13 719 122			
Ib	—	—			

续表

IUCN分类	数量	对应的澳大利亚保护地类别	面积（hm^2）	平均规模（hm^2）	占澳大利亚面积（%）	对保护地体系的贡献（%）
II	92	70 590 379				
III	11	63 558				
IV	72	130 277 799				
I-IV总计	221	214 650 857				
V	10	2 701				
VI	210	120 276 051				
V-VI总计	220	120 278 573				
总计	441	334 929 610				
保护地总面积（不包括重叠部分）		327 675 063				
澳大利亚及其领土的总面积（km^2）		8 939 192				
占澳大利亚水域面积（%）		36.7				

* CAPAD 中的保护区按照数据供应商确定的 ENVIRON（“陆地”“海洋”或“两者”）分类。Marine CAPAD 包括所有 ENVIRON = “M”（海洋）的保护区。根据澳大利亚地质科学局的澳大利亚海岸线数据，如果有大于 70%的海洋，或者具有更详细的海岸线（如果有），则 ENVIRON = “B”（两者）的保护区通常包含在 Marine CAPAD 中。所有其他保护区都包含在 CAPAD 2018 地面数据和表格中。通过对卫星图像的验证，确认或拒绝了将保护区分配给海洋或陆地 CAPAD。请注意，由于向海洋或陆地 CAPAD 分配 ENVIRON = “B”记录的方法有所改进，2018 年，对海洋 / 陆地版本 CAPAD 分配了一些保护区。有关更多信息，请参阅海洋 CAPAD 州 / 地区电子表格细节。

* 符合 NRSMPA 包含标准的保护区（NRS_MPA = “Y”）包含在此表中。

注：表中 IUCN 类别对应的澳大利亚保护地类别统计一栏参考 WDPA 数据库。WDPA 对澳大利亚各类保护地的统计数量与 CAPAD 均有一定出入，差异最大的是第 IV 类的数量，CAPAD 计入的澳大利亚第 IV 类保护地数量几乎为 WDPA 统计的一倍。本表以 CAPAD 统计为主要依据制作。

来源：根据脚注整理。

澳大利亚保护地类别较多，分类细致，充分体现了澳大利亚生物多样性特征和管理深度；每个类别也都对应相应 IUCN 管理类别，有利于就同类别保护地与国际进行交流，学习国外先进管理经验，更好指导本国保护地建设；同时，也能推广自己的成功管理经验，促进国际合作。此外，澳大利亚保护地类别名称与 IUCN 分类体系的有差异，与 IUCN 体系中荒野地类别对应的澳大利亚保护地类别较少，而与其他 IUCN 类别对应的澳大利亚保护地类别都比较多。结合澳大利亚保护地发展历史，反映出澳大利亚保护地管理模式从传统荒野地模式向关注自然和文化多样性价值的管理模式转变。

8.5 体系特点

8.5.1 多层次的管理机构

澳大利亚联邦政府与各州、地区政府均设有保护地管理机构。澳大利亚联邦政府根据宪法赋予的权力行使职责，对外代表国家签订国际协定，履行国际义务，对内负责处理原住民事务，促进各州、地区之间的合作与沟通。澳大利亚农业、水与环境部（DAWE）是联邦政府国家级保护地主管机构，并在其下属部门“澳大利亚公园局（PA）”支持下，由政府国有独资公司——国家公园局（DNP）负责管理国家层面保护地。同时，在一些国家公园的管理当中，成立了国家公园管理委员会，由环境遗产部的公园局和该委员会共同管理国家公园，比如卡卡杜国家公园。

各州、领地政府则也成立了保护地管理机构，独立负责本地区的保护地；又根据区域划分，设置分支机构，处理保护地管理日常事务。同时，州或领地政府管理机构也注重与原住民联合管理，在许多保护地管理实践中开展联合管理，并取得显著成效。各州通常设一个协调机构负责自然保护政策制订、提供咨询服务以管理本地的保护地，而各部门则根据联邦及州法律规定范围分别建立和管理各自的保护地。

为实现国家保护地体系目标，除澳大利亚联邦政府和各州／领地政府的管理之外，也鼓励更多非政府组织和私人力量参与国家保护地体系建立和管理。

澳大利亚保护地管理机构已经形成从联邦政府到州、领地政府相关部门分级主管、非政府组织与私人组织联合管理的体系，层次分明。对于国家保护地体系计划，由联邦政府公园局领导，各州／领地政府合作，体现了政府分工协作的有效管理。许多成果都与其他国家保护地管理机构、州或领地公园局、研究机构和志愿者的合作管理分不开[1]。

8.5.2 多类型保护实体

澳大利亚保护地类型丰富，一共有 63 种认定的保护地类型进入国家保护地体系。其中，以政府负责管理的保护地类别最多，从最严格意义的保护地与荒野地公园到森林，甚至运动保护地，代表和体现了澳大利亚大陆生态系统和生物多样性特征，有效地保护了澳大利亚大陆生物多样性。

1 Director of National Parks of Australian Government. Director of National Parks Annual Report 2005–06[R/OL]. 2006:5[2020-12-26]. https://www.environment.gov.au/system/files/resources/354ca4b3-7378-4ed2-b787-68e2f07d21ed/files/dnp-report-0506.pdf.

所有进入国家保护地体系的保护地，其管理目标都需要与 IUCN 保护地管理类别目标一致，这样既有利于对保护地进行管理，又能促进同类别保护地的交流。此外，本土保护地和私人保护地的建立，只要能达到 IUCN 体系管理类别标准，也可以进入澳大利亚国家保护地体系，最终实现澳大利亚政府保护地体系建设的目标——全面性、适宜性和代表性。

8.5.3　管理法制化

澳大利亚保护地立法体系建立时间非常早，是最早为保护地立法的国家。1863 年，塔斯马尼亚州就颁布《荒地法》（Wastelands Act），随后又颁布《皇家土地法》（Crown Lands Act），对无人经营的土地实行保护。除联邦议会为国家最高立法机构外，各州、领地都有自己的立法机构。保护地及其管理机构的建立通常都有法律依据。联邦政府根据《环境保护与生物多样性法 1999》（Environment Protection and Biodiversity Conservation Act，1999）管理国家层次的保护地，各州、领地政府与土地有关的法律体系，也使得保护地建立与管理有法可依。例如，新南威尔士州根据州政府颁布《国家公园与野生生物法 1974》（National Parks and Wildlife Act，1974）成立国家公园与野生生物咨询委员会，并建立和管理国家公园及自然保护地，根据《荒野法 1987》（Wilderness Act，1987）建立荒野区，根据《林业法 1916》（Forestry Act，1916）建立植物区系保护地等；北领地有《保护委员会法 1980》（Conservation Commission Act，1980）规定保护委员会组成与职能，《领地公园与野生生物保护法 1980》（Territory Parks and Wildlife Protection Act，1980）、《科博半岛土著土地与庇护地法 1981》（Cobo Peninsula Indigenous Land and asylum Act，1981）对保护地建立和管理做出相应规定。也有些保护地是根据相应法规，通过达成协议进行管理的；如塔斯马尼亚世界自然遗产地——塔斯马尼亚荒野就是根据联邦政府颁布的《世界遗产财产保护法 1983》（World Heritage Property Protection Act，1983），通过联邦政府与州政府达成协议进行管理；双方同意成立联邦与州代表组成部、厅长政务会，并设立双方合作方案，对管理规划、管理要求、管理费用和科研项目进行把关，为政府决策提供咨询。澳大利亚保护地立法体系的完善与发展使保护地建立与管理有法可依，确保了保护地管理的有效性。

8.5.4　社区参与共管

澳大利亚最早实施保护地社区参与共管的模式，独领风气之先。这种共同管理模式是原住民土地所有者和澳大利亚公园局一起工作和决定公园管理应该怎样操作，代表传统土地所有者和其他利益相关者的利益。国家公园联合管理的模式有几个重要的特征：

（1）土地权利归还给传统原住民所有者，土地被租借一定时期（1999 年）用作国家公园管理。

（2）向传统所有者支付租金和满足其他需要，认可土地使用是为了保护目的和公众利益。

（3）租借土地以提供正式的或传统的狩猎实践，并责成农业、水与环境部（DAWE）向传统所有者提供就业和其他经济机会。

（4）租借协议需要国家公园局采取实际的步骤促进原住民统领、管理和控制公园。

（5）传统所有者或者管理委员会指导公园管理。

（6）委员会依法管理，包括准备管理计划，制定政策和监测公园管理。

联合管理的国家公园都是原住民的土地，建立保护地是为了保护它们的自然与文化价值，使原住民的传统权利得到承认。制定决策时需充分考虑传统所有者，确保土地可持续发展。同时，公园作为主要保护地区对其他利益团体也有重要的游憩和经济价值。

自 1979 年，先后有卡卡杜国家公园、乌鲁鲁 – 卡塔 · 丘塔国家公园、杰维斯湾国家公园、古雷希国家公园、瓦塔卡国家公园、尼特密卢科国家公园等实行了社区共管。当地原住民参与保护地社区共管在昆士兰州、西澳州和北领地等都受法律保障。在昆士兰州和北领地，当地原住民可以合法拥有他们的传统土地，包括保护地，并在该土地上继续合理利用自然资源。总体上，这种保护地管理模式很受当地原住民社区欢迎，有利于缓解保护与发展的矛盾。

8.5.5　原住民保护地

原住民保护地作为澳大利亚保护地管理的一个创新模式，为国际保护地的建立和发展提供了新的管理模式，影响深远。原住民保护地（Indigenous Protected Areas，IPAs）即当地传统原住民宣布根据他们自己的意愿来保护生物多样性和文化价值的保护地。

原住民保护地计划[1]是国家保护地体系计划的一部分。原住民保护地计划的目标是在政府和原住民土地所有者之间建立一种合作关系，以帮助发展一个全面的、合适的和有代表性的国家保护地体系，帮助原住民在他们的土地上以自己的名义建立和管理保护地；通过帮助原住民群体和政府部门发展合作以及现有保护地合作管理协议，促进原住民参与保护地管理和国家保护地最佳实践途径，包括将本土生态和文化知识综合到当代保护地管理实践当中，并与国际认可的保护地指导原则一致。

原住民保护地计划虽然历史短暂，但已取得很大成绩。目前，澳大利亚保护地中，已经宣布的原住民保护地占整个国家保护地体系 44% 的面积。农业、水与环境部（DAWE）相信原住民保护地计划能以自然保护部门的生物多样性保护目标来调节原住民的文化优先权，从而促进国家保护地体系达到本土土地所有者的土地管理期望。

1　Department of Agriculture, Water and the Environment of Australian Government. Indigenous Protected Areas[DB/OL].[2020-12-25]. http://www.environment.gov.au/land/indigenous-protected-areas.

8.6　经验与教训

无论是保护地立法还是保护地管理模式，澳大利亚保护地管理水平在世界上处于领先地位。尤其是一些创新的保护地管理模式，更是颠覆了早期国际保护地管理的荒野地传统模式，开创了社区参与共管的保护地管理模式和原住民保护地模式，引领了国际保护地管理的发展。联合管理模式适应国际保护地发展趋势，重新认识保护地内部的传统社区价值，并在管理中予以尊重；建立原住民保护地为了实现澳大利亚国家保护地体系全面、合适和有代表性的目标，为保证澳大利亚生物多样性网络体系的完整性做出重要贡献，并且这类保护地的建立、管理和决策完全基于原住民权利。这两种模式都是澳大利亚根据本国具体情况的创新保护举措，促使国际保护地的建立不仅仅关注生物多样性保护，还关注保护地的文化景观价值，开创了国际保护地管理的新篇章。

此外，澳大利亚政府和非政府组织已经认识到澳大利亚大约 70% 的土地是私有的，而有许多生物只能在这些土地上存在，传统的保护模式不能在整个大陆实现生物多样性保护的目标。联邦和州 / 领地政府制定了许多相关政策，鼓励私人保护地的建立和管理，为实现政府的管理目标做出了卓越的贡献，也为国际上其他私有土地为主的国家提供了范例[1]。

1　GORIUP P. Private Protected Areas[J/OL]. Parks, 2005, 15 (2) : 19 ~ 29[2020-12-26]. https://parksjournal.com/wp-content/uploads/2017/07/parks_15_2.pdf.

结语与思考

现代意义的国家公园与保护地事业已走过百年历程，回顾及总结国际经验与教训，把握全球趋势及相关前沿议题，思考其对当下中国保护地事业改革建设具有哪些启示，有助于我们更好地走向未来。

一．自然保护与文化融合的国际前沿

IUCN 的文化转向

IUCN 作为第一个全球环境联盟，为保护自然，将政府和民间社会组织召集在一起、鼓励国际合作，并提供科学知识和工具指导保护行动；如今已建立世界上最大和最多样化的环境保护网络，持续领导基于自然的解决方案，作为实施巴黎气候变化协议（Paris Climate Change Agreement）和 2030 年可持续发展目标（2030 Sustainable Development Goals）等国际协议的关键手段。然而，IUCN 自成立以来的大部分时间，一直拒绝平等看待自然的文化性，其在早期倡导的“荒野”（Wilderness）和“堡垒”（Fortress Conservation）概念及自然保护模式，均导致原住民和其他公民被驱逐出保护地内的社区家园。直到 1994 年 IUCN 提出 6 类保护地分类体系，又成立保护地非物质价值（Non-Material Values of Protected Areas）工作组［2003 年该工作组改名为“保护地文化和精神价值”（Cultural and Spiritual Values of Protected Areas，CSVPA）］[1]。南非德班世界公园大会将自然中的原住民价值和生态智慧推向高潮，第 V 类保护地在全球范围内受到高度关注，成为 IUCN 最前沿的实践示范阵地。这种巨大进步，体现出 IUCN 不仅认识到保护自然的重要性，而且认识到与自然之间的可持续关系是人类社会面临的最艰巨的挑战，保护地不能指望纸上谈兵的强制性法律，而应该基于地区、社区的自然资源利用和管理传统智慧，良好的景观需要自然的力量，也需要人类文化的智慧[2]。2008 年，IUCN 对 1994 年分类体系进行修订，强调第 V 类、第 VI 类人类创造力的作用。2012 年，为了更好地将自然与文化融入世界遗产体系[3]，IUCN 提出一份关于 IUCN 和 ICOMOS 协同合作的提案。

1　史蒂文·布朗文．“连接自然与文化”：西方哲学背景下的全球议题[J]．韩锋，程安祺，译．中国园林，2020，36（10）：11-17．

2　韩锋．世界遗产“文化自然之旅”与中国文化景观之贡献[J]．中国园林，2019，35（4）：47-51．

3　同 1．

ICOMOS 的自然转向

ICOMOS 作为全球世界文化遗产保护组织，致力于将理论、方法和科学技术应用于文化遗产保护；最初聚焦于历史建筑，仍延续文化遗产与自然遗产分离的西方传统观点，并未有效参与到自然遗产保护。经过 55 年的发展，ICOMOS 的保护关注点已包含多种类别文化遗产，并承认自然和文化存在某种交叠关系。1992 年 UNESCO 设立“文化景观”作为文化遗产新类别，打破了世界遗产将自然环境和文化历史相互分离，即“自然”与“文化”二元对立的保护传统，成为 UNESCO 的旗舰项目，更是新的架构自然与文化的世界遗产价值观。

连接自然与文化相关行动

联合国环境规划署（UNEP）的《生物多样性公约》（CBD）、UNESCO 的《世界文化多样性宣言》《保护非物质文化遗产公约》《保护和促进文化表达多样性公约》等，促使 IUCN 和 ICOMOS 共同认识到生物多样性和文化多样性之间不可分割的联系，于 2010 年启动了生物与文化多样性 10 年联合项目（Joint Programme on the Links between Biological and Cultural Diversity, JP–BiCuD），并于 2014 年发表《佛罗伦萨宣言》，重点阐述生物文化多样性（Biocultural Diversity）概念以及生物多样性与文化多样性之间的关联性和整体性。“生物文化多样性”即生物、文化、语言和精神等相互依存的生命多样性，已被视为全球环境保护、可持续发展以及地方、区域和全球决策的基本组成部分。这个国际前沿理念认识到生物多样性和文化多样性不仅相互关联，而且相互加强、相互依存和共同进化；原住民体现了生物文化多样性；建立和管理原住民保护地、部落公园等保护区域，在全球生物多样性保护，包括在国家和国际保护和保护地体系中发挥关键作用；强调有关生物多样性、气候变化、可持续发展和世界遗产等国际承诺，只有在原住民充分有效参与、承认他们对祖传土地和水域的权利和责任，并尊重他们可持续自然资源利用的习俗及相关知识以及创新和实践的情况下才能实现[1]。

自 2013 年以来，IUCN 与 ICOMOS 开始探索更紧密的合作方式，定义新方法和策略，在世界遗产体系中进一步融合自然遗产和文化遗产。2013 年 10 月启动“连接实践项目（Connecting Practice Project）”，迄今为止，该项目经历了三个极端：2013—2015 年期间，边做边学，制定更内在关联自然和文化价值的策略，同时批判性评论 IUCN 和 ICOMOS 的实践和制度文化；2016—2017 年总结第一阶段经验教训，加强世界遗产地治理和管理实践性措施；2019 年至今重视生物文化实践，农业景观及世界遗产对于遗产地变化管理。

与“连接实践项目”同期运行的项目是“自然—文化／文化—自然之旅”［（Nature–Culture/Culture–Nature Journey），简称“自然文化之旅”］。2016 年夏威夷 IUCN 世界保护大会上，UNESCO、IUCN 和 ICOMOS 举行长达 4 天的世界遗产和自然文化之旅报告会和工作营，2017 年再

1 The North American Regional Declaration on Biocultural Diversity[Z/OL]. 2019：1–4[2020–12–21]. https://www.cbd.int/portals/culturaldiversity/docs/north–american–regional–declaration–on–biocultural–diversity–en.pdf.

移步印度新德里 ICOMOS 大会和科学研讨会，颁布新德里《Yatra 自然文化之旅声明》。IUCN 和 ICOMOS 的一系列自然与文化的对话，从全球层面到国家和地方各级不断细化、具体化。原拟在 2020 年悉尼举行的第 20 届 ICOMOS 大会和科学研讨会（GA2020）由于全球 COVID–19 大流行已推迟至 2023 年 9 月，将是进一步推进“自然文化之旅”项目的里程碑[1]。

二、保护实践资深国的动向

美国国家公园体系价值演变

作为全球设立最早且最知名的保护地系统之一，美国国家公园体系也随着社会价值观的演变而改变。早期为大家所熟知的是风景壮美的西部荒野景观，随着人们对景观价值的深入认知，美国国家公园体系的自然和文化保护中所呈现的景观多样性急剧增加，保护类型随社会需求和价值变迁发生变化，最终发展为由四百多个复杂而多样的国家公园单元组成的国家公园体系。美国国家公园具有的杰出的风景、历史、艺术、生态、游憩、文化景观以及荒野等价值，与美国 150 年间不断变化的社会环境相适应。地理学家的国际交流和景观概念框架拓宽了人们对美国国家公园体系价值及其属性要素的诠释和认知，国家公园体系发展得益于对文化与自然之间的关联性理解及其有效保护。文化景观作为美国国家保护地体系的一部分，扩展了国家公园系统价值多样性，反映了美国丰富的历史文化遗产以及在价值认知上的不断创新。全面的景观价值认知是美国有效保护自然的基础[2]。

欧洲对文化景观的重视

英国的生物多样性保护与景观保护并重，重视文化景观保护是其保护地体系突出特点之一。英国在乡村景观保护方面的努力，是其保护本国文化景观的一项重要举措，保护并发展传统的农业土地利用方式，则是实现文化景观保护最重要的途径。英国保护地体系探索成为人与自然和谐相处、实现资源可持续利用的欧洲典范。但即使在强大的公众支持以及颇为完善的法律、政策体系以及资金流推动下，英国的保护成果却令专家失望。在过去几年中，英国仍提出应认知生态网络的重要性，倡导人与自然重新联系[3]。

澳大利亚保护观念的修正

澳大利亚自然（景观）保护和发展始终受到自然与文化关系认知进程的影响。传统上，澳大利

---

1 韩锋．世界遗产“文化自然之旅”与中国文化景观之贡献[J]．中国园林，2019，35（4）：47–51．

2 （美）凯莉·高切丝，（美）若兰·米切尔，（美）布兰登·布兰特　撰文，毕雪婷，李璟昱，译．价值演变与美国国家公园体系的发展[J]．中国园林，2018，34（11）：10–14．

3 CROFTS R，DUDLEY N，MAHON C，et al．Putting Nature on the Map：A Report and Recommendations on the Use of te IUCN System of Protected Area Categorisation in the UK[R]．United Kindom：IUCN National Committee UK，2014：5–6．

亚将土著文化及其自然家园视为遗产，而殖民以后，自然在保护领域一直享有比文化更高的价值和地位，建立的国家公园和其他保护地大多是澳大利亚现代城市化过程中拯救“荒野”的结果，也是“政治景观”的一部分，在过去200多年中大批原住民被驱逐出保护地，自然与文化一直冲突较量着。当澳大利亚土著人森林燃火的传统土地管理方式及其所形成的景观被逐渐接受后，美国荒野保护理念下的大面积自然保护模式就显现出问题。1992年世界遗产价值标准的修订和文化景观类别的引进，促使澳大利亚景观保护发生重大转向，将景观价值重点放在自然的文化价值上。澳大利亚努力安置回原住民，在土著原住民管理自然、管理土地的传统方式方面得到了国际认可。1999年修订《巴拉宪章》，确认保护景观的关联性文化意义，目前已成为景观遗产价值中重要的非物质部分。澳大利亚正努力发现和发掘景观的本土自然与文化价值，制定文化景观保护策略，摆脱殖民影响，已有许多类型的保护地认识到传统文化价值和人为干预在景观管理中的重要性。尽管如此，美国国家公园的影响仍然深刻，传统的乡土生物多样性持续下降，传统的土地智慧正在消失；但在观念上，在土著原住民景观之外，景观的复合性和多样性正在被逐渐接受。澳大利亚景观保护正在经历着再一次的转变。[1]

三、中国保护地体系建设的思考

建构中国特色自然保护哲学和环境伦理

保护自然涉及环境伦理和政治哲学问题，如人类的基本价值什么？我们的生活方式应该怎样？人类在自然中的位置如何？应该怎么与自然相处？等等。这些问题，关乎自然价值、生命价值和保护地目标愿景。环境哲学要求我们从根源上剖析人类与自然环境之间的道德关系，对自然的价值定位，以及由此产生的人类对自然界的行为，评价价值观与环境问题之间的关系，重建基于价值观的人地关系。环境哲学的发展深刻影响了国际保护地保护历程，如荒野保护就是反对人类中心主义的环境伦理价值转向产生的保护地模式。国家保护地体系建设事关国家历史与未来，因此，中国保护地体系建设，首先应增强中国环境哲学的主体性自觉，关注中国哲学的独特价值及普遍意义，建构中国特色的自然保护哲学和社会科学。对于他国过往的自然保护概念及体系，在吸收其科学合理性的同时，需要进行谨慎的政治哲学和文化哲学甄别。只有在完整识别自然和文化价值的基础上，各项环境政策才有可能保护自然和文化遗产，促进社会发展，才不会陷入技术性的讨论而失去终极的价值目标，才能达成人地和谐关系及可持续发展的目标愿景[2]。

1 珍妮·列农，韩锋．澳大利亚景观保护史[J]．中国园林，2016,32（12）：63-67．

2 韩锋．文化景观保护的环境哲学溯源[J]．中国园林，2020,36（10）：6-10．

坚持自然保护与社会可持续发展

保护地是与社会生态系统相互反应、相互影响的动态体系，需应对社会变化和需求管理。生态文明建设与中国特色社会主义的政治、经济、文化、社会建设“五位一体”。在全球化冲击背景中，中国保护地体系建设应实事求是，基于中国政治、社会、经济和历史文化事实，探索中国特色保护实践路径。我国保护地内客观存在众多原住民及社区，部分社区发展滞后，相对贫困。生物文化多样性是基于社区的自然资源管理模式的底层逻辑，这个逻辑启示我国保护地规划管理需统筹生态保护与社区发展的关系，在保护自然生态的同时保障原住民利益，促进社区参与和可持续发展。作为生态文明建设的核心载体，中国保护地体系也应探索人与自然命运共同体，坚持人与自然和谐共生生态文明核心思想和可持续发展理念。

弘扬中华民族自然保护的文化特色

尽管IUCN和ICOMOS合作开展的融合自然与文化工作取得了超预期成果，并且影响越来越广泛。但是，包括世界遗产和大多数保护地系统在内的西方体系，在制定真正能融合自然与文化的管理规划和治理体系方面的能力仍然不足。国际保护界已经认识到并提出建议，这项工作的领导者应来自那些自然与文化未被或至少没有被严重分离的地区；原住民社区、地方社区以及他们的知识、经验、语言和世界观，应该在进一步推进“自然文化之旅”工作中占有核心地位。结合我国国家保护地体系建设，这将是弘扬中华民族自然保护文化特色的契机。中国的风景名胜区、乡村景观、园林营建等是东方和谐人地关系哲学思想的实践典范，高度体现了中华民族的宇宙观、自然观、生活观以及对自然资源、对土地的智慧管理。中国保护地体系建设，应从自然史与人类史辩证统一的角度保护自然和文化的价值，重视人与自然相互作用的价值领域，充分鉴别自然的科学价值以及与自然相关联的文化价值和社会价值，对照IUCN国际保护地体系分类，对以自然价值为代表的自然保护区、以人与自然和谐作用价值为代表的文化景观区以及以人类利用自然为代表的可持续发展区进行完整而系统的分类保护。中国保护地体系建设，要吸取西方走过的自然与文化分离的弯路教训，不可照搬照抄他国体系。国家保护地体系建设事关国家历史与未来，要坚持文化自信，坚持中国道路[1]，为世界自然事业发展做出中国贡献。

1　韩锋．文化景观保护的环境哲学溯源[J]．中国园林，2020,36（10）：6-10．

图目录

表目录